老年驾驶人
评估和咨询指南

（原著第四版）

Clinician's Guide to Assessing and
Counseling Older Drivers (4th Edition)

[美] 美国老年医学会　编著

李　洋　巩建国　黄嘉祎　郑博宇　译

中国城市出版社

著作权合同登记图字：01-2025-0146号
图书在版编目（CIP）数据

老年驾驶人评估和咨询指南：原著第四版／美国老年医学会编著；李洋等译．—北京：中国城市出版社，2024.7

书名原文: Clinician’s Guide to Assessing and Counseling Older Drivers（4th Edition）

ISBN 978-7-5074-3718-8

Ⅰ.①老… Ⅱ.①美… ②李… Ⅲ.①老年人–汽车驾驶员–安全评价–指南 Ⅳ.①U471.3-62

中国国家版本馆CIP数据核字（2024）第112139号

Pomidor A, ed. Clinician’s Guide to Assessing and Counseling Older Drivers, 4th Edition. New York: The American Geriatrics Society; 2019.

责任编辑：李玲洁　段　宁
书籍设计：锋尚设计
责任校对：赵　力

老年驾驶人评估和咨询指南（原著第四版）
Clinician’s Guide to Assessing and Counseling Older Drivers (4th Edition)
[美] 美国老年医学会　编著
李　洋　巩建国　黄嘉祎　郑博宇　译
*
中国城市出版社出版、发行（北京海淀三里河路9号）
各地新华书店、建筑书店经销
北京锋尚制版有限公司制版
建工社（河北）印刷有限公司印刷
*
开本：787毫米×1092毫米　1/16　印张：18¼　字数：435千字
2025年2月第一版　2025年2月第一次印刷
定价：**88.00**元
ISBN 978-7-5074-3718-8
（904706）

引言

将研究结果和公共卫生举措有效转化为以患者为核心的日常护理实践，对于专注于老年人护理的临床医生而言，始终是一项艰巨的任务。展望未来二十年，无论从事何种职业或专业，人们都将不可避免地与老年人（作为患者或护理人员）产生交集，这是因为随着婴儿潮一代步入退休阶段，他们比之前的任何一代都更加活跃。作为历史上“移动性”最强的一代，这些老年人拥有更长的驾驶历史和行驶里程，他们期望即使年华老去，也能在社区中保持高度的活动能力。对于这一代人而言，理想的状态是他们的驾驶“生命周期”能够与其自然寿命同步。

为了促进老年人通过自主出行方式维持其医疗保健、社会互动及健康需求，跨专业的临床团队成员需依托专业工具，细致筛查可能影响老年人驾驶能力的医疗与功能问题。在此基础上，团队需准确评估驾驶障碍的风险，并有针对性地实施干预措施，以优化治疗方案并提升老年人的功能能力。同时，团队应适时推荐专业护理和驾驶康复服务，并在必要时为老年人提供关于“驾驶过渡计划”的咨询，以确保其出行安全和生活质量。

美国老年医学会（American Geriatrics Society，AGS）与美国交通运输部（U. S. Department of Transportation，DOT）下属国家公路交通安全管理局（National Highway Traffic Safety Administration，NHTSA），经过深入的协商与探讨，决定进一步拓展并深化彼此之间的合作关系。此次合作的主要目标是对《老年驾驶人评估和咨询指南》进行更新，将其由现有的第三版升级至更为全面和细致的第四版，以确保该指南能够更准确地反映当前老年驾驶人的实际需求，并为相关机构和个人提供更为精准的指导和建议。

《老年驾驶人评估和咨询指南》（原著第四版）（以下简称“本指南”）的核心宗旨仍然是协助医疗保健专业人士有效预防机动车碰撞事故，并减少驾驶对老年人群可能造成的伤害。在65~74岁年龄层中，机动车碰撞事故是导致老年人死亡的首要因素，而对于75~84岁的人群而言，这一伤害则是继跌倒之后的第二大主要原因。尽管交通安全计划在减少整体驾驶人群机动车碰撞事故率方面取得了一定成效，但65岁以上驾驶人的死亡率仍然保持高位。鉴于衰老所带来的合并症和脆弱性，老年人在机动车碰撞事故中存活下来的难度显著增大。因此，除非我们能够成功实施干预措施以防止事故的发生，否则随着老年驾驶人数量的预期增长，伤害和死亡案例的增加将难以避免。

在应对与老年人驾驶安全相关的公共卫生问题上，从事老年人医疗保健的专业人员处于核心地位，他们具备在个人患者和护理人员层面解决并纠正这一问题的能力。通过提供精准有效的医疗保健服务，临床医生能够协助老年人维持稳定的医疗健康状况，确保他们在日常生活中保持安全的驾驶能力，并在遭遇事故时减少造成严重伤害的风险。通过实施预防措施，包括本指南所介绍的评估和咨询策略，临床医生能够更为精准地识别出存在机动车碰撞事故风险的老年驾驶人，进而协助他们提升驾驶安全性，并在必要时，使老年人顺畅过渡到终止驾驶阶段。

我们深感荣幸地向国家公路交通安全管理局的项目官员表达诚挚的感谢。多年来，他们在“临床医生指南”项目中，在解决老年驾驶人出行问题的重要领域给予了坚定支持，特别是Essie Wagner所做出的开创性努力。

我们的跨专业编辑委员会在编纂过程中，始终保持严谨的态度，审慎地保留了从现有文献中提炼的最佳循证建议。同时，我们也充分意识到临床团队成员在实际工作中遇到的老年人不同护理环境的挑战。我们期望本指南能够为大家提供有价值的参考，并诚挚欢迎各位的反馈意见。我们将继续与老年人和护理人员保持紧密互动，以确保生命安全和出行安全的最大化。

本指南是基于美国交通运输部、国家公路交通安全管理局与美国老年医学会之间的合作协议而产生的。书中表达的观点、发现和结论，仅代表作者个人立场，并不代表美国交通运输部或国家公路交通安全管理局的官方观点。

目录

第1章 老年驾驶人概述

关键点：

- 老年驾驶人的数量正在迅速增长，他们的驾驶距离也正在变长。
- 老年人在机动车碰撞中受到的危害远大于其他年龄段人群。
- 老年驾驶人发生车辆碰撞事故的风险与其年龄增长或由疾病引起的身体、视觉或心理变化有部分关系。
- 许多老年驾驶人能够对驾驶行为进行自我调节。
- 对于老年驾驶人来说，终止驾驶不可避免，而且通常会带来负面后果。
- 临床团队成员可以使用“老年驾驶人安全计划”（Plan for Older Driver Safety，PODS）帮助老年驾驶人保持安全驾驶技能，也可以在他们出现影响驾驶技能的功能性残疾时，帮助他们做出关于改进或终止驾驶的决定。

阿尔瓦雷斯夫人，一位72岁的女性，在会面中提到，她喜欢在较早的时段出行，这样可以避开高峰时段并避免夜间驾驶的潜在风险。她明确否认曾遭遇交通事故或驾驶时受伤的经历，然而，对于即将连续两天驾车前往孙子毕业典礼的行程，她表现出显著的焦虑情绪。她患有关节炎、Ⅱ型糖尿病、高血压、周围神经病变和失眠。她本人承认自己在驾驶过程中感到自信不足，出于安全考虑，她已减少了社交、购物等外出活动。

针对阿尔瓦雷斯夫人所面临的驾驶问题，我们将采取何种措施来予以解决？

菲利普斯先生，一位82岁的老年人，患有高血压、充血性心力衰竭、房颤、黄斑变性和骨关节炎病史，他来到您的办公室进行随访。您会观察到，即便借助拐杖，他走路依旧十分困难；即使佩戴了眼镜，他也难以清晰地认读文件。在交谈中，当您问及他的驾驶情况时，他表示仍会进行短途驾驶，如处理日常琐事、赴约以及每周前往桥牌俱乐部。

在解决他的安全驾驶问题上，您接下来会采取什么措施？

临床团队成员在日常工作中，经常会遇到像阿尔瓦雷斯夫人和菲利普斯先生这样的老年驾驶人。2017年，美国约有5090万人口（占美国居民总人口的16%以上）年龄达到或超过65岁。[1] 到2060年，美国老年人人口预计将增加近一倍。[2] 其中，大约84%的65岁及以上的老年人会继续开车，2017年，老年驾驶人约为4360万名，占所有持证驾驶人的19%。[3] 预计到2050年，每4个有驾驶证的驾驶人中就有一个老年人，而与现在的老年驾驶人相比，其驾驶的里程数更长。[4] 除了健康状况，与年龄变化相关的功能或能力也会受到影响，这会使驾驶变得更加困难，从而可能影响老年人的独立性、社交活动以及获得日常生活资源、医疗保健和其他服务的机会。有关老年人驾驶能力的临床护理分为三级水平（表1.1）。

预防驾驶残疾的临床护理水平 表1.1

护理水平	描述
一级预防	评估老年驾驶人并进行干预，以防止丧失驾驶能力
二级预防	解决已经导致驾驶技能丧失的问题，并尝试通过治疗和康复重新获得这些驾驶技能
三级预防	确定何时发生了不可逆转的驾驶技能丧失，当独立驾驶不再是出行选择时，推荐替代方案，以避免独立驾驶对老年人和其他人造成伤害

评估和管理潜在的驾驶障碍可能是一项艰巨且耗时的工作，因为许多临床医生通常将其视为个体问题而非临床问题。法律和道德层面的考量也可能成为临床团队成员在解决老年人驾驶能力问题时所面临的障碍。然而，随着医疗条件的不断改善和老龄化社会的深入发展，老年驾驶人及其护理人员将越来越多地向临床团队成员寻求安全驾驶的专业指导。因此，我们面临的挑战在于如何确保老年人安全的同时兼顾他们的交通需求并维护社会的整体安全。

本指南旨在帮助回答以下问题，并在必要时帮助临床团队成员为老年驾驶人提供包括终止驾驶在内的有关交通计划的咨询：

- 医疗健康状况在何种程度上影响安全驾驶？
- 可以采取什么措施来帮助老年人延长驾驶寿命（驾驶时间）？
- 交通计划如何确保安全出行和持续参与有价值的活动（如理发店、早餐俱乐部、礼拜场所）？

注意：本指南中提供的信息是为了帮助临床团队成员评估老年人在日常个人活动中安全驾驶车辆的能力。评估老年人驾驶商用车（Commercial Motor Vehicles，CMV）或作为专业驾驶人的能力则涉及更严格的标准，超出了本指南的范围。

临床团队成员及其角色

所有临床团队成员都可以为可能存在驾驶障碍风险的老年人提供识别和咨询帮助。他们可能有机会在不同医疗保健场景下与老年人进行交流，以实施筛查和必要的评估，或在必要时将老年驾驶人推荐给其他团队成员或专家，以进行深入且必要的评估。尽管许多医疗保健领域的专业人员并不直接在同一环境中协同工作，但在为老年人提供护理服务的过程中，这些“虚拟”团队经常会协同合作。为了促进不同专业机构间的合作机会，以最大限度地为老年人提供有效的帮助，现对潜在的临床团队成员所承担的角色及所需技能进行介绍。请注意，以下定义的专业角色并非互斥，在实践中，不同职责可以在不同专业间进行合理分配。

医师/执业护师/医师助理

患者的初级保健提供者（可能是医师，执业护师或医师助理），他们会进行医学评估，以确定老年人是否患有可能影响其安全驾驶能力的疾病。此医学评估有助于指导进一步的支持性干预、转诊和潜在的医学治疗。如果老年人的初级保健提供者与他们讨论驾驶安全干预的重要性，他们通常更有可能会考虑改变自身的驾驶习惯。[5]

护士

护士通过监测基本生命体征并评估身体功能能力和疾病风险因素、药物依从性和副作用、个人健康行为（如饮酒）及健康素养来促进医疗评估。该信息可用于帮助老年人或其护理人员改变和跟进护理计划。家庭保健护士和负责直接护理的个人助理通常有独特的机会在家中密切观察、咨询和帮助老年人的日常生活。护士也可以作为病例管理者、健康顾问或老年人及其护理人员的资源，如果老年人或他们的护理人员有与健康相关的问题或疑虑，护士还可以与其他临床团队成员保持联系。

药剂师

药剂师可以掌握老年人全面的用药史，包括使用非处方药物，评估药物治疗方案的依从性；可以评估药物治疗效果、不良反应或药物相互作用对老年人驾驶能力影响的可能性，并就这些问题向老年人提供咨询服务。药剂师还可以向临床团队提出建议，以便团队成员对可能危害老年人驾驶的疾病进行最佳的药物管理，以及帮助团队成员对可能有损害驾驶效果的药物的剂量、用药时机和治疗药物做出调整和替代。部分药剂师还直接参与可能导致驾驶障碍的各种医疗健康状况的治疗。

职业治疗师/驾驶康复专家

职业治疗师评估老年人的功能能力，包括视觉，认知，知觉和身体能力。职业治疗师为已识别的损伤提供干预措施，以恢复包括驾驶在内的不同环境的行为能力，并尽可能为康复推荐策略、疗法和辅助设备。职业治疗师通常需要额外的培训，以成为驾驶康复专家。作为驾驶康复专家，可以进行专门针对驾驶健康的专业评估和治疗干预，包括道路测试。

社会工作者

社会工作者评估老年人的福利水平和交通需求，评估护理人员的护理水平，帮助他们获得负担得起的培训和交通工具。社会工作者也可以为老年人及其护理人员提供咨询，帮助他们找到资源，克服他们在改变驾驶模式或者终止驾驶过程中的障碍（如经济支持或同伴互助小组）。

心理学家

临床心理学家经常参与驾驶所需认知能力的高级评估。在这些评估中，临床心理学家和神经心理学家评估包括注意力、记忆力、处理速度、执行技能和判断力在内的多个认知领域。他们还经常评估心理健康状况可能对患者驾驶能力的影响（例如药物使用、焦虑/抑郁或身体疼痛）。心理学家可以为患者及其护理人员提供干预措施，包括适应生活方式和交通方式的变化。研究心理学家研究环境、车辆和人为因素如何影响驾驶能力。来自美国律师协会（American Bar Association，ABA）和美国心理学协会（American Psychological Association，APA）的一本手册，更为深入地探讨了心理学家在老年人驾驶能力评估方面的作用。[6]

本指南中包含的工具

在美国及全球多个地区，已经研发了众多用于评估老年驾驶人、提供出行咨询及规划交通的工具。然而，经过深入研究的、能准确预测个体驾驶结果的策略仍十分有限，这主要归因于在驾驶过程中涉及的复杂问题和老年人群体的多样性。为此，美国老年医学会与国家公路交通安全管理局持续保持合作，共同推出了全新的第四版《老年驾驶人评估和咨询指南》。本指南为参与老年驾驶人护理的临床团队提供了更为全面的建议、工具及资源，适用于多种护理环境。

- 一项基于临床的驾驶适宜性医疗评估，可以在“老年驾驶人安全计划”中找到，该评估为老年人提供了专业且全面的驾驶能力评估框架（请参阅下文）。
- 一个基于办公室环境的、实用的驾驶技能评估测试的工具箱，即驾驶相关技能临床评估（Clinical Assessment of Driving Related Skills，CADReS）（请参阅第3章）。临床团队可以根据筛查测试结果以及老年人的个体能力差异，有针对性地选择相应的测试项目（请参阅第2章）。
- 有助于老年驾驶人解决驾驶安全相关的法律和道德问题的信息，包括老年驾驶人报告信息、各州的许可机构联系信息列表以及本地许可更新标准、颁布的法律和程序等其他资源（请参阅第7章和第8章）。
- 可能影响驾驶的医疗健康状况和药物的参考清单及各种情况的具体建议（请参阅第9章）。
- 被推荐的评估和咨询代码，现行程序术语（Current Procedural Terminology，CPT）（请参阅附录1）。
- 面向老年人及其护理人员的患者教育材料，包括用于安全驾驶的自我筛查工具、安全驾驶技巧、驾驶替代方案、针对相关护理人员的资源表（请参阅附录2）以及推荐资源的链接。
- 后续章节中有老年驾驶人评估、康复、限制和终止驾驶问题的示例方法。
- 本指南可通过美国老年医学会门户资源网站和国家公路交通安全管理局的老年驾驶人网站在线浏览。

关于老年驾驶人的关键事实

老年驾驶人的数量正在迅速增长，他们的驾驶里程数也在变长

随着人口预期寿命不断提高[7]，老年人人口数量正在迅速增加。预计到2060年，美国65岁

及以上的老年人人口将增加近一倍，达到约9500万人，至少占美国总人口的20%。[8] 而在这十年里，包括佛罗里达州、加利福尼亚州在内的许多州，65岁及以上的老年人人口占比可能达到20%。其中，人口增长最快的是80岁及以上的老年人群体，预计在未来三十年内，该年龄段人口将增加到3000万人。类似的趋势在全球范围也有所体现，预计到2050年，全球60岁及以上的人口占比将达到21%，老年人人口数量将首次超越儿童。[9] 而在美国，这一转折点预计在2035年到来。[2]

此外，美国已经逐渐演变成为一个流动性极高的社会，老年人因参加志愿活动、从事有酬就业、满足社会和娱乐需求以及跨国旅游而驾车出行。最近的研究表明，老年人驾车出行越来越频繁，交通调查数据显示，各年龄段的老年人群体的年度驾车里程数呈现增长趋势。[4]

老年人在机动车碰撞中受到的危害远远大于其他年龄段人群

2017年，美国共有6784名65岁及以上的老年人在交通事故中不幸丧生，相较于2012年的5560人明显上升。[1] 同年，美国有28.9万名老年人在机动车碰撞事故中受伤。[10] 在涉及老年驾驶人的交通事故中，大部分伤亡事故发生在白天（73%）和工作日（69%），且事故多发于交叉口，并经常涉及其他车辆（67%）。[11] 意外伤害已成为导致老年人死亡的第七大原因。机动车事故是仅次于跌倒的第二大最常见的受伤原因。[12,13] 除29岁以下驾驶人外，75岁以上年龄段的老年驾驶人每英里行驶的死亡率高于其他任何年龄段的驾驶人。[14] 与年轻人相比，老年人在人行横道上遭遇致命伤害的风险更大。[12] 尽管老年人交通事故的死亡率已有缓慢下降趋势，但由于老年人口数量的持续增长，该年龄段的死亡人数仍在不断增加。

老年驾驶人在车辆碰撞事故中，其出现不良结果的几率显著高于其他年龄段人群。这一现象可归结为胸部和头部受到的损伤。[15] 相较于35~54岁的驾驶人，70岁及以上的老年人在车辆碰撞事故中，其死亡的可能性是前者的3.2倍，受重伤的可能性大约是前者的1.5倍。[16] 这可能与以下几个原因有关:

- 老年驾驶人的身体更加脆弱。例如，老年人骨质疏松症发病率增加，这可能导致骨折或主动脉粥样硬化，因气囊或方向盘撞击造成的胸部创伤导致主动脉破裂。身体脆弱性在60～64岁时开始加剧，并随着年龄的增长而持续增加。[17]
- 老年人拥有和使用较旧的汽车，这些汽车耐撞性差，并且缺乏新车的安全功能。这些安全功能可以增强对驾乘人员的保护，减轻身体受伤风险，降低每英里行驶的死亡人数。自1999年起，所有新的乘用车都需要使用正面安全气囊，以减轻胸部受伤的严重程度；几乎所有制造商都将侧面安全气囊作为标准的附加部件，但它们并不是强制性的。侧面安全气囊可以保护头部，人们发现当发生侧向碰撞事故时，可以使普通车辆驾驶人的死亡风险降低37%，SUV驾驶人的死亡风险降低52%。[18] 随着未来的老年驾驶人群体购买具有更好保护特征设计的新型车辆，老年人的车辆保护（国家公路交通安全管理局称之为碰撞缓解因素）可能会有所改善。[19]
- 特定类型的碰撞增加了受伤的可能性，如左侧转弯。

然而，道路设计和车辆安全功能的增强可能有助于驾驶风险的降低，进而导致过去十年中每英里行驶的死亡人数逐渐减少。在道路设计中，一系列行之有效的安全对策被证实能够减少各类道路使用者（包括老年人）的碰撞风险。[19]这些对策包括增强信号和标志、降低设计速度、最大限度地减少冲突点以及改善行人通道。

- 汽车防撞功能可以提高老年驾驶人安全性。例如，电子稳定性控制功能，可以帮助驾驶人在弯道和湿滑的道路上保持对车辆的稳定控制。值得注意的是，自2012年起，此功能已成为新车的标准配置。据美国国家公路交通安全管理局的统计数据，配备电子稳定控制系统后，单车致命碰撞事故减少了38%，而防止侧翻碰撞事故减少了56%。[20] 对是否配备此功能的车辆碰撞率进行对比时发现，防撞功能可以明显减少碰撞事故的发生。配备前撞警告功能使车辆碰撞率降低了27%，而前撞警告结合自动刹车功能使车辆碰撞率降低了56%。车道偏离警告功能同样效果显著，车辆碰撞率降低了21%。盲点检测功能使车辆碰撞率降低了23%。此外，后方自动制动功能和后视摄像头功能的应用，分别使车辆碰撞率降低了62%和17%。而后方交通警示功能的引入，则使车辆碰撞率减少了22%。[21]

老年驾驶人发生车辆碰撞事故的风险与其年龄增长或由疾病引起的身体、视觉或心理变化有部分关系[22]

年轻驾驶人的车辆碰撞事故大多因缺乏经验或危险驾驶行为所导致[23]，与之相比，老年驾驶人的车辆碰撞事故往往与注意力不集中或视觉处理速度慢等严重错误有关。[24] 老年驾驶人的车辆碰撞事故通常是多车、低速事件，发生在十字路口，涉及左转弯通行。[25] 主要原因是老年驾驶人对环境观察不足以及难以判断其他车辆的速度和可用的空间。例如，老年驾驶人因未能注意到交通标志而侵占其他车辆的通行道路所造成的车辆碰撞。[24] 老年人在驾驶中出现偏离道路或进入相邻车道的行为，更多的原因可能是老年人身体出现昏厥、困倦或癫痫发作等情况。[24]

这些驾驶行为表明，视觉、认知和运动因素可能会影响老年人的驾驶能力。女性驾驶人中，老年人比中年人更容易犯严重的驾驶错误。男性驾驶人在年龄上没有显著差异。然而，在男性驾驶人中，由于医疗健康状况和违法操作导致的严重错误，老年人比在中年人发生得更频繁。[24] 一般认为，基于改善驾驶表现或改善驾驶行为的道路使用对策可以进一步改善交通安全。[26] 因此，对医疗健康状况、功能损伤和潜在的驾驶障碍药物的识别和管理可以保持或改善老年人的驾驶能力，进而促进老年人道路安全。

许多老年驾驶人能够对驾驶行为进行自我调节

随着年龄的增长，老年驾驶人可能开始感受到来自反应时间变长、慢性健康问题以及药物影响的限制。尽管过去的交通调查记录显示，当前一批老年驾驶人的驾驶里程数在增加，但当他们步入晚年，许多人还是会减少驾驶里程数或完全终止驾驶行为。全美家庭旅行调查结果显示，与2009年相比，2017年65岁及以上的驾驶人日常出行时间和出行次数增加，这一增长主要集中在75岁及以上的人群。[27] 老年驾驶人在驾驶时更倾向于系好安全带，不太可能发生夜间开车、超速、跟车太近、酒后驾车或其他危险行为。[28] 此外，数据还揭示了老年女性相较于老年男性更有可能对驾驶行为进行自我调节。[29]

然而，即便驾驶人采取了这些自我调节措施，当年龄超过70岁后，机动车事故和每英里行驶死亡率仍然显著增加。[14] 事故风险取决于个体驾驶人减少的里程数和行为调节是否足以抵消驾驶能力的衰退。在某些情况下，机能的减退往往不易被察觉（如周边视力丧失）。因此，部分年长的驾驶人直到发生事故才意识到这一点。事实上，最近的一项研究表明，一些老年人即便存在严重的视力缺陷，也并不妨碍他们驾驶车辆。[30] 他们依赖驾车出行作为唯一可用的交通方式，这可能导致在面临糟糕的选择时不得不做出不利于安全的决定。就像老年驾驶人在患有痴呆症的情况下，可能意识不到开车不安全。

在对过去5年内终止驾驶的老年人进行的一系列小组调查中，约40%的被调查者表示在其认识的人当中，有65岁以上且存在驾驶问题而仍在开车的人。[31] 显然，在驾驶安全方面，一些老年驾驶人需要外部评估和干预，这一点得到了老年人的认可。在接受调查的1700名65岁及以上的老年人中，超过70%的人支持对75岁以上驾驶人进行驾照更新和医疗筛查。[4]

对于老年驾驶人来说，终止驾驶不可避免，而且通常会带来负面后果

驾车出行对于日常生活和保持社交联系至关重要，而后者与老年人的心理和身体健康密切相关。[32] 许多老年人在超过退休年龄后继续工作，或从事志愿者工作或参与其他有组织的活动。大多数情况下，开车是首选的交通方式。而在一些农村或郊区，汽车更是唯一可用的交通工具。对于青少年而言获得驾驶证是独立的象征；对于老年人而言能够继续驾驶也非常重要，它意味着自由出行、自主获取日常生活资源。[33,34]

在一项对美国2422名50岁及以上成年人的调查中，86%的参与者表示自驾车是他们常用的交通方式。如果按年龄段统计，75~79岁的参与者中有85%、80~84岁的参与者中有78%、85岁及以上的参与者中有60%。[26] 2017年全美家庭旅行调查结果也显示了同样高的自驾车使用率，老年驾驶人每周出行多次。[27] 这些数据还表明，随着年龄的增长，失去驾驶能力的可能性也会增加。据估计，通常男性失去驾驶能力的平均时间是6年，女性失去驾驶能力的平均时间是10年。[35] 然而，许多老年人可能高估了他们的预期驾驶寿命，美国疾病控制和预防中心（Centers for Disease Control and Prevention，CDC）调查的所有驾驶人中，有超过一半的人表示，他们将在90多岁时终止驾驶，10%的人报告说，他们永远不会终止驾驶。[36] 基于此，当老年驾驶人失去驾驶能力时，他和他的护理人员很可能并没有做好准备来解决因终止驾驶而带来的问题。临床医生有机会在咨询和聘用过程中，提早帮助驾驶人启动终止驾驶后的交通出行规划，提供积极的信息，使老年驾驶人摆脱因终止驾驶而产生的负面情绪，讨论更多的出行方式选项，以便他们在终止驾驶过程中有更多的控制和选择的权力。这可能有助于避免终止驾驶的决定成为老年驾驶人的紧急事项和生活危机。临床医生可以尽早开始关于交通出行规划的对话，以促进老年人的控制和选择，并最大限度地减少终止驾驶时的负面情况。

研究表明，终止驾驶会造成老年人社会隔离增加，外出活动减少[36]，以及抑郁症状增加。[37,38] 这些结果已被充分证明，并成为老年人终止驾驶的一些负面后果的代表。老年驾驶人在面对可能是毁灭性的独立权丧失时，临床团队能够给予支持，使用有效的资源和专业人员帮助老年人出行，使老年人保持独立，显得尤为重要。这些问题将在后面的章节中讨论。

临床团队成员可以影响老年驾驶人改进或终止驾驶的决定，并帮助老年驾驶人保持安全驾驶技能

尽管老年驾驶人认为他们拥有驾驶的最终决定权[39]，但他们同样认为主要护理人员应该为他们提供建议。在针对已经终止驾驶的老年人开展的一系列研究中，所有人都同意，如果有必要，临床医生应该与老年人讨论有关驾驶的问题。尽管家庭建议对参与者的影响有限，但大多数人都同意，如果医生建议他们终止驾驶并且家人同意，他们肯定会这样做。[31,40] 这与一项对痴呆症驾驶人护理人员进行的研究一致，该研究指出医师应该参与这一重要的决策过程。[5] 对于老年驾驶人而言，关于驾驶的沟通是一个充满情感和非常敏感的话题，最好由值得信任的人来执行。随着时间的推移，以一种允许老年人保持行动的方式进行。[41] 在做出有关驾驶的决定时，临床团队可以为老年人和护理人员提供最完整的信息和建议。

除了帮助评估安全驾驶的能力外，临床团队的成员还可以通过多种方式帮助有风险的老年驾驶人保持安全的行动能力，包括建议有效的治疗方法和预防性保健措施，在确定老年驾驶人安全驾驶能力方面发挥作用，为老年人及其护理人员提供咨询，帮助他们获得其他交通资源。

在许多情况下，临床团队成员可以通过识别和管理医疗健康状况，如白内障和关节炎等，或停止对驾驶有影响的药物治疗，帮助老年驾驶人延长驾驶时间。驾驶能力包括成功移动所需的许多属性，如足够的视觉，认知和运动功能。实际上，跌倒史与显著增加的机动车碰撞风险相关。[42,43] 临床团队成员可以通过建议预防跌倒并解决某些外在（环境）和内在因素来减少未来跌倒和骨折的风险。[44] 如美国疾病控制和预防中心的“我的移动计划”（My Mobility Plan）就为寻求保持个人和社区行动能力的老年人提供了基础指导。[45]

有一种假设是，临床团队成员可以并且确实能够通过评估老年人的驾驶健康状况使老年人驾驶适宜性得到改变。然而，我们迫切需要对这一假设进行系统的研究。[46] 现有的评估研究和临床治疗都是在寻找方法来识别不安全的驾驶人和限制老年人驾驶。职业治疗界最近对评估驾驶康复策略有效性方面的尝试与努力进行了回顾和更新，[47] 但对其他临床干预措施尚未在美国进行类似研究。临床团队成员能够识别因功能障碍而面临不安全驾驶风险或自行终止驾驶的老年人，并帮助他们应对这些问题，以便老年人能够尽可能长时间地继续安全驾驶。

个人驾驶能力的最终决定权取决于国家许可机构。但是，临床团队成员可以在这个决定的过程中发挥协助作用。驾驶证法规和法律因州而异，某些州法律含糊且未给予解释。因此，掌握州报告法律并意识到向当地驾驶证颁发机构报告不安全驾驶人的责任对于临床团队成员非常重要。有关州法律的更多信息，请参阅第8章。有关州许可机构在促进老年驾驶人安全方面作用的更多信息，请参阅第10章。

因此，临床团队成员可以通过咨询和评估老年驾驶人的驾驶适宜性、推荐有助于安全驾驶的方法，将老年人推荐给驾驶康复专家，建议限制驾驶等方式在预防机动车碰撞事故中发挥更加积极的作用。老年人在适当的时候可向各州许可当局咨询。实践中，临床团队成员可以遵循以下基础原则和“老年驾驶人安全计划”中的建议（请参阅下文）:

- **筛查**危险信号，例如医疗健康状况、潜在的损害驾驶人的药物以及最近的不良驾驶事件或行为（参阅第2章和附录2）。

- **评估**不安全驾驶风险增加的老年人与驾驶相关功能。有关功能评估的工具箱，请参阅第3章中的驾驶相关技能临床评估。
- **评价和治疗**存在风险的老年驾驶人，检查可能会削弱与驾驶相关的功能的医疗健康状况和其他原因，并进行干预：

  -在临床团队成员的业务范围内，或通过推荐给另一位临床团队成员或医学专科医师，对导致驾驶障碍的治疗方案进行优化改进（请参阅第4章）。

  -在适当的情况下，将老年驾驶人推荐给驾驶康复专家，以进行进一步的驾驶评估和进行自适应设备的使用培训（请参阅第5章）。
- 随时讨论驾驶能力的维护，安全驾驶行为和驾驶限制。在适当的时候，为老年人及其护理人员介绍制定未来交通计划和应对终止驾驶的重要性（请参阅第6章）。
- 对需要调整驾驶行为的老年人进行间隔评估和跟进，确定他们是否做出了改变，并监测那些终止驾驶的人是否有沮丧和社交孤立的迹象。老年驾驶人的能力不是一成不变的，可能会随自身状况的变化提高或下降。例如，老年人在中风或手术后可能会从物理治疗中受益，并且恢复了功能能力，可以恢复驾驶。因此，老年人可以在此过程中的任何步骤重新借助PODS进行评估或治疗。

尽管初级保健提供者可能有权使用最多的资源来执行“老年驾驶人安全计划”，但其他临床医生也有责任与老年人讨论驾驶问题。此外，心脏病、眼科、神经病学、精神病学、心理学、康复、骨科、急诊、创伤等领域的专家都可能会遇到驾驶技能受到影响的老年人。在为老年人提供建议时，临床团队成员不妨参考第9章中的医疗条件参考列表。

老年驾驶人安全计划（PODS）

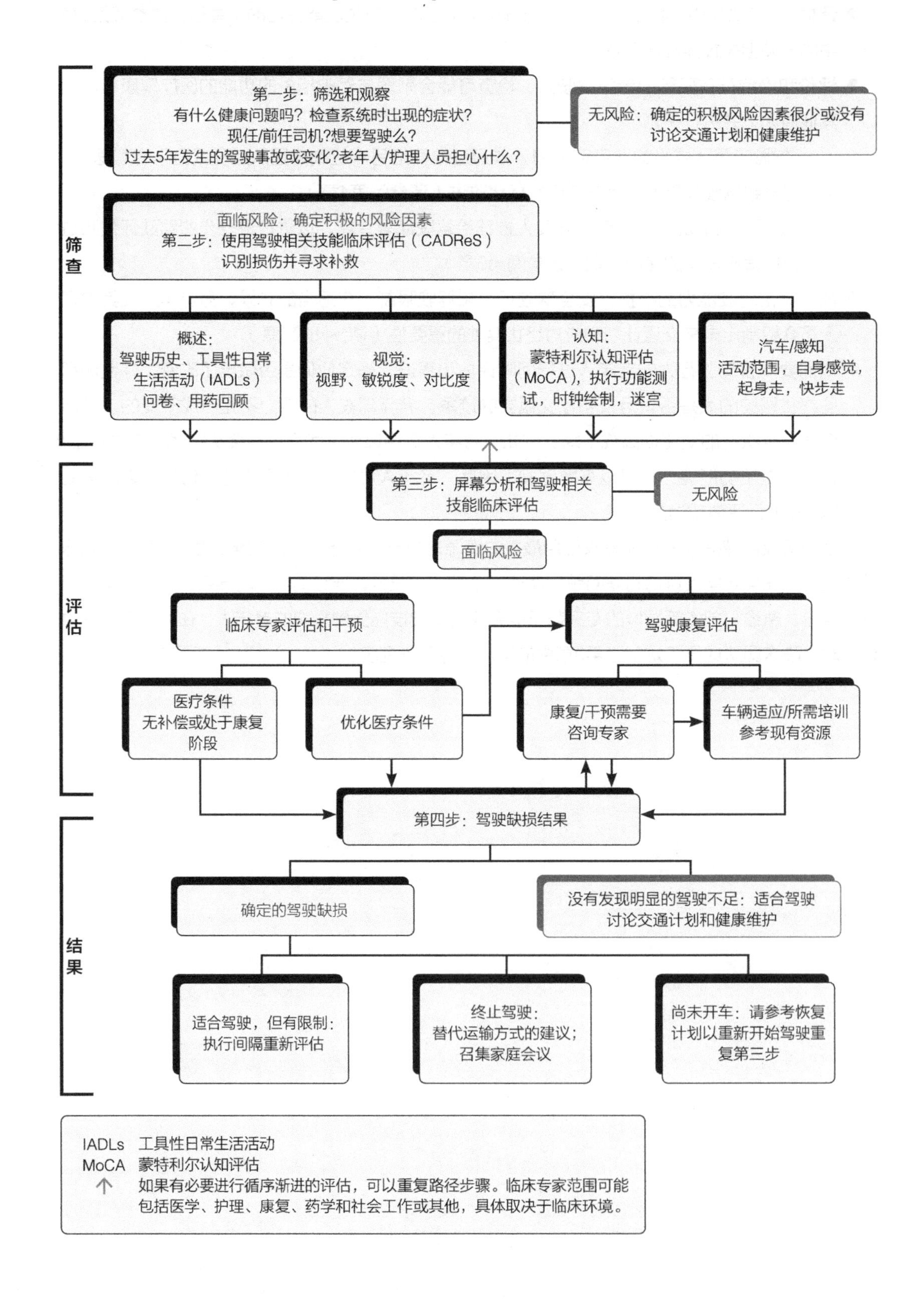

参考文献

1. National Center for Statistics and Analysis. (2019, March). 2017 Older Population fact sheet. (Traffic Safety Facts. Report No. DOT HS 812 684). Washington, DC: National Highway Traffic Safety Administration. Retrieved from https://crashstats.nhtsa.dot.gov/Api/ Public/ViewPublication/812684.
2. U.S. Census Bureau, Population Division. (2018, March). Projected 5-Year Age Groups and Sex Composition: Main Projections Series for the United States, 2017-2060. Washington, D.C.
3. Highway Statistics 2017. (November 2018). Distribution of licensed drivers by sex and percentage in each age group and relation to population. Highway Statistics Series, U.S. Department of Transportation, Federal Highway Administration, Policy and Governmental Affairs, Office of Highway Policy Information. Retrieved from https://www.fhwa.dot.gov/policyinformation/ statistics/2017/pdf/dl20.pdf.
4. Mizenko, A. J., T efft, B. C., Arnold, L. S., & Grabowski, J. (2014, November). Older American Drivers and Traffic Safety Culture: A Long ROAD Study. Washington, D.C.: AAA Foundation for Traffic Safety. Retrieved from https://aaafoundation.org/wp-content/ uploads/2017/12/OlderAmericanDriversTrafficSafetyReport.pdf.
5. Perkinson, M. A., Berg-Weger, M. L., Carr, D. B., Meuser, T.M., Palmer, J. L., Buckles, V.D., & Morris, J. C. (2005, October). Driving and dementia of the Alzheimer type: beliefs and cessation strategies among stakeholders. Gerontologist, 45(5), 676-685. https://doi. org/10.1093/geront/45.5.676.
6. Assessment of Older Adults with Diminished Capacity: A Handbook for Psychologists (2008). American Bar Association and the American Psychological Association. Washington, D.C. Retrieved from https://www.apa.org/images/capacity-psychologist-handbook_tcm7-78003. pdf.
7. Xu, J. Q., Murphy, S. L., Kochanek, K. D., Bastian B., & Arias, E. (2018) Deaths: Final data for 2016. National Vital Statistics Reports, 67(5). Hyattsville, MD: National Center for Health Statistics. Retrieved from https://www.cdc.gov/nchs/data/nvsr/nvsr67/nvsr67_05.pdf.
8. Projected Age Groups and Sex Composition of the Population: Main Projections Series for the United States, 2017-2060. (2018, September). U.S. Census Bureau, Population Division: Washington, DC.
9. United Nations, Department of Economic and Social Affairs, Population Division (2017). World Population Ageing 2017 - Highlights (ST/ESA/SER.A/397). Retrieved from www.un.org/en/ development/desa/population/publications/pdf/ageing/WPA2017_Highlights.pdf.
10. National Center for Statistics and Analysis. (2019, April). Police-reported motor vehicle traffic crashes in 2017 (Traffic Safety Facts Research Note. Report No. DOT HS 812 696). Washington, DC: National Highway Traffic Safety Administration. Retrieved from https://crashstats.nhtsa.dot.gov/Api/Public/ViewPublication/812696.
11. National Center for Statistics and Analysis. (2019, January-under review). 2017 older population fact sheet. (Traffic Safety Facts. Report No. DOT HS ××× ×××). Washington, DC: National Highway Traffic Safety Administration.

12. Staats, D. O. (2008). Preventing injury in older adults. Geriatrics, 63(4), 12-17.
13. Murphy, S.L., Xu, J.Q., Kochanek, K.D., Arias, E. (2018). Mortality in the United States, 2017. NCHS Data Brief, no 328. Hyattsville, MD: National Center for Health Statistics. Retrieved from https://www.cdc.gov/nchs/data/databriefs/db328-h.pdf.
14. Insurance Institute for Highway Safety. (2018, March). Older People. Retrieved from https://www.iihs.org/iihs/topics/t/older-drivers/ fatalityfacts/older-people.
15. Bauza, G., Lamorte, W. W., Burke, P., & Hirsch, E. F. (2008). High mortality in elderly drivers is associated with distinct injury patterns: Analysis of 187,869 drivers. Journal of Trauma Injury, Infection and Critical Care, 64(2), 304-310. https://doi.org/10.1097/ TA.0b013e3181634893.
16. Cicchino, J. B. & McCartt, A.T. (2014). Trends in older driver crash involvement rates and survivability in the United States: an update. Accident Analysis & Prevention, 72, 44-54. https://doi. org/10.1016/j.aap.2014.06.011.
17. Li, G., Braver, E., & Chen, L-H. (2003). Fragility versus excessive crash involvement as determinants of high death rates per vehicle mile of travel for older drivers. Accident Analysis & Prevention, 35(2), 227-235.
18. Cicchino, J. B. (2015). Why have fatality rates among older drivers declined? The relative contributions of changes in survivability and crash involvement. Accident Analysis & Prevention, 83:67-73. https://doi.org/10.1016/j.aap.2015.06.012.
19. American Automobile Association. (n.d.) Find the right vehicle for you. Smart features for older drivers. Retrieved from https://seniordriving.aaa.com/maintain-mobility-independence/car-buyingmaintenance-assistive-accessories/smartfeatures/.
20. Proven Safety Countermeasures. (2018, November). Washington, D.C.: U.S. Department of Transportation, Federal Highway Administration, Office of Safety Programs: Retrieved from https://safety.fhwa.dot.gov/provencountermeasures/.
21. Starnes, M. (2014, June). Estimating lives saved by electronic stability control, 2008-2012. (Research Note. Report No. DOT HS 812 042). Washington, DC: National Highway Traffic Safety Administration. Retrieved from https://crashstats.nhtsa.dot.gov/Api/ Public/ViewPublication/812042.
22. Insurance Institute for Highway Safety. (May 2018). Real-world benefits of crash avoidance technologies. Retrieved from https://m. iihs.org/media/3b08af57-8257-4630-ba14-3d92d554c2de/mYL9rg/ QAs/Automation%20and%20crash%20avoidance/IIHS-real-worldCA-benefits-0518.pdf.
23. Lombardi, D. A., Horrey, W. J., & Courney, T. K. (2017, February). Age-related differences in fatal intersection crashes in the United States. Accident Analysis & Prevention, 99, 20-29. https://doi.org/10.1016/j.aap.2016.10.030.
24. Cicchino, J. B., & McCartt, A.T. (2015). Critical older driver errors in a national sample of serious U.S. crashes. Accident Analysis & Prevention, 80, 211-219. https://doi.org/10.1016/j.aap.2015.04.015.
25. Preusser, D. F., Williams, A. F., Ferguson, S. A., Ulmer, R. G., & Weinstein, H. B. (1998). Fatal crash risk

for older drivers at intersections. Accident Analysis & Prevention, 30(2), 151-159. https://doi.org/10.1016/S0001-4575(97)00090-0.

26. Langford, J., & Koppel, S. (2006). Epidemiology of older driver crashes-identifying older driver risk factors and exposure patterns. Transportation Research, Part F, 9, 309-321. https://doi. org/10.1016/j.trf.2006.03.005.
27. McGuckin, N. & Fucci, A. (2018, July). Summary of Travel Trends: 2017 National Household Travel Survey. Federal Highway Administration, Office of Policy and Governmental Affairs. Washington, D.C. Retrieved from https://nhts.ornl.gov/assets/2017_ nhts_summary_travel_trends.pdf.
28. Molnar, L.J., Eby, D.W., Zhang, L., Zanier, N., St. Louis, R. & Kostyniuk, L. (2015). Self-Regulation of Driving by Older Adults: A LongROAD Study. AAA Foundation for Traffic Safety. Retrieved from https://aaafoundation.org/wp-content/uploads/2017/12/ SelfRegulationOfDrivingByOlderAdultsReport.pdf.
29. Kostyniuk, L. P., & Molnar, L. J. (2008). Self-regulatory driving practices among older adults: health, age and sex effects. Accident Analysis & Prevention, 40(4), 1576-1580. https://doi.org/10.1016/j.aap.2008.04.005.
30. Okonkwo, O. C., Crowe, M., Wadley, V. G., & Ball, K. (2008). Visual attention and self-regulation of driving among older adults. International Psychogeriatrics, 20, 162-173. https://doi.org/10.1017/S104161020700539X.
31. Persson, D. (1993). The elderly driver: deciding when to stop. Gerontologist, 33(1), 88-91. https://doi.org/10.1093/geront/33.1.88.
32. Chihuri, W., Mielenz, T. J., Dimaggio, C., & Betz, M. E., et al. (2015). Driving cessation and health outcomes in older adults: A LongROAD study. AAA Foundation for Traffic Safety. Retrieved from https://aaafoundation.org/wp-content/uploads/2017/12/ DrivingCessationandHealthOutcomesReport.pdf.
33. Rosenbloom, S., & Santos, R. (2014). Understanding older drivers: An examination of medical conditions, medication use and travel behavior. AAA Foundation for Traffic Safety. Retrieved from https://aaafoundation.org/wp-content/uploads/2018/01/ MedicationTravelBehaviorsReport.pdf.
34. Dickerson, A. E., Reistetter, T., & Gaudy, J. R. (2011). The perception of meaningfulness and performance of instrumental activities of daily living from the perspectives of the medically at-risk older adults and their caregivers. Journal of Applied Gerontology, 32(6), 749-764. https://doi.org/10.1177/0733464811432455.
35. Foley, D. J., Heimovitz, H. K., Guralnik, J., & Brock, D. B. (2002). Driving life expectancy of persons aged 70 years and older in the United States. American Journal of Public Health, 92(8), 12841289. Retrieved from https://www.ncbi.nlm.nih.gov/pmc/articles/ PMC1447231/.
36. Naumann, R. B., West, B. A., & Sauber-Schatz, E. K. (2014). At what age do you think you will stop driving? View of older US adults. Journal of the American Geriatrics Society, 62(10), 1999-2001. DOI: 10.1111/jgs.13050.
37. Ragland, D. R., Satariano, W. A., & MacLeod, K. E. (2005). Driving cessation and increased depressive symptoms. Journal of Gerontology, Series A: Biological Sciences and Medical Sciences, 60, 399-403.

https://doi.org/10.1093/gerona/60.3.399.

38. Choi, N.G., & DiNitto, D.M. (2016). Depressive symptoms among older adults who do not drive: association with mobility resources and perceived transportation barriers. Gerontologist, 56(2), 432443. https://doi.org/10.1093/geront/gnu116.
39. Choi, M., Mezuk, B., & Rebok, G. W. (2012). Voluntary and involuntary driving cessation in later life. Journal of Gerontological Social Work, 55(4), 367-376. https://doi.org/10.1080/01634372.201 1.642473.
40. Betz, M. E., Schwartz, R., Valley, M., & Lowenstein, S. R. (2012). Older adult opinions about driving cessation: a role for advanced driving directives. Journal of Primary Care and Community Health, 3(3) 150-154. https://doi.org/10.1177%2F2150131911423276.
41. Betz, M. E., Scott, K., Jones, J., & DiGuiseppi, C. (2015). Older adults' preferences for communication with healthcare providers about driving. AAA Foundation for Traffic Safety. Retrieved from https://aaafoundation.org/wp-content/uploads/2017/12/ OlderAdultsPreferencesForCommunicationReport.pdf.
42. Dugan, E., & Lee, C. M. (2013). Biopsychosocial risk factors for driving cessation: findings from the health and retirement study. Journal of Aging Health, 28(8), 1313-1328. https://doi.org/10.1177/0898264313503493.
43. Scott, K.A., Rogers, E., Betz, M.E., Hoffecker, L., Li, G. & DiGuiseppi, C. (2016). Associations Between Falls and Driving Outcomes in Older Adults: A LongROAD Study. AAA Foundation for Traffic Safety. Retrieved from https://aaafoundation.org/wpcontent/uploads/2017/12/SeniorsAndFalls.pdf.
44. Gillespie, L. D., Robertson, M. C., Gillespie, W. J, Sherrington, C., Gates, S., Clemson, L.M., & Lamb, S.E. (2012). Interventions for preventing falls in older people living in the community. Cochrane Database System Review, 9, CD007146.
45. Centers for Disease Control and Prevention, National Center for Injury Prevention and Control. (2019, March). MyMobility Plan. Retrieved from the CDC website at https://www.cdc.gov/ motorvehiclesafety/older_adult_drivers/mymobility/.
46. Meuser, T.M., Carr, D. B., & Ulfarsson, G. F. (2009, March). Motor-vehicle crash history and licensing outcomes for older drivers reported as medically impaired in Missouri. Accident Analysis & Prevention, 41(2), 246-252. https://doi.org/10.1016/j. aap.2008.11.003.
47. Golisz, K. (2014, November-December). Occupational therapy interventions to improve driving performance in older adults: a systematic review. American Journal of Occupational Therapy, 68, 662-669. http://dx.doi.org/10.5014/ajot.2014.011247.

第2章 老年人不安全驾驶的风险增加了吗？

关键点：

- 在记录老年人的病史或查看病历时，要警惕“危险信号”。其中包括任何医疗健康状况、身体症状（如疼痛、疲劳）、视觉、认知或运动能力变化、药物治疗、身体机能下降和可能影响驾驶技能和安全的症状和体征。
- 不要假设一个老年人是否仍在开车，一定要通过询问他在日常生活中与之有关的关键行动来确认。
- 年龄本身并不是驾驶安全的危险信号。媒体在遇到年长的驾驶人卷入伤害性事故时，经常强调年龄的关系。
- 医疗保健提供者应为老年人提供安全驾驶的优化方法，而不是简单地阻止老年人继续驾驶。

菲利普斯先生来到您的办公室进行例行检查。他是一位82岁的老年人，有高血压、充血性心力衰竭、心房颤动、黄斑变性和骨关节炎等病史。菲利普斯先生的步态缓慢蹒跚，需要使用助行器保持站立平衡。他需要多次尝试并且依靠手臂，才能从检查椅上站起来。他报告说站立时感觉暂时头晕。他已经不能阅读报纸。他还告诉您他已经避免在夜间开车，只是在短途出行、赴约和每周去桥牌俱乐部时才会开车。

贝雷斯夫人是一位90岁的女性，现在与92岁的丈夫生活在一个需要持续护理的退休社区中。她的丈夫患有帕金森症，她是主要护理者。她的既往病史包括早期黄斑变性，退行性关节疾病和高血压。她的颈部活动范围减少，走路时没有使用辅助装置，但步态缓慢。她每天喝适量的酒，最近开始服用羟考酮治疗慢性疼痛。

本章将讨论“老年驾驶人安全计划”的第一步，旨在针对“老年人不安全驾驶的风险增加了吗？”的疑问提出一套系统化的策略。此部分的评估过程包括对老年人的临床观察，识别危险信号，例如医疗健康状况，包括认知和身体状况，与慢性病相关的症状以及可能影响安全驾驶的药物，并询问新出现的驾驶行为，这些行为可能表明老年人的驾驶技能正在下降。评估的目的是促进老年人的驾驶安全，并确保帮助那些能够安全驾驶的老年人尽可能保持驾驶能力。

回答此问题的步骤

在会面的全过程中观察老年人

在诊断过程中，细致的观察通常扮演着至关重要的角色。在与患者接触的全流程中，临床医生应着重对老年患者进行观察，并特别关注以下几个方面：

- 感觉障碍，例如视力、听力及四肢知觉灵敏度。
- 对个人仪容仪表的忽视和缺乏洞察力（例如卫生条件差和仪容不佳）。
- 行动不便（例如行走、起立和坐下困难）。
- 寻路困难（例如出入办公室）。
- 注意力、记忆力、语言表达和理解能力受损。
- 会面存在困难，例如错过预约，为同一问题反复打电话，或者弄错会面日期。

在上面的示例中，菲利普斯先生在平衡和力量方面有困难，这从他不经过多次尝试就无法从椅子上站起来以及他的步态中可以看出。此外，他的视觉变化使他无法阅读正常尺寸的印刷品。这就提出了一个问题，即他是否可以正确操作车辆的脚踏板，视线是否足够好，能够在驾驶和找路的同时保证安全。他的身体局限性可能还没有到使他无法驾驶的程度，但是为了保障安全驾驶，这些局限性需要进行更多评估。

警惕老年人的病史，检查当前的药物清单，并对系统进行全面检查

在与老年驾驶人会谈时，临床医生应警惕“危险信号”，即由于急性变化或慢性功能缺陷而可能影响驾驶技能的任何医疗健康状况、药物和症状（请参阅第9章）。人们已经认识到，与健康水平相比，身体健康状况与驾驶困难的关联性更高。[1]

例如，菲利普斯先生提出了与房颤相关的头晕症状。头晕症状应视为危险信号，临床医疗人员应劝告菲利普斯先生暂时终止驾驶，直到症状得到诊断、治疗和解决。如贝雷斯夫人那样，存在退化性关节疾病和使用阿片类药物治疗疼痛时，严重疼痛和相关功能限制也应被视为“危险信号”。其他情况也可能影响驾驶安全性，可能需要老年人通过训练学会使用驾驶补偿技术，例如颈部活动范围有限。急性或慢性疼痛可能分散注意力，使老年人开车不安全。许多因素可能使老年驾驶人面临不安全驾驶的风险，这些因素应在办公室会面期间加以探讨（表2.1）。

大多数老年人至少患有一种慢性疾病，许多人有多种疾病，最常见的疾病包括关节炎、高血压、听力障碍、心脏病、白内障、头晕、骨科疾病和糖尿病。[2] 多种合并症的影响尚不清楚。其中一些疾病因素与驾驶障碍有关，它们的症状和治疗会影响驾驶安全（例如，关节炎、疼痛和疲劳、药物副作用等）。这些情况将在后续章节中更详细地讨论，包括第9章中可能影响驾驶的医疗健康状况和药物参考清单，表2.3列出了常见的影响驾驶安全的慢性病。慢性病和相关症状应得到承认和解决，以便在某些情况下可以安全地继续驾驶。

驾驶障碍的临床风险因素 **表2.1**

风险因素	体征和症状
身体机能	● 平衡受损； ● 视力或听力障碍（听不到紧急警报器或喇叭鸣笛，看不到街道标志）； ● 功能障碍，如使用油门或刹车踏板有关的感觉、活动范围和动作（尤其是脚踝）； ● 转动头部全面观察一个区域的能力降低； ● 对视觉和听觉的提示反应迟钝； ● 反射问题（需要突然刹车时反应不迅速）
认知能力	● 短期记忆下降； ● 寻路能力下降或受损； ● 容易分心； ● 无法快速学习新信息； ● 无法识别不安全的情况； ● 姓名和日期混淆； ● 日常生活使用工具性活动困难
驾驶能力	● 没有正确使用转向灯； ● 转动车轮或是转弯困难； ● 难以保持在正确的车道上行驶； ● 难以判断车辆间隔距离或即将到来的出口； ● 停车或倒车时撞到路边； ● 不恰当地停车； ● 不遵守停车标志、让行标志、交通信号灯等； ● 没有注意到路边的工人或活动； ● 恶劣天气或驾驶条件下不适宜的车速控制； ● 交通违规、轻微碰撞及受到警告的历史记录

老年人通常比年轻人服用更多的药物，更容易产生药物副作用。美国老年医学会针对老年人潜在的不适当用药的比尔斯标准（Beers Criteria®）成为筛选药物清单的实用工具。[3] 无论何时开具新药或调整当前药物的剂量，均须向老年人明确告知可能对其驾驶安全产生的潜在影响或药物相互作用。嗜睡、神志不清、头晕或恶心等副作用均会影响老年人专心驾驶和安全驾驶的能力。特别是在老年驾驶人的视觉空间处理速度，认知和身体功能变化［如控制连线测验B部分（请参阅第3、4章）］，反应时间延长和注意力下降等方面已经存在潜在问题的情况下，影响驾驶安全的担忧可能会进一步加剧。

经过对系统的细致审查，我们得以识别出若干可能对驾驶能力构成干扰的症状。这些症状包括但不限于：疼痛、疲劳、意识丧失、意识模糊、在驾驶过程中出现睡眠现象、眩晕感、记忆力下降、视觉功能障碍、四肢感觉异常（如麻木或刺痛），以及跌倒史和肌肉力量减弱（例如，难以从座椅上起身）。这些状况均可能对驾驶安全产生潜在影响，因此需引起高度重视。

临床团队在评估老年人的驾驶能力时，应避免对其是否能继续驾驶作出假设性判断，而应始终保持警觉，并主动关注并询问这一重要的日常活动。在某些情况下，老年驾驶人或其看护人可能会主动提出关于驾驶安全性的疑问。当面对此类疑问时，应深入探讨可能存在的任何相关问题。例如，需要了解这位老年人是否近期遭遇过交通事故、险些发生车辆碰撞或受到交通违规传讯的情况；是否在驾驶过程中感到不适或缺乏安全感。此外，可以参照“适合驾驶筛查措施”[4]（Fitness to Drive Measure，FTDS）中列出的具体驾驶行为，这些行为可能表明存在驾驶安全问题。

临床医生应鼓励护理人员在得到老年驾驶人明确同意和许可的前提下，监控并观察他们在实际交通环境中的驾驶技能。若护理人员无法陪同驾驶人驾驶或安排其他人员跟车观察，应引起注意。同时，若老年人居住在退休社区（或继续护理退休社区、辅助生活等），通过与其他观察者交流，了解他们是否注意到任何可能表明驾驶人存在不安全驾驶行为的历史记录（如不合理的速度、忽视停车标志、在颠簸路段不减速、碰撞/刮擦其他车辆等），将是一种有效的辅助评估手段。

年龄本身并不是一个危险信号！不幸的是，当年纪较大的驾驶人卷入伤害性事故时，媒体经常只强调年龄。这种“年龄歧视”在美国社会是一种众所周知的现象。[5] 尽管许多人随着年龄的增长，视力，认知或运动技能会下降，但这些变化的发生率不同，老年人的功能变化也会有所不同。此外，老年人对自己的驾驶能力和他人如何看待自己的驾驶能力有不同的看法。这些信念与自我调节驾驶能力有关。[1] 重点应放在功能能力（认知和身体），症状和驾驶适宜性上，而不是年龄本身。在这些领域中找出问题并进行适当管理是临床团队可以帮助老年人继续安全驾驶而不是简单地阻止他们继续驾驶的方法之一。[6]

在社会历史和健康风险评估期间询问驾驶情况

健康风险评估是一系列旨在确定老年人行为、生活方式和生活环境中的潜在健康和安全危害的问题（表2.2）。健康风险评估是针对老年人而设计的，通常侧重于身体活动、摔倒、饮酒（酒精）、药物管理、睡眠、营养和驾驶。表2.2中显示了健康风险评估中有关驾驶的相关问题。或者提出更多开放性问题，例如“告诉我如何到达食品杂货店”、“如何到达理发店”或“您在日常工作中会做什么”之类的问题。老年人在回答这些问题之后，可能引发有关驾驶或其他交通选择的更具体的问题。

如果老年人驾车的危险信号增加，则应解决其驾驶安全问题。此外，当老年人医疗健康状况或药物的变化可能影响驾驶时，就应考虑对自身驾驶安全的影响。例如，贝雷斯夫人在驾车时应该接收到提示，因为她已经开始服用止痛药，临床团队成员应该鼓励她开始一段短暂的无驾驶期，在这期间评估新药物对她的驾驶技能的影响。

在考量老年驾驶人是否适宜继续驾驶的过程中，特别是对于患有慢性疾病的群体，正式的驾驶技能评估显得尤为重要（请参阅第3章）。在评估其驾驶能力和安全性的环节中，应充分考虑慢性疾病及其相关的临床症状。举例来说，患有充血性心力衰竭的老年人存在病情急剧恶化的风险，可能伴随呼吸急促、疲劳以及注意力分散等症状。心力衰竭的恶化往往需要增加利尿剂的使用，这可能导致头晕、疲劳以及电解质失衡等副作用。在心力衰竭的症状得到有效控制以及药物管理的副作用得到妥善处理之前，我们强烈建议此类患者应避免驾驶，以确保其安全。待病情稳

关于驾驶的问题 **表2.2**

<table>
<tr><th colspan="2">探索性问题</th></tr>
<tr><td rowspan="2">你今天怎么来的?
你开车吗?
你开了多久?
你开车去商店，理发店，银行吗?
你晚上开车吗?
你对自己成为一名安全驾驶人的能力失去信心了吗?
别人有没有对你的驾驶表示过担忧?
如果你不得不终止驾驶，你会怎么做?
你坐在车里舒服吗?
告诉我你开车时看标志的能力? 操纵方向盘的能力?
操作脚踏板的能力? 辨识交通灯和标志的能力?
你经常在开车的时候迷路吗?
在过去两年中，您是否收到过任何交通罚单或警告?
在过去的两年里，你有过撞车或差点撞车的经历吗?</td><td>如有疑问，向护理人员提问:
您觉得____驾车的频率是多少?
在过去的一个月里，你有机会和_____一起驾车吗?
和_____一起驾车，在车上有安全感吗?
对____的驾驶能力有什么顾虑吗?
如果患者提交了驾照许可机构的表格，临床医生应询问为什么要求他们提交表格</td></tr>
<tr><td>健康风险评估问题:
● 身体活动和饮食史;
● 每日酒精摄入量;
● 每日药物管理问题或使用镇静剂情况;
● 跌倒史;
● 使用安全带情况;
● 睡眠情况</td></tr>
</table>

定后，患者应接受持续的驾驶能力评估。若老年人表现出任何慢性功能衰退的迹象，临床医生应根据第3章和第4章所述内容，建议其进行功能方面的正式评估。对于可能影响驾驶的其他身体状况（如糖尿病）和药物使用的详细建议，请参阅第9章。

若老年人当前未进行驾驶活动，请咨询其过往驾驶经历及不再驾驶的具体原因。若老年人因潜在的可治疗医疗因素而主动放弃驾驶，经治疗存在恢复安全驾驶能力的可能性。在此情境下，建议对老年人的驾驶功能进行正式评估，以明确其存在的具体问题，并基于评估结果，对其治疗过程进行监控。为确保老年人的驾驶安全，我们强烈推荐将其转介至专业的驾驶康复专家处进行咨询与评估（请参阅第5章）。

在初步评估驾驶能力时，与护理人员进行深入交流，以核实老年人的陈述，这一步骤非常实用。正如前文所述，若老年人居住在退休社区或提供护理服务的退休社区，则在获得许可的前提下，与该老年人共同驾驶的工作人员、同事或朋友亦能提供极具价值的信息。这些个体因为有机会直接观察老年人的驾驶行为、技术运用以及安全习惯，从而能够提供重要的驾驶能力参考。

对于关心老年人驾驶安全的护理人员来说，建议其参考“适合驾驶筛查措施”，以辅助评估驾驶者的安全能力。适合驾驶筛查措施包括左转弯驾驶、危险辨识、变道驾驶等方面，并依据评估结果将驾驶人划分为“有危险”“常规”“熟练”等不同类别。此举旨在提供客观依据，以便开展更为深入的驾驶安全对话。

了解老年人的出行需求

建议询问老年人的出行需求，并鼓励他在必须终止驾驶之前开始寻找替代驾车出行的其他选择。类似名为“CarFit”的免费程序可以帮助优化汽车与驾驶人的“契合性”，确保侧视镜和后视镜等组件得到适当调整，保证安全带能够正确贴合驾驶人的体型。如果在咨询和评估时，老年驾驶人可能需要使用自动驾驶设备或终止驾驶，临床医生应告知老年人当前情况对驾驶的潜在影响。例如，对于患有多发性硬化症的老年人，临床医生应明确告知其未来驾驶中可能面临的挑战，如手动控制的需求。如果没有持续的讨论，没有任何替代驾车出行的其他方式的老年人可能感到他们别无选择，只能继续开车，从而增加了他们在失去驾驶能力后继续开车的风险。即使此时不需要替代驾车出行的其他出行方式，提前计划以防不时之需，这对老年人来说也是明智的做法。但是，通常这些对话是具有挑战性的，临床团队成员应该谨记在谈话中保持尊重和敏感，因为驾驶通常被认为表示个体独立的重要组成部分。在讨论过程中，临床团队成员能够使用一些技巧，包括给出具体解释的特殊案例，要胜于泛泛而谈。例如，如果老年人比以前更难转头。向他解释说这可能导致可视化出现问题而影响安全驾驶，要比一开始就告知他不能再开车更有帮助。此外，临床团队成员应确保帮助寻找替代驾驶的方法，例如推荐使用出租车服务或网约车服务公司。老年人可能因习惯于开车而从未考虑过替代的方案。

使用Hartford的“我们需要交谈”讨论材料[7]发起对话的一些问题包括：

- 您通常如何去购物或预约医疗服务？
- 如果您的汽车抛锚了，您将如何出行？有谁可以载你一程吗？您可以搭乘公交车或火车等公共交通工具吗？您所在的社区提供班车服务或驾驶志愿者服务吗？您是否听说过或曾经使用过Uber或Lyft等网络交通服务公司？
- 您去杂货店，药店或其他活动时会选择步行吗？

与讨论使用出租车服务、网络交通服务公司或其他类型的公共或社区交通工具相比，讨论驾驶的成本/收益（如汽车维护和保险）也很有用。

临床团队成员应当鼓励老年人规划安全、可靠的交通出行网络。在咨询过程中，将老年人的自主行动能力与其健康问题相结合，将极大地促进咨询的有效性。例如，在沟通中可以明确指出：“行动能力的保持对于维护身体和情绪健康至关重要。无论因何种原因，若您无法自行驾车，我们期望了解您是否仍能够确保准时赴约、取药、购买日常用品以及拜访亲友。”

附录2中列出了有关替代驾驶的教育材料[8]来源，其中包括来自国家老龄和残疾人运输中心（National Aging and Disability Transportation Center，NADTC）的资源。其他资源可通过美国退休人员协会（American Association of Retired Persons，AARP）和密歇根大学交通研究所（University of Michigan Transportation Research Institute，UMTRI）获得[9]。当老年驾驶人面临必须终止驾驶的情境时，若已制定了替代计划，将显著减轻其在过渡过程中的困扰与不适。此外，附录2中提供的“不用开车就能过去”（Getting By Without Driving）或“老年人的交通选择”（Transportation Option for Older Adults）等指南，为老年人提供了实用的入门信息。例如“Go Go Grandparent”之类的选项非常有效，它们不仅能够直接将老年人送达预约地点或活动场所，还能提供食品杂货的运送服务，为老年人群体的出行提供了极大的便利。

住院老年驾驶人咨询

在临床团队为因急性病入院治疗的老年人提供照护时，务必把握时机，与患者就当前驾驶安全问题进行深入沟通。[10] 患者从急诊护理中出院，是观察其药物获取、食品采购及就医出行方式的重要节点。在此阶段，临床团队应提供咨询，包括建议暂时或永久停止驾驶，或在患者状况稳定后安排驾驶评估和康复计划。这些建议旨在确保驾驶安全，并在可能的情况下，协助老年人在康复过程中规划交通方案，努力恢复其驾驶能力。案例管理员应积极参与此过程，确保交通计划被纳入出院总结中，以供康复或亚急性治疗环境下老年人的初级保健提供者参考。

进一步评估危险信号

老年驾驶人或护理人员的担忧

无论采取何种护理方式，老年驾驶人及其护理人员都可能对驾驶安全表示担忧。如果是这样，应该调查引起担忧的原因，特别是最近是否发生了机动车碰撞、险些碰撞、交通违规、迷路、变道困难、左转问题、误入其他车道、无理由的突然刹车或加速、转向灯使用不当（包括使用但未变道）以及夜间视力下降、健忘或思维混乱等情况。这种情况下，临床团队成员应使用驾驶相关技能临床评估测试（请参阅第3章和第4章），对驾驶功能进行严谨的评估。

急性事件

对于任何急性健康事件，无论其是否需要住院治疗，均应立即被视为评估驾驶安全性的危险信号。特别是在老年人已住院的情况下，向其及其护理人员提供关于驾驶安全性的咨询至关重要。如前文所述，急性疾病的加重可作为解决或重新评估驾驶问题的契机。作为普遍建议，老年人在遭遇急性事件后，应暂停驾驶，直至其初级保健提供者确认并证明他们已恢复驾驶能力。以下任何常见的急性健康事件或相关治疗之后，此建议尤为重要：

- 急性心肌梗塞；
- 急性中风或其他颅脑外伤；
- 心律失常（如房颤，心动过缓）；
- 头晕；
- 体位性低血压；
- 晕厥；
- 眩晕；
- 癫痫；
- 手术；
- 任何原因引起的精神错乱；
- 新开的镇静药物、可能引起精神混淆或头晕的药物；
- 损伤认知功能或决策能力的急性精神疾病。

慢性病

老年人可能需要进行重点评估，以确定以下慢性疾病对他们功能水平的影响（请参阅第9章），见表2.3。

可能影响驾驶的慢性疾病　　表2.3

医疗健康状况	示例
影响视力的疾病/状况	● 白内障； ● 糖尿病性视网膜病； ● 黄斑变性； ● 青光眼； ● 色素性视网膜炎； ● 视野缺损； ● 矫正后视力低下
心血管疾病，尤其是与晕厥前、晕厥或认知障碍有关的疾病	● 不稳定冠状动脉综合征； ● 心律失常； ● 心悸； ● 充血性心力衰竭； ● 肥厚性梗阻性心肌病； ● 瓣膜疾病
神经性疾病	● 痴呆症； ● 多发性硬化症； ● 帕金森症； ● 周围神经病变； ● 脑损伤； ● 脊髓损伤
精神性疾病	● 情绪障碍； ● 抑郁症； ● 焦虑症； ● 精神病； ● 人格障碍； ● 酒精或其他物质滥用
代谢类疾病	● Ⅰ型和Ⅱ型糖尿病（尤其是低血糖发作或血糖严重波动）； ● 甲状腺功能减退
肌肉骨骼类疾病	● 关节炎； ● 足部异常、挛缩和活动范围缩小、炎症； ● 肌肉疼痛
呼吸道疾病	● 慢性阻塞性肺疾病； ● 阻塞性睡眠呼吸暂停

续表

医疗健康状况	示例
慢性肾功能衰竭	● 终末期肾病； ● 血液透析
癌症和化疗	● 虚弱和极度疲劳； ● 药物副作用
失眠症	● 睡眠呼吸暂停； ● 不宁腿综合征； ● 导致失眠的焦虑/抑郁/疼痛

药物治疗

许多非处方药和处方药都有可能削弱驾驶能力，无论是单独使用还是与其他药物合用。

药物组合可能会影响药物的代谢和排泄，因此需要相应调整剂量。

此外，临床医生应始终询问酒精的摄入以及摄入时间（有关可能影响驾驶的每种药物类别的更多信息，请参阅第9章）。

潜在影响驾驶能力的药物包括：

- 抗胆碱类药物；
- 抗惊厥类药物；
- 抗抑郁类药物；
- 止吐药物；
- 降压药物；
- 反帕金森症药物；
- 抗精神病类药物；
- 苯二氮卓类和其他镇静剂/抗焦虑类药物；
- 降糖类药物；
- 肌肉松弛剂；
- 麻醉止痛类药物；
- 兴奋剂；
- 催眠类药物；
- 酒精；
- 具有抗胆碱能副作用的非处方药，例如睡眠剂或过敏药、感冒药，它们通常是第一代抗组胺药。

系统审查

系统审查可以揭示可能损害驾驶功能的症状或状况。与急性和慢性医疗问题相关的症状是至关重要的危险信号，应仔细研究。

评估与计划

临床医生应考虑使用危险信号筛查有危险的老年驾驶人，并在每个临床环境中，识别与驾驶安全受损相关的常见体征、症状和身体状况（表2.4）。在制定针对老年人的诊断和治疗计划时，应在需要时解决驾驶安全问题。及早发现风险可能有助于一级预防和干预，以防止驾驶能力丧失。持续监测慢性病可能有助于二级预防工作，以改善驾驶技能的丧失并尝试恢复这些技能。危险信号和紧急事件可能表明驾驶技能的丧失是不可逆的，三级预防应包括建议驾驶的替代方法，以避免对老年人和其他人造成伤害。同样重要的是，要认识到某些老年人的驾驶安全性洞察力可能会受损，应由看护人或其他熟悉老年人驾驶能力的人确认自我报告。[11] 总之，当发生以下情况时，可以并且应该将驾驶安全性评估纳入常规护理计划中：

- 和损害驾驶有关的任何情况下发生的新的诊断或变化；
- 使用了新的处方药，或者更改了当前药物的剂量；
- 功能能力发生了变化；
- 纳入年度健康访问的一部分；
- 照护等级发生了变化（如，从急性照护过渡到亚急性照护或居家环境，从居家环境到提供护理服务的退休社区或辅助生活的居所）。

常见体征和症状 　　　　**表2.4**

常见体征	症状
一般性体征	● 疲劳； ● 头晕； ● 虚弱； ● 疼痛
头、耳朵、眼睛、鼻子、喉咙	● 头痛； ● 复视觉； ● 视觉变化； ● 眩晕； ● 阅读能力变化； ● 视敏度变化； ● 听力下降
呼吸系统	● 气促； ● 使用氧气

续表

常见体征	症状
心脏	● 用力时呼吸困难; ● 心悸; ● 突然失去知觉; ● 腿部肿胀加剧
肌肉、骨骼	● 肌肉无力; ● 疼痛; ● 关节僵硬; ● 活动范围缩小
神经病学	● 意识丧失; ● 昏厥; ● 癫痫发作; ● 虚弱; ● 瘫痪; ● 颤抖; ● 感觉丧失; ● 麻木; ● 刺痛; ● 记忆和回忆最近事件的能力的变化:或者在词汇查找、道路查找、决策或注意力集中方面的困难; ● 心理稳定性或取向的变化:困惑、精神病、躁狂、定向障碍
精神病学	● 抑郁; ● 幻觉; ● 焦虑; ● 妄想; ● 谵妄; ● 精神病

参考文献

1. Tuokko, H., Sukhawathanakul, P., Walzak, L., Jouk, A., Myers, A., Marshall, S., Naglie, G., Rapoport, M., Vrkljan, B., Porter, M., Man-Son-Hing, M., Mazer, B., Korner-Bitensky, N., Gelinas, I., & Bedard, M. (2016). Attitudes: Mediators of the relation between health and driving in older adults. Canadian Journal on Aging, 35(51), 45-58. https://doi.org/10.1017/S0714980816000076.
2. Ward, B. W., Schiller, J. S., & Goodman, R. A. (2014). Multiple chronic conditions among US adults: a 2012 update. Preventing Chronic Disease, 11: E62. https://doi.org/10.5888/pcd11.130389.
3. The 2019 American Geriatrics Society Beers Criteria® Update Expert Panel. (2019) The 2019 American Geriatrics Society Beers Criteria® for potentially inappropriate medication use in older adults. Journal of the American Geriatrics Society. Published online January 31, 2019. https://doi.org/10.1111/jgs.15767.
4. University of Florida Institute for Mobility, Activity and Participation. (2013). Fitness-to-drive screening measure online. Retrieved from http://fitnesstodrive.phhp.ufl.edu.
5. Nelson, T. (2002). Ageism: Stereotyping and Prejudice Against Older Persons. Cambridge, MA: MIT Press.
6. Golisz, K. (2014, November-December). Occupational therapy interventions to improve driving performance in older adults: a systematic review. American Journal of Occupational Therapy, 68(6), 662-669. https://doi.org/10.5014/ajot.2014.011247.
7. The Hartford Financial Services Group, Inc. (2015, July). Family Conversations with Older Drivers. Retrieved from https://s0.hfdstatic.com/sites/the_hartford/files/we-need-to-talk.pdf.
8. National Aging and Disability Transportation Center. Transportation options for older adults: choices for mobility independence. Retrieved from http://www.nadtc.org/resources-publications/transportation-options-for-older-adults-choices-for-mobility-independence/.
9. University of Michigan Transportation Research Institute. (2007). Senior Mobility. Retrieved from http://www.umtri.umich.edu/critical-issues/senior-mobility.
10. Baker, A., Bruce, C., & Unsworth, C. (2014). Fitness-to-Drive decisions for acute care and ADHD. Occupational Therapy Practitioner, 19(10), 7-10.
11. Wood, J. M., Lacherez, P. F., & Anstey, K. J. (2013). Not all older adults have insight into their driving abilities: evidence from an on-road assessment and implications for policy. Journal of Gerontology, Series A: Biological Science and Medical Science, 68(5), 559-566. https://doi.org/10.1093/gerona/gls150.

第3章　驾驶功能的筛查和评估

关键点：

- 对安全驾驶至关重要的潜在功能能力（如视觉、认知、肢体运动）的评估，应确定是否需要进行进一步评估和后续干预，或更专业的驾驶评估。
- 严重的功能性障碍可能需要终止驾驶行为，并且需要协助制定安全的替代交通出行方式计划以保持移动性。
- 由于采用适应性设备和补偿策略，有身体或视觉障碍的老年人，与有认知障碍的老年人相比，更有可能从持续的安全驾驶干预中受益。
- 没有任何单独的评估能够准确地预测安全驾驶的能力；应使用一套目标评估工具确定老年人基于功能性障碍的驾驶风险。
- 驾驶相关技能临床评估是一个循证实用的、适合办公室使用的评估工具箱，用于筛查与驾驶相关的视觉、认知和运动/感觉功能等关键领域的障碍。
- 并未证明自我报告和自我评估是足够衡量驾驶适宜性的标准。

菲利普斯先生在他的儿子陪同下来到诊所，他们正待在检查室里。菲利普斯先生自认为是一个安全的驾驶人。您请求并获得老人的许可，与他的儿子进行交谈。菲利普斯先生的儿子对老人的驾驶安全表示了担忧。四个月前，菲利普斯先生出了一场小车祸，这起事故是由他的错误造成的。在过去的两年中，他也有过几次险些撞车的经历。但是，他开车从未迷路。

在讨论菲利普斯先生的交通方式选择时，您了解到自驾是菲利普斯先生的主要出行方式，他几乎每天都会开车。尽管菲利普斯先生确信，他的家人和邻居愿意开车送他去任何需要去的地方，他的儿子也证实了这一点。但是，他从未要求过搭车。他表示“当我可以自己开车的时候，我为什么要搭车呢？再说，我也不想勉强我的家人或朋友”。

美国人口寿命的延长意味着，许多老年人的寿命超过他们的安全驾驶能力。预计男性的寿命比其驾驶能力大约长6年，女性的寿命比其驾驶能力长10年[1]。这一预测对临床实践而言，针对在独立社区居住的老年人做出关于驾驶安全或终止驾驶的循证“决定”的需求越来越迫切。本章的重点是安全驾驶机动车所需功能能力的评估，或称“驾驶适宜性”（Fitness to Drive）评估。“驾驶适宜性”是指驾驶人不存在可能严重损害其在遵守道路规则和交通法则的情况下，完全控制车辆能力的功能性（感觉、知觉、认知或精神运动）障碍或身体条件[2]。

第2章概括阐述了老年人、护理人员和临床团队成员在考量安全驾驶时需要关注的关键风险因素或“危险信号”。本章在初步识别潜在问题的基础上，更深入探讨了对老年人的筛查和评估过程。而这些老年人被认为可能存在安全驾驶风险，需要进一步探索他们的驾驶适宜性。

在评估老年人驾驶适宜性时，重要的是区分筛查和综合驾驶评估两个重要环节。筛查的目的是识别潜在风险，其过程通常很简短，其结果旨在监测一段时期内风险，并在适当时为进一步的评估提供参考。综合驾驶评估的目的是区分风险驾驶人，识别哪些个体能够从干预策略中受益，哪些个体需要终止驾驶行为。该评估可能涉及职业治疗或驾驶康复等专业领域，以获取必需的数据，从而制定以客户为中心的个性化计划。评估目标是最大限度地优化老年人的驾驶能力，让他们能够更长久地保持安全驾驶。在此过程中，临床团队可能会发现以下问题，包括：（1）允许早期干预，并可能预防失能和延长驾驶能力；（2）识别可补救的身体损伤；（3）制定补偿身体条件的策略；（4）必要时制定计划，及时过渡到替代交通出行方式。

一级预防解决防止驾驶能力丧失的问题。它包括提供支持驾驶能力的策略，以及早期干预或“开始对话”，给可能需要终止驾驶行为的老年人介绍制定交通计划的重要性。老年人的病情和身体状况转变有些是不可预测的，临床团队需要采取立即且有效的方法，例如在严重的中风后应终止驾驶。而有些转变是更容易预测的，可以为临床团队留出时间帮助老年人培养相关意识和知识，制定交通计划以向替代交通方式过渡做好准备。计划的重点是让老年人以非驾驶人的身份，依然能够保留其社交所需的移动性。这种过渡方法对所有老年人而言均有所裨益，尤其是患有慢性病（如糖尿病、痴呆症、帕金森症）的老年人，因为慢性病最终将影响他们的驾驶行为。例如，在指导老年糖尿病患者时，除了解释如何管理血糖水平外，还要解释如何通过管理血糖水平来减少周围神经损伤、保持眼睛健康，从而帮助其延长驾驶适宜性。这些知识的传递，不仅具有实用价值，同时也可能产生潜在的激励作用。

二级预防试图纠正驾驶所需的功能能力丧失。它包括通过实施手部控制策略，以及提供针对截肢或神经病变的补偿方案，控制抑郁、视力损伤或认知灵活性的下降，以预防驾驶能力的进一步丧失。

三级预防需要制定并实施一项综合交通计划。由于老年人驾驶技能的丧失是不可逆转的，继续驾驶会给个人和社区带来明确的风险。因此，仅向老年人提出终止驾驶的建议是不够的，临床团队需要协助他们制定交通计划，转换出行方式来维持其参与社区活动的移动能力。

筛查与评估

筛查

筛查的目的是广泛识别可能有“不安全驾驶风险”的老年驾驶人。筛查工具应简短易用，并且必须有证据支持其在识别驾驶风险可能性方面的价值。在广泛筛查的过程中，一些没有风险的人也可能被错误地识别出来。但是，出于对个人和社会安全风险的防范，实施过度识别措施是十分必要的。考虑到这一点，我们必须在筛查后，对个体是否适合驾驶进行严格的评估。

评估

在辨识真正存在风险与无风险人员的过程中，需执行更为细致与深入的评估。值得强调的是，仅凭筛查与评估工具的分数，并不能确切预测事故风险。其中的原因有多方面，首先是事故本身的低发生率，其次，老年人群体的驾驶频率普遍较低，且倾向于避免冒险行为，如超速和酒后驾驶等。因此，卫生保健提供者需基于其临床技能、专业知识以及对老年人的具体筛查结果，进行有根据的推断，从而对潜在的驾驶结果做出合理的判断。

多种评估工具均可应用于驾驶能力的筛查和评估。[3] 但是，必须明确指出，没有任何一种工具可以单独用来确定个体的驾驶适宜性。[4-6] 即使是作为“黄金标准”并已被广泛接受的道路驾驶评估，其应用背景也具有多样性。

例如[7]，个体为获得驾驶许可而进行的驾驶评估，通常被称作“驾驶测试”，完成时间一般需要10~15分钟。此背景下，评估的目的是辨别驾驶人掌握道路规则知识和操作车辆所需技能清单的程度。在驾驶学校，驾驶教练的工重心作是通过系统化的课程或技能训练来传授驾驶能力，确保驾驶人在遵守交通法规的同时使用正确的驾驶技巧。因此，此类驾驶评估侧重于考察学习过程中的不足，评判学习掌握控制车辆的新技能、熟悉道路规则和法律知识的程度。

对于老年人群体，他们往往拥有数十年的驾驶经验，属于经验丰富的驾驶人，具备丰富的驾驶技能和能力。当评估测试是针对某个驾驶行为（如“在停车标志处右转”）时，即便是认知能力明显下降（包括思维混乱或判断力下降）的老年驾驶人，也可能在测试中展现出基本的驾驶技能。

因此，为了更全面地评估驾驶人的能力，特别是针对有经验的老年驾驶人，需要采用综合的驾驶评估方法。这种方法通常包括临床评估和道路驾驶测试两部分，旨在评估驾驶人在决策、导航和解决问题等执行功能方面的能力，这对于准确判断其驾驶适宜性具有关键作用。

为了应对驾驶术语的复杂性问题，美国国家科学、工程和医学研究院交通研究委员会下属的老年人安全行动委员会[2]已经对筛查、评估和评价术语进行了明确的定义（表3.1）。

筛查、评估和评价术语　　表3.1

术语	定义
路试 （Road test）	在公共公路或街道上对机动车辆进行的驾驶操作和道路规则知识的检查
驾驶证考试 （Driving test）	包括在机动车辆中执行的特定驾驶操作的检查
评价 （Evaluation）	获取并解释数据，以记录结果并为个性化移动计划提供信息

续表

术语	定义
评定 （Assessment）	在评估过程中使用特定的测量值、工具或仪器
筛查 （Screening）	获取并审查数据，以确定评估需求
自我筛查 （Self-screening）	个人获得并审查自己的数据，以确定评估的需要；依靠洞察力和自我反省
代理筛查 （Proxy screening）	个人获得并审查数据，以确定是否需要对另一个人进行评估
评估者筛查 （Evaluator screening）	精通特定筛查工具的专业人员获取并审查数据，以确定对特定个体进行评估的需求
驾驶鉴定 （Driving assessment）	使用道路测试来衡量和鉴定驾驶技能和能力，这可能是由表明驾驶损伤或碰撞风险增加的筛查结果触发的
驾驶评估 （Driving evaluation）	获取和解释数据并记录结果，以便根据个人的驾驶能力和/或成为独立驾驶员的潜力来制定个性化的行动计划，或者确定是否适合驾驶
临床驾驶评估 （Clinical driving evaluation）	通过使用特定工具或仪器评估感觉/知觉、认知和/或精神运动功能能力，获得和解释数据并记录结果以确定驾驶适宜性
综合驾驶评估 （Comprehensive driving evaluation）	对个人驾驶知识、技能和能力的完整评估，包括：（1）医疗和驾驶历史；（2）感觉/知觉、认知或精神运动功能的临床评估；（3）酌情进行道路评估；（4）结果总结；（5）包容性交通计划建议，包括交通选择

尽管基于计算机的测试工具日趋增多，但临床医生在面向老年人群体时，应审慎评估其适用性。鉴于部分老年人对计算机技术的使用并不频繁，其熟悉程度和接受度成为重要考量因素。老年人在这些测试中的表现若不尽如人意，往往源于他们对计算机技术的了解不足，而非测试工具本身在衡量驾驶适宜性方面的价值有所欠缺。因此，在推广和应用相关测试工具时，需充分考虑老年人群体的特点，确保测试结果的准确性和公正性。

筛查和转诊过程

作为该过程的第一步，临床团队成员需要确定驾驶是否为患者的主要交通方式，以及他们的身体缺陷是否影响驾驶。如果两者都得到确认，团队成员可以使用本章所介绍的筛查/评估工具，对老年人潜在的驾驶风险进行识别。尽管工具可以提供评估分数，但务必注意，这些评估工具仅记录潜在损害的存在，而不能分析其原因或影响。

在考虑将老年人转诊至综合驾驶评估之前，医疗保健提供者通过多种筛查工具的评估结果和老年人的既往病史，最有可能确定潜在风险的老年人是否可以转诊到另一个医疗保健提供者（例如，眼科医生、职业治疗师、临床神经心理学家、物理治疗师）处，并在特定缺陷的评估中受益，如视力、平衡、日常性生活活动（Instrumental Activities of Daily Living，IADL）等问题。同时，临床团队成员也将既往病史和筛查的结果作为证据，确定老年人不再需要进行进一步的评估或干预。例如包括视力低于国家标准的黄斑变性、渐进性痴呆症或晚期帕金森症。在这些情况下，建议老年人终止驾驶行为，并推荐给适当的团队成员，以获得制定替代交通出行方式的支持。相反，当筛查结果表明驾驶人没有潜在问题时，则应提供健康教育和驾驶促进教育，无需额外评估。

最后，当老年人患有慢性但病情稳定的疾病，而评估工具的结果显示其存在潜在损伤时，医疗保健提供者可以确定是否将老年人转介给驾驶康复专家进行综合驾驶评估。在驾驶康复专家资源有限或患者病史表明其他复杂的日常性生活活动已受到损伤时，可能需要对日常性生活活动进行全面的职业治疗评估。这一点将在第5章中给出更为详尽的阐述。

在此过程中，临床团队成员和医疗保健提供者必须在其实践范围内发挥作用，并依据临床判断做出有关老年人是否适合驾驶的决定。应考虑所有可用信息，包括驾驶史和病史。此处讨论的特定工具是基于其在办公室环境中的适用性和可行性，以及其与受损驾驶结果之间的相关性选择的。但请注意，这些工具并不能涵盖驾驶所需的所有关键功能。

与老年人讨论驾驶筛查和评估问题

讨论的主要内容应该是关心和帮助，旨在平衡老年人及其护理人员对老年人或公众安全的关注与老年人的交通需求。在讨论过程中，应注意避免采用敌对的立场，因为这可能会引起老年人防御性的无效反应。对话应以维护老年人在社区中行动自由的承诺为开端，并且努力探索所有合理的解决方案。需要强调的是，筛查与评估是确保老年人安全驾驶的必要手段，有助于他们在尽可能长的时间内维持驾驶能力。当前的技术条件、道路条件和康复条件为此提供了许多有效的干预措施。如果老年人对临床团队可能对其“收回驾照”表示担忧，请予以理解并明确告知，在美国只有州许可机构才拥有此等法律授权（请参阅第7章）。

菲利普斯先生，我有点担心您的身体状况对开车有影响。您儿子说最近您出了车祸，过去两年里也差点撞车好几次。尽管您一直在控制自己的医疗和身体健康，但我觉得这些因素综合起来可能影响到您的驾驶技术和能力。所以，我想请您做个小测试，看看您的驾驶能力是否达标，比如我计时看看您在走廊步行一趟需要的时间，这样我们就能判断是否有需要进一步关注的地方了。

您的健康状况和测试结果出来后，我们会竭尽全力解决发现的问题。比如，如果发现您的视力不佳，我们会协助您提高视力。若是发现转动脖子有困难，可能需要找物理治疗师帮忙。若是有无法改善的地方，我们会请驾驶康复专家来探讨解决方案。这些专家通常是职业治疗师，他们会为您做进一步的测试，甚至可能陪您开车，了解您的驾驶状况。他们会制定一个计划，包括建议、策略和适应性设备，供您参考。只要安全可行，他们会建议您采用更安全的驾驶方式。我们的目标是在确保您安全驾驶的前提下，让您继续行驶。

驾驶功能评估

三个关键的功能区域被认为是决定驾驶适宜性的基础：视觉、认知、运动和体感功能。这些方面的任何损害都有可能增加老年人遭遇车祸或迷路的风险。一旦评估了这些领域，医疗保健提供者就可以确定是否需要针对一个或多个领域进行更进一步的信息收集，或者是否需要将老年人转介给特定专家进行进一步评估或干预（如眼科医生、神经心理学家、职业治疗师、物理治疗师、驾驶康复专家）。

视觉（Vision）

视觉评估包括视力、视野和对比敏感度的评估。视觉是驾驶中使用的主要感觉，也是驾驶成功与否的重要依赖。尽管美国各州的限制有所不同，但所有的州都要求驾驶人首先要通过视力测试才能获得驾驶证。[8] 一些州还要求在驾驶证续期时进行视力测试。有关这些法律的信息，请参阅见第8章。

视力（Visual Acuity）

视力通常随着年龄的增长而呈现下降趋势，尽管关于视力下降速率和发病时间的观点尚未达到广泛共识。视力下降与眼部生理结构的自然老化，以及白内障、青光眼、糖尿病性视网膜病变和老年眼底黄斑变性（Age-Related Macular Degeneration，ARMD）等疾病发生率的增加有关。[9] 尽管远视视力对于许多驾驶相关的任务至关重要，但近距离视力的下降可能造成驾驶人在查看地图、车内仪表和车内控制设备时面临一定的困难。

大多数研究表明，视力与碰撞风险没有关系[4,8,10-12]，这一结果可能归因于不同国家许可机构对视力要求的差异性，或是基于固定目标的视力测试难以全面反映基于运动的驾驶环境对视力的要求。[11] 然而，有部分证据表明，视觉筛查法与降低机动车碰撞致死率有关。[13] 白内障是与视力和驾驶相关的一个主要问题。白内障的逐渐发展会导致视力的缓慢变化，而老年人可能难以察觉这种变化。因此，对白内障的及时识别和治疗，可以有效提高驾驶安全性。[14-16]

在办公环境中，一般视力的测试可以通过多种现成的工具便捷地完成，如斯耐伦视力表（Snellen Chart）。对于近视力（Near Visual Acuity，NVA）的评估，可以采用罗森鲍姆袖珍图（Rosenbaum Pocket Chart）。此外，随着科技的发展，移动设备上也涌现出一些专门用于视力测试的应用程序，为用户提供更多元化的选择。

视野（Visual Field）

视野下降可能是由于自然衰老而导致的，例如上眼睑下垂，这是老年人群中最常见的眼睑下垂现象。然而，视野缺损的主要诱因多为疾病，如青光眼、视神经炎、视网膜脱离或中风、创伤性脑损伤等。对于老年驾驶人而言，周边视力丧失可能导致其难以察觉交通标志、其他汽车、相邻车道的情况、人行道或十字路口上的行人。尽管有关驾驶的研究表明，至少患有中度至重度视力障碍的驾驶人更有可能发生车辆碰撞事故，但并非所有研究均呈现此种趋势。[11] 当出现视野损失时，个体间存在显著差异，有证据表明，优秀的驾驶人能够弥补视野丧失[11,17]。当前，关于视野损失与驾驶表现之间关系的科学研究仍处于发展阶段。[8] 视野的测定通常通过对抗测试来进行。一旦在对抗测试中发现老年驾驶人的视野存在缺陷，应进一步进行正式的视野测试，特别是在州许可机构有明确要求的情况下。

对比敏感度（Contrast Sensitivity）

对比敏感度随着人体正常的老化过程呈现下降趋势。尽管这种变化在白天光照充足的情况下对视觉功能不构成显著影响，但对于老年人而言，在弱光的背景下的辨识类似目标将变得更加困难。因此，在黎明和黄昏时段、在有雾或暴风雨等光线不足或天气恶劣的条件下，老年驾驶人可能难以将汽车或行人与驾驶环境区分开来。尽管研究表明对比敏感度与增加发生车辆碰撞事故的风险有关[8,18]，但是与碰撞相关的对比敏感度受损，往往与患有白内障（通过手术改善）或帕金森症的驾驶人相关。[11] 因此，为了确保驾驶安全，有必要进行更为深入的研究，以确定标准化且经过验证的对比敏感度临界点，并明确损伤达到何种程度时会显著增加碰撞风险。关于这一正常衰老过程的生理变化，公众教育显得尤为重要，可以通过提供一些策略来应对变化，包括让对比敏感度降低的老年驾驶人避免在清晨、黄昏、大雾或暴风雨期间开车。此外，如果老年人频繁发生摔倒事件，则可能需要进一步评估其对比敏感度，因为步行环境中同样存在对比度问题，且有研究表明摔倒和驾驶风险相关。[19]

在驾驶过程中，虽然眩光恢复、光线适应、调节、动态视敏度及色彩感知等视觉功能同样扮演着举足轻重的角色，但是，由于基于办公室环境的筛查和评估措施既难以获取，又与实际的撞车风险无直接关联，因此，这里对于这些视觉功能将不予详细讨论。

认知（Cognition）

认知评估包括对个体记忆、视觉、处理速度、注意力、执行功能、语言和洞察力等多方面的功能评估。驾驶需要及时的认知处理，以便在动态复杂的环境中做出适当的决策。最好的评估工具整合了多个认知过程（如分散注意力、视觉处理、处理速度），以测试高级认知过程和执行功能。[20] 在临床团队的筛查层面，可以评估特定的认知能力和技能表现，用以指示潜在的风险。因为这些基本认知技能是复杂驾驶能力的基础，若老年人在任一领域出现重大问题，则极有可能影响其驾驶安全。

注意力（Attention）

鉴于驾驶过程中环境呈现的动态性和持续变化特性，特别是在交通繁忙的区域或高峰时段，对驾驶人注意力的要求可能很高。驾驶人需具备高度的选择性注意力，即能够准确判断刺激的优先级，并集中关注至关重要的刺激，如交通信号灯、其他车辆、行人、自行车及摩托车等，同时避免被无关刺激，如广告牌或城市景点等分散注意力。

此外，驾驶人还需具备分散注意力的能力，以便在应对多数驾驶任务所需的各种刺激时，能够维持高效和全面的关注。举例来说，驾驶人在进行转向或变道操作时，不仅需要确保维持安全车速、选择正确的转向指示灯，还需时刻留意周围车辆的动态。

注意力功能可能随着年龄的增长而下降，[21] 注意力分散比选择性注意表现出更为明显的变化。[22] 有趣的是，最近的研究表明，多年的驾驶经验可以使老年驾驶人优先做出驾驶决策并最大限度地提高驾驶安全性（即与经验有关的补偿）。[21] 但是，无论年龄大小，驾驶人是否分心，包括是否使用手机，对所有道路使用者而言，都构成明显而重大的安全隐患。因此，应该建议老年人在开车时避免使用手机（或其他分散注意力的任务），因为这可能会降低工作记忆、注意力和反应速度。

视觉感知/处理（Visual Perception/Processing）

视觉感知、视觉空间技能及处理速度是驾驶人在驾驶过程中，将视觉刺激整合成可辨识的形态，并明确其在空间中的位置所必需的能力。此外，驾驶人还需要及时对收到的信息做出适当的响应。如果驾驶人没有这些视觉运动技能，将无法识别其他车辆，也无法确定与前方车辆的距离，更难以保持安全车距、减速或停车等操作。通常，随着年龄的增长，视觉处理速度可能会变慢，复杂的视觉空间技能可能会下降，而视觉感知却保持稳定。[23]

记忆力（Memory）

为确保驾驶安全，驾驶人需要记住目的地、如何导航、如何操作车辆以及遵守交通规则。[24] 另外，驾驶人必须记住某些信息，同时处理新颖或独特的信息（例如，正在学校区域内驾驶，同时处理并整合来自左右两侧扫描收集的新颖或独特信息）。工作记忆（以及它所贡献的其他认知技能）会随着年龄的增长而下降[25]，其取决于处理速度，处理速度是指在记忆中整合和检索新信息的速度。[26]

执行功能（Executive Function）

执行功能是一个综合性术语，指的是协调多个认知信息过程以实现特定目标的能力。[27] 执行功能包括启动任务、解决问题、计划、排序以及从一个重点领域无缝转换到另一个重点领域的能力。[28] 执行能力是决定驾驶人策略、方式和安全性的关键因素[29]，如决定在红灯时停车或当绿灯亮了但行人仍在路上时该怎么办。尽管随着年龄的增长，这种逻辑分析的能力趋于下降，但因脑损伤引起的执行功能问题在驾驶中更加明显。许多存在执行功能缺陷的驾驶人，因为努力学习驾驶能力，可以在熟悉的路线上表现出色。然而，当发生意外事件时，（如一名儿童跑到街上，而熟悉的道路由于施工已经封闭），执行功能差的老年驾驶人可能由于无法自发地更改其预期路线或安全地更改其驾驶计划以应对挑战性的情况，而使自己或他人处于危险之中。执行功能差造成失误的案例可能包括为了争取更多时间而做出错误决策，如在绿灯时停车或在高速公路出口处停车。

洞察力（Insight）

洞察力是指个体对自我能力及其局限性的深刻认知。对于老年驾驶人而言，关键在于他们如何理解并评估自身在身体、认知或精神层面的限制对驾驶安全的影响。例如，患有青光眼的老年人应理解并同意避免在夜间驾驶，但在白天和非高峰时间驾驶则相对安全。患有痴呆症的老年人通常没有足够的洞察力，即使在他们已经不适宜驾驶的时候，他们依然相信自己能够驾驶。[30]

运动和体感功能（Motor and Somatosensory Function）

运动和体感功能评估包括对运动功能范围、本体感受和耐力等方面的功能评估。驾驶需要运动能力和体感能力。随着技术的持续进步，包括防抱死制动系统、电动座椅、动力转向、无钥匙点火、牵引力控制系统、倒车摄像头、巡航控制以及自动紧急制动等技术的应用，驾驶对体力的要求已显著减少。因此，即使是身体虚弱的老年人也有能力继续驾驶机动车。

此外，驾驶康复专家在应对多种身体和躯体感觉障碍方面具备丰富的经验和专业知识，他们精通于制定策略、运用设备以及改装车辆，以提供切实可行的解决方案，并辅以相应的培训。遗憾的是，许多驾驶人可能因为身体缺陷面临被过度限制甚至建议终止驾驶行为的困境，而实际上，这些限制可能已经通过补偿策略或使用辅助设备得到了有效解决。

耐力（Endurance）

在驾驶之前，老年人需要具备一定的运动能力才能安全地接近和进入汽车，并系紧安全带。衰老的自然过程可能涉及肌肉力量和耐力、柔韧性和关节稳定性的下降。另外，骨关节炎和其他肌肉骨骼问题在老年人中很常见。这些疾病和痛苦不仅影响老年人的驾驶能力，而且还会减弱其身体活动的能力，从而导致运动功能进一步下降。对于长途驾驶、患有睡眠呼吸困难、正在接受重大医学治疗（如癌症治疗、肾脏透析）或严重的末梢器官疾病导致晚期功能丧失的老年人来说，疲劳可能是一个需要注意的问题。

运动功能范围（Functional Range of Motion）

驾驶人必须能够操纵方向盘、油门踏板和制动踏板，并能够操作车辆的主控制器和辅助控制器，如使用转向灯、前大灯、雨刮器、空调等。颈部和肩膀的活动范围对于驾驶人快速转动头部来检查视觉盲点至关重要。随着新车型技术的不断发展，许多功能限制得到了有效补偿。如倒车摄像头、鱼眼镜头、全景镜头、用于颈部活动受限的盲点警告系统、单手驾驶的转向旋钮、针对上臂活动受限的省力转向系统以及针对下肢丧失或损伤的手控制装置等。

本体感受（Proprioception）

驾驶人必须有能力辨别他们的脚是踩在刹车踏板还是油门踏板上，并且能够在任何给定的驾驶情况下充分调节踏板所需的压力大小。尽管“踏板混乱”的根本问题尚不清楚，但对于老年驾驶人而言，问题可能出在本体感受上。若驾驶人在驾驶过程中仍需依赖视觉来确认脚部位置，则极易引发混淆与困惑。显然，存在感觉问题（如糖尿病神经病变）的老年驾驶人将从腿脚感觉和本体感受测试中受益。

拒绝评估

老年驾驶人及其护理人员对于参与功能能力筛查或评估可能表现出恐惧、抵抗或拒绝。最常见的原因包括三个方面。

老年人对驾驶能力充满自信，担心评估结果可能会让自己失去驾驶证，或影响老年人及其护理人员的判断。护理人员在试图平衡尊重老年驾驶人意愿、评估风险水平以及考虑老年人终止驾驶后可能增加的照顾负担（包括接送老年人赴约和参加活动上增加的时间和金钱上投入）时，常面临冲突。在此情况下，临床团队应确保老年人关注及关心的重点是优化驾驶适宜性，而不是剥夺其驾驶能力。医疗保健提供者需基于临床观察与专业判断，即便存在担忧，亦非即时风险。因此，与老年人及其护理人员开展对话显得尤为关键，共同探讨驾驶风险。在获得许可的前提下，讨论老年人的健康状况以及这些疾病可能对驾驶风险造成的影响至关重要。首要任务是提高老年人的自我认识，加深其对自我和他人的驾驶风险的共同理解。同时，服务提供者应确保老年人明确了解，如果条件允许，筛查评估的目标是一起为他寻找继续驾驶的解决方案。

众所周知，大多数老年人，无论年龄大小，都倾向于维持驾驶，直到他们觉得“我已经成为不安全的驾驶人”为止。[31] 但是，生活在农村社区的老年人可能已经意识到自主驾驶的危险，但他们并不认为还有其他选择。从驾驶人到非驾驶人的过渡，可能需要一段时间来适应和调整。因此，早期关注驾驶适宜性的咨询和转诊服务，探索替代驾车出行的其他出行方式，可能使老年人会考虑评估的益处。然而，对于某些老年人来说，为了保障个人和社区的最大利益，可能现在就需要深入评估其驾驶适宜性。在此情境下，临床团队成员应遵循职业道德指导原则，制定相应干预计划。如果对老年人驾驶风险存在严重担忧，临床团队成员应与老年人或其家人达成共识，即时终止驾驶，直至“我们更全面地了解您的情况，通过评估获取所需信息，然后确定适当的护理方案”。这样说旨在传达安全与支持的信息，既给老年人和家人考虑后果的时间，也为后续工作做好准备。

当观察到老年人在多个领域（包括视觉、认知、身体/运动功能）或主要认知层面出现显著缺陷时，或其护理人员报告老年人在执行复杂日常活动（如财务管理、烹饪、购物等）中遇到困难，建议将此情况转介至职业治疗师进行专业评估与协助。在此情境下，对独立的日常生活活动进行风险评估可能是一项恰当的举措。

鉴于康复服务往往涵盖于医疗保险体系之中，职业治疗评估可以系统地制定一系列计划与干预策略，旨在改善（或为其预备）接下来的专业综合驾驶评估所需的功能。

然而，若老年人仅面临身体与运动方面的障碍，则推荐将其转介至驾驶康复专家（请参阅第5章）。驾驶康复专家将开展综合驾驶评估，包括对视力、感知、认知和运动能力等方面的临床评估，并在需要时实施道路评估。此外，驾驶康复专家还将协助老年人及其家人评估车辆的适应性以及学习新的驾驶技巧来提升驾驶安全。

一部分老年人坚决排斥接受评估，并执意维持驾驶，而另一部分老年人虽表示同意评估，却可能忽视有关终止驾驶的建议。[32] 在此情境下，识别潜在问题是关键所在。与护理人员的深入交流或能提供额外信息，并对制定评估或终止驾驶建议的策略产生积极影响。所有行为均应恪守职业道德规范，若有必要，应当向具备法定职责的驾驶证颁发机构报告老年驾驶人的状况。该机构负责驾驶证的审核与发放，并拥有吊销驾驶证的法定权限（请参阅第7章和第8章）。

自我评估工具

自我评估和护理人员评级工具可用于帮助人们建立对衰老变化以及影响驾驶的症状的认识。经过对工具使用者的跟踪观察，我们发现此类工具可能会提高老年驾驶人接受临床团队正式评估的意愿。然而，必须明确的是，自我评估工具的使用并不能替代专业人员的筛查，因为已有证据表明，自我评估与确定驾驶适宜性之间并无直接关联。[33]

- 测试驾驶人的驾驶安全性（请参阅附录2）。
- 美国汽车协会（American Automobile Association，AAA）精心编制了一份由15个问题组成的驾驶自我评估问卷，即“驾驶人65岁以上：检查您表现的自我评估工具”（请参阅附录2）。
- 密歇根大学交通研究所开发的“驾驶决策工作簿”是一种免费的自我评估工具，有证据表明该工作簿的评估结果与公路驾驶测试和多项功能能力临床测试结果呈正相关。工作簿有网络版和印刷版，可根据受访者回答问题的方式向他们提供个性化反馈。
- 佛罗里达大学开发的“驾驶健康筛查工具”是一个基于网络的免费评估工具，供老年人的护理人员识别有风险的老年驾驶人。用户需要在最近3个月内与驾驶人一起驾驶，然后对驾驶人的54种驾驶技能进行评分。提供了驾驶人的等级概况，将驾驶人分为三类（危险驾驶人、常规驾驶人、有经验的驾驶人），并在后续步骤中对各类驾驶人给出建议。研究表明，来自网站的反馈与驾驶风险呈正相关。
- 密歇根大学交通研究所开发的“更安全驾驶调查”是一种基于网络的评估工具，旨在评估用户因医疗条件和药物治疗而引发的健康问题的严重程度。随后，该工具将科学地计算这些健康问题对关键驾驶技能可能产生的影响，并向用户提供个性化反馈，说明他们的驾驶水平为何会下降，并给出更细致的评估建议。研究表明，来自网站的反馈与道路驾驶评估分数和职业治疗师的评估结果呈正相关。用户还反馈该网站操作简便，提供的信息极具价值，帮助他们发现了之前未曾察觉的驾驶能力下降问题。[34]

临床团队评估工具

在当前的驾驶适宜性评估实践中，所运用的评估工具多种多样，既有普通临床医生在办公室环境下所采用的简易纸笔工具，也有那些仅在临床神经心理学家或驾驶康复专家专业领域内应用的复杂评估方法，例如道路评估。相较之下，驾驶相关技能临床评估作为一个综合性工具箱，为临床团队成员提供了与驾驶相关的主要领域（包括视觉、认知和运动能力等方面）实用且基于办公室环境可开展的功能评估手段。临床团队成员应根据实际需求，在工具箱中进行恰当选择，以确保能够恰当地满足老年驾驶人的评估需求，并准确记录他们的具体情况。

在进行认知筛查时，并非所有测试均须逐一执行。依据低挑战性评估的结果，可能无需进一步深入评估。请注意，关于评估工具的选择及评分依据，将在第4章中进行详细阐述。

常规

- **驾驶记录：** 对驾驶记录的简短审查是必要的。它可以识别老年人驾驶能力的自我感知，以及护理人员对其驾驶能力的感知（如果有的话）。应重点关注老年人近期发生的交通违规、车辆碰撞事故（包括未报告的）或未遂事故，这些均被视作潜在的危险信号（请参阅第2章）。“驾驶习惯问卷”可作为评估工具使用[35]，但其内容相对冗长。附录3中提供了修改后的版本。
- **IADLs问卷：** 其他IADLs清单也可以用作初步筛查，以识别老年人是否在处理其他复杂的日常生活任务时遇到困难。驾驶使用与其他IADLs相同的基础功能（例如，视觉处理、执行功能、记忆、处理速度），类似于财务管理、购物或烹饪。如果老年人在执行任何IADLs任务时遇到困难，则需要做进一步评估。当老年人出现认知障碍时，护理人员的报告也可能会有所帮助。以“AD8TM痴呆症筛查面试”为例，这是一个由华盛顿大学开发的护理人员问卷，旨在区分痴呆症与正常衰老。初步调查数据表明，该问卷可以与其他工具结合使用，以协助判断被试者是否适合驾驶。
- **药物审查：** 某些药物明显影响驾驶，而新剂量或剂量变化会影响评估结果，可能会触发暂时的危险信号。

视觉

- **视力：** 用视力表来测量，因为这是大多数州许可机构的法律标准。斯耐伦视力表后文会具体描述，将在附录3中介绍。
- **视野：** 使用后文所描述的统一对抗测试方式，可以评估视野。
- **对比敏感度：** 许多图表都是商用的，如对比度灵敏度图（Pelli-Robson Contrast Sensitivity Chart），测试感知与环境形成对比的物体的能力。

认知性

- **蒙特利尔认知评估（Montreal Cognitive Assessment，MoCA）[36]：** MoCA是一项简短的认知测试，旨在帮助医疗保健人员检测轻度认知障碍。尽管它可以由任何人操作，但是结果只能由具有认知领域专业知识的人来解释。[37] MoCA通过评分系统对认知表现进行量化评估，提供多种语言版本，评估效果已在55~85岁成年人群中得到验证。测试内容涵盖记忆、注意力、语言、抽象思维、回忆能力、定向力以及视觉空间技能等多个方面，包括简化的控制连线测验B部分和一个画钟试验。
- **控制连线测验A部分和B部分（Trail Making Test，Part A and Part B）：** 这是一项专门设计用于评估一般认知功能的测试，它涵盖了工作记忆、视觉处理、视觉空间技能、选择性和分散注意力以及精神运动协调性等多个方面。研究表明，在控制连线测验A部分（Trails A test）和B部分（Trails B test）的不良表现与不良驾驶表现之间存在关联。[4,38] 神经心理学家通常推荐首先进行A部分的测验（仅连接数字），然后再进行B部分的测验。这一顺序安排主要基于两个理论依据。首先，A部分提供适当的热身，并允许老年人在更简单的规则上进行练习。其次，在多数关于B部分与驾驶行为关系的研究中，均先进行了A部分的测试。

- **画钟试验（Clock Drawing Test，CDT）:** 该测试可以评估个体长期记忆、短期记忆、视觉感知、视觉空间技能、选择性注意、抽象思维和执行能力。初步研究表明，画钟试验的特定评分元素与不良驾驶表现之间存在关联。[39]
- **迷宫测试（Maze Test）:** 迷宫测试有多种版本，包括在线测试版本。根据测试的类型，可以评估个体视觉感知、视觉空间技能、抽象思维及执行技能。其中，斯内尔格罗夫迷宫测试（Snellgrove Maze Test）[40] 是一项专门针对驾驶能力设计的认知测试，该测试采用一页A4纸大小的测试材料，对患有轻度认知障碍或早期痴呆症老年人进行测试。

运动/感觉

- **快步走和起身走:** 这两项测试旨在对个体下肢力量、耐力、运动范围和平衡能力进行评估。其中，快步走测试与驾驶表现之间存在一定的关联性，[41,42] 而起身走[43]与跌倒、未来残疾和长期护理安置更密切相关。鉴于摔倒事件与不良驾驶结果之间的潜在联系，这两种测试均被视为评估整体运动能力的有效手段。具体的测试说明及解读，请参阅下文。
- **运动范围:** 执行功能性运动范围测试对于评估车辆对老年人驾驶的限制来说非常重要。后视镜、车辆技术（如备用摄像头、盲区警告）和教育/培训可测试颈部的限制。驾驶康复专家推荐的自适应设备可以测试任何肢体的局限性。有关运动测试功能范围的说明，请参阅下文。

尽管很焦虑，但**阿尔瓦雷斯夫人**显然想继续开车。

但是，因为她在办公室走路时步态不稳，她的自信、潜在的健康状况变化以及药物影响可能会引起您的一些担忧。您决定对她进行驾驶相关技能临床评估测试。

“阿尔瓦雷斯夫人，我要请您做一些简单的测试，以测量安全驾驶所需的功能和能力，例如在我给您计时的时候走下走廊，以及一些书面测试。这些评估将帮助我们确定是否需要进一步研究。根据测试结果和您的健康状况，我们将尽力治疗并解决发现的任何问题。”

采用驾驶相关技能临床评估对阿尔瓦雷斯夫人的表现进行评分后，您可以与她讨论评估结果。您向她保证，她在视力和认知测试中得分很高，但是运动能力受到损害（快速步速为11秒），并且您注意到她走路时步态不稳。当被问及与跌倒有关的问题时，她承认自己曾在家里摔倒过。

基于计算机的工具发展

市面上有两种基于计算机的评估工具。然而，它们的使用成本并不包含在大多数保险提供商的支付范畴内。一般而言，为确保这些评估工具能够作为制定许可决策的有效工具，需要对其进

行更为深入的研究。针对交互式驾驶模拟器的使用，最新的研究证据显示其具备作为潜在评估和干预工具的潜力。[44,45]

- **有用的视野工具：**这是研究最广泛的工具，用于检测个体在处理速度、注意力分散和选择性注意力方面的损伤，这些损伤与老年驾驶人发生车辆碰撞事故的风险存在一定的相关性。其中，特别值得注意的是，用于测试处理速度的子测试[241,42,46]提供了有力的证据支持。然而，并非所有研究都证明该工具的有效性。[4,10,47] 该评估工具可通过相关网址进行购买。[48] 该工具潜在的使用障碍，可能包括测试成本、时间投入、账单处理能力以及在初级保健环境中的有限研究。
- **可驾驶的工具：**该评估工具仅针对驾驶认知能力的衡量。根据老年人的表现，可通过计算机算法生成结果，该算法返回的评估分数介于1~99之间。结果反映“道路评估失败的预测概率”，其中“1分”代表失败的概率极低，而“99分”则代表失败的可能性最大。计算机程序指定了风险的上限和下限。虽然该程序的开发人员坚持认为，计算机测试能够实现精确测量和客观性，并消除测试偏差，但是对此论点的研究结果不尽相同，存在相互矛盾的结论。[49] 此外，可驾驶的工具无法为临床医生提供可用于识别潜在风险的临床解决方案。

评估工具性能说明

斯耐伦视力表

斯耐伦视力表作为远视力测试的标准工具，其标准尺寸设定为9英寸×23英寸（1英寸约2.54厘米，译者注）。该视力表采用耐用且抗撕裂的乳胶纸材质制作，并配备有孔眼设计，以便于悬挂。视力表的一侧印有字母，而背面则印有翻转的“E”符号，以满足不同测试需求。

测试最好在光线良好的走廊上进行。为了确保测试的准确性，可利用地板胶带进行距离标记，标记长度可根据图表大小而定，如10英尺或20英尺（1英尺约30.48厘米，译者注）。将图表悬挂在墙上，指示老年人站立在10英尺或20英尺远的地方。戴上他平常使用的眼镜或隐形眼镜，睁开双眼阅读尽可能小的线条。视敏度为他成功看清的最低一行，并且针对每只眼睛分别重复该过程。如果任一只眼睛能看清的最佳视力是20/40，那么他的双眼视力就被认为是20/40。

根据临床医生的喜好还可以使用其他图表来测量远视力，例如10英尺的斯耐伦视力表或20英尺的斯隆低视力字母表（Sloan Low-vision Letter Chart）。[50]

可以使用市面上售卖的视力表来测试近视敏锐度。当老年人抱怨难以看清车内地图、仪表或控件时，都应考虑使用罗森鲍姆袖珍图进行检查。

研究已经注意到在采用斯耐伦视力表进行测试时存在若干的局限性。这些局限包括但不限于每行字母数量的差异性、行间距的不一致性、字母具体应用方式的特定性以及字母间距的多样性。[51] 眼保健领域的最新趋势是使用一种称为“早期治疗糖尿病性视网膜病研究”（Early Treatment Diabetic Retinopathy Study，ETDRS）的新型视力测试图表。该图表在某些眼病研究中似乎更为准确。[52] ETDRS视力表改进了斯耐伦视力表，包括图表中每行具有相似数量的字母，字母之间具有标准的间距。

视野对抗测试（Visual Fields by Confrontation Testing）

检查者坐在或站在患者前方3英尺（约0.9米）处，与患者的眼睛齐平。患者被要求闭上右眼，而检查者闭上左眼。视线都固定在对方的鼻子上。

同时，检查者在每个视野方向同时举起手，在四个象限中随机选择（通常是一两个）手指，并要求患者说出手指的总数。手指稍稍靠近检查者，患者的视野比检查者宽。只要检查者的视野在功能范围内，如果检查者可以看到手指，则患者应该能够看到它们，除非他有视野缺损。

另一只眼睛重复此过程（患者的左眼和检查者的右眼闭合）。检查者通过在视野表上的缺陷区域中加阴影的方式表示任何存在的视野缺陷。

快步走（Rapid Pace Walk）

地板上用胶带标记了一条10英尺的路径。检查者应首先演示步行，然后要求被试者沿着10英尺的路径行走，然后转身沿着路径回到起点。测试开始后，要求被试者尽快完成。如果老年人通常带着助步器或拐杖走路，则他可以在测试过程中使用它。总步行距离为20英尺。

当被试者抬起第一只脚时，检查者开始计时，当最后一只脚越过终点时，停止计时。这项测试是以老年人来回行走10英尺所需的总秒数来评分的。[42] 此外，检查者应该在评分表上注明老年人是使用助行器还是拐杖。超过9秒的评分与驾驶车辆发生碰撞的风险增加有关。

起身走（Get Up and Go）

用法说明[43]

请患者进行以下一系列操作：

1. 舒适地坐在一把直背的椅子上。
2. 从椅子上站起来。
3. 静站一会儿。
4. 步行一段距离（约10英尺）。
5. 转身。
6. 回到椅子前。
7. 转身。
8. 坐在椅子上。

计分

观察患者的动作是否偏离自信、正常表现。计分使用以下数值范围：

1=正常；

2=非常轻微异常；

3=轻度异常；

4=中度异常；

5=严重异常。

“正常”表示患者在测试期间或任何其他时间均未出现跌倒的风险。

“严重异常”表示患者在测试过程中似乎有跌倒的风险。

中间程度表现为存在以下任何一种情况，作为跌倒可能性的指标：过度缓慢、犹豫、躯干或上肢的异常动作、蹒跚或绊跌。

在“起身走”测试中得分为3分及以上的患者有跌倒的风险。

功能力量和运动范围（Functional Range of Motion）

要测试老年人的运动功能范围，请他进行下列双侧运动：

- 颈部旋转：“回头看，就像您在倒车或停车一样。现在，在另一侧做同样的事情。”
- 肩膀和肘部弯曲：“假装您握着方向盘。现在假装向右转弯，然后向左转弯。”
- 手指卷曲：“双手握拳。”
- 脚踝跖屈：“假装您踩油门踏板。现在换另一只脚做同样的事情。”
- 踝背屈：“将脚趾指向头部。”

通过评估运动是否在功能范围内进行评分。分数在3分及以上意味着运动范围是在过度犹豫、疼痛或运动范围非常有限的情况下完成的。

迷宫测试（Maze Test）[40]

迷宫测试是针对个体注意力、视觉建构能力以及计划和预见的执行功能评估而设计的书面测试。参与者先完成一个简单的演示（或练习）迷宫以建立规则集，然后完成迷宫任务。完成表现以时间（秒）和错误总数来衡量，时间用倒计时表记录。错误总数由被试者进入死胡同或未能保持在路线上的次数决定。测试时间为1~4分钟。迷宫测试介绍在附录3中，它应打印在8英寸×11英寸的纸上，迷宫至少为5.5英寸见方，练习迷宫为4.5英寸见方。

为了进行测试，将练习迷宫以正确的方向放置在被试者的前面。为被试者提供一支笔，检查者说：

“我希望您找到从迷宫的起点到出口的路线。将笔放在此处的起点（指向起点）。这是迷宫的出口（指向出口）。画一条线，表示从迷宫的起点到出口的路线。规则是您不得碰到死角（指向死角）或越过实线（指向实线）。”

如有必要，检查者应重复说明并纠正任何违反规则的情况。允许被试者从页面上抬起笔。当被试者尝试迷宫测试时，记录任务是否完成（是或否），以及被试者要求重复或提醒指令的次数。

接下来，将迷宫任务以正确的方向放置在被试者的前面。为被试者提供一支笔，检查者说：

“很好，现在我知道您已经了解了任务，在您找到从迷宫的起点到出口的路线时，我将为您计时。将笔放在此处的起点（指向起点）。这是出口（指向出口）。画一条线，表示从迷宫的起点到出口的路线。相同的规则适用。不要碰到任何死角（指向死角），也不要越过任何线（指向实线）。你准备好了吗？我现在开始计时。”

检查者不重复说明，也不纠正违反规则的情况。如果被试者提出问题，答复应该是：我不能再给您任何帮助，请您尽力而为。被试者完成任务后立即停止计时器。迷宫任务限制为3分钟。如果被试者没有在这段时间内完成迷宫测试就停止。测试记录包括迷宫任务是否完成（是或否）、完成迷宫任务的时间（以秒为单位）以及错误的数量（进入死胡同或无法保持在路线上）。

蒙特利尔认知评估（MoCA）

MoCA是一种快速筛查工具，可以测量注意力和集中力、执行功能、记忆、语言、视觉构造技巧、概念思维、计算和方向。测试时间约为10分钟。

可能的最高得分是30分，其中26分及以上被认为是正常的。对于受过12年及以下正规教育的个人，应该加1分。分数低于18分应引起人们对驾驶安全的担忧。

原始版本和说明详见附录3。

控制连线测验A部分和B部分（Trail Making Test，Part A and Part B）

这项对一般认知功能的测试专门评估工作记忆、视觉处理、视觉空间技能、选择性和注意力分散、处理速度和精神运动协调性。此外，大量研究表明，在控制连线测验中表现不佳与不良驾驶表现之间存在关联。[4,38,42]

关于A部分的说明。检查者说："这一页的圆圈里有数字。请拿起铅笔，按顺序从一个数字到下一个数字画一条线。从1开始，然后到2，然后到3，以此类推。当你从一个数字移动到下一个数字时，请不要举起笔。尽可能快速准确地完成。"如果错误，检查者说："您当时在2号，下一个号码是什么？"等待被试者做出回应后，检查者说："请从这里开始并继续。"

A部分：如果A部分正确完成，则检查者将重复上述说明。一旦给出"开始"说明，就开始计时。控制连线测验完成或达到最大时间（150秒=2.5分钟）时，停止计时。

关于B部分的说明。检查者说："此页面上的圆圈中有数字和字母。请用笔画一条线，在数字和字母之间按顺序交替。从数字1开始，然后转到第一个字母A，然后转到下一个数字2，然后转到下一个字母B，以此类推。从一个数字或字母移动到下一个数字或字母时，请尽量不要抬起笔。尽可能快速准确地完成。"如果被试者出现错误，检查者说："您当时在2号。下一个字母是什么？"等待被试者回应后，检查者说："请从这里开始并继续。"

如果B部分正确完成了，则检查者将重复上述说明。一旦给出"开始"说明，便开始计时。当控制连线测验完成或达到最大时间（300秒=5分钟）时，停止计时。

该测验通过准确完成连接所需的总时间（秒）进行评分。检查者指出并纠正发生的错误。因此，错误的后果是增加了完成测验所需的时间。该测验通常需要3~4分钟才能完成，但5分钟后应停止。

画钟测验（Clock Drawing Test）

在画钟测验中，检查者给被试者一支铅笔和一张空白纸，然后说："我希望您在这张纸上画一个时钟。请画时钟的正面，输入所有数字，并将时间设置为11点10分。"这不是一个定时测验，但是应该给被试者一个合理的时间来完成绘图。检查者通过检查在CADReS评分表上找到的七个具体要素对照给出分数（评分表见附录3）。

测试顺序

虽然可以按任何顺序进行这些测试，但建议按以下顺序进行（请注意，蒙特利尔认知评估包含了控制连线测验B部分和画钟测验）:

1. 斯耐伦视力表。
2. 视野对抗测试。
3. 快步走或起身走。
4. 功能力量和运动范围。
5. 迷宫测试。
6. 蒙特利尔认知评估。
7. 控制连线测验A部分和B部分。
8. 画钟测验。

有关这些测试的评分以及对应推荐的干预措施，请参阅第4章。

参考文献

1. Foley, D. J., Heimovitz, H. K., Guralnik, J. M., & Brock, D. B. (2002, August). Driving life expectancy of persons aged 70 years and older in the United States. American Journal of Public Health, 92, 8, 1282-1289. Retrieved from https://www.ncbi.nlm.nih.gov/pmc/articles/PMC1447231/.
2. Transportation Research Board. (2016). T axonomy and terms for stakeholders in senior mobility. In Transportation Research Circular, Number E-C211; Washington, D.C.: Transportation Research Board. Retrieved from http://onlinepubs.trb.org/Onlinepubs/circulars/ec211.pdf.
3. Dickerson, A. E. (2013). Driving assessment tools used by driver rehabilitation specialists: survey of use and implications for practice. American Journal of Occupational Therapy, 67, 564-573. https://doi.org/10.5014/ajot.2013.007823.
4. Dickerson, A. E., Brown, D., & Ridenour, C. (2014). Assessment tools predicting fitness to drive in older adults: a systematic review. American Journal of Occupational Therapy, 68, 670-680. https://doi.org/10.5014/ajot.2014.011833.
5. Bédard, M., & Dickerson, A. E., National Highway Traffic Safety Administration, & American Occupational Therapy Association. (2014). Consensus statements for screening and assessment tools. Occupational Therapy Health Care, 28(2), 127-131. https://doi.org/10.3109/07380577.2014.903017.
6. Bédard, M., Weaver, B., Darzins, P., & Porter, M. M. (2008). Predicting driving performance in older adults: We are not there yet! Traffic Injury Prevention, 9(4), 336-341. https://doi.org/10.1080/15389580802117184.
7. Dickerson, A. E., Schold Davis, E., & Carr, D.B. (2018). Driving decisions: Distinguishing evaluations, providers, and outcomes. Geriatrics, 3(2), 25. doi: 10.3390/geriatrics3020025.
8. Owsley, C. & McGwin, G. Jr. (2010). Vision and driving. Vision Research, 50(23), 2348-2361. doi: 10.1016/j.visres.2010.05.021.
9. Carr, D. B. (1993). Assessing older drivers for physical and cognitive impairment. Geriatrics, 48(5), 46-51.
10. Carr, D. B., Barco P. P., Wallendorf, M., J., et al. (2011). Predicting road test performance in drivers with dementia. Journal of the American Geriatrics Society, 59, 2112-2117. https://doi.org/10.1111/j.1532-5415.2011.03657.x.
11. Elgin, J., Owsley, C., & Classen, S. (2012). Vision and driving. In Maguire & Schold Davis (Eds.) Driving and Community Mobility: Occupational Therapy Strategies Across the Lifespan, pp 173-219. Bethesda, MD: AOTA, Inc.
12. Munro, C. A., Jefferys, J., Gower, E. W., Munoz, B. E., Lyketsos, C. G., Keay, L., & Bandeen-Roche, K. (2010). Predictors of lane-change errors in older drivers. Journal of the American Geriatrics Society, 58, 457-464. https://doi.org/10.1111/j.1532-5415.2010.02729.x.
13. McGwin, G. Jr., Sarrels, S. A., Griffin, R., Owsley, C., & Rue, L. W. 3rd. (2008, November). The impact of a vision screening law on older driver fatality rates. Archives of Ophthalmology, 126(11), 1544-1547. https://doi.org/10.1001/archopht.126.11.1544.

14. Mennemeyer, S. T., Owsley, C., & McGwin, G. Jr. (2013). Reducing older driver motor vehicle collisions via earlier cataract surgery. Accident Analysis & Prevention, 61, 203-211. https://doi.org/10.1016/j.aap.2013.01.002.
15. Wood, J. M., & Carberry, T. P. (2006). Bilateral cataract surgery and driving performance. British Journal of Ophthalmology, 90(10), 1277-1280. doi: 10.1136/bjo.2006.096057.
16. Owsley, C., McGwin, G. Jr., Sloane, M., Wells, J., Stalvey, B. T., & Gauthreaux, S. (2002). Impact of cataract surgery on motor vehicle crash involvement by older adults. Journal of the American Medical Association, 288(7), 841-849.
17. Wood, J., McGwin, G., Elgin, J., Vaphiades, M.S., Braswell, R. A., & DeCarlo, D. K., et al. (2011). Hemianopic and quadrantanopic field loss, eye and head movements, and driving. Investigative Opththalmology and Physiological Optics, 12, 1220-1225. doi: 10.1167/iovs.10-6296.
18. Dobbs, B. M. (2002, February). Medical Conditions and Driving: Current Knowledge. (NHTSA Contract Number DTNH22-94-G-05297). Barrington, IL: Association for the Advancement of Automotive Medicine. Retrieved from https://www.nhtsa.gov/sites/nhtsa.dot.gov/files/medical20cond2080920690-8-04_medical20cond2080920690-8-04.pdf.
19. Betz, M. E., Scott, K. A., Rogers, E., Hoffecker, L., Li, G. & DiGuiseppi, C. (2016). Associations Between Falls and Driving Outcomes in Older Adults: A LongROAD Study. AAA Foundation for Traffic Safety. Retrieved from https://aaafoundation.org/wp-content/uploads/2017/12/SeniorsAndFalls.pdf.
20. Classen, S., Dickerson, A. E., & Justiss, M. (2012). Occupational Therapy Driving Evaluation: Using Evidence-Based Screening and Assessment T ools. In: M. J. Maguire & E. Schold Davis (eds.), Driving and Community Mobility: Occupational Therapy Strategies Across the Lifespan. Bethesda, MD: AOTA Press.
21. Kramer, A. F. & Madden, D. J. (2008). Attention. In: F. I. M. Craik & T. A. Salthouse (eds). The Handbook of Aging and Cognition (pp. 189-249). Hillsdale, NJ: Erlbaum.
22. Madden, D. J., Turkington, T. G., Provenzale, J. M., Hawk, T. C., Hoffman, J. M., & Coleman, R. E. (1997). Selective and divided visual attention: age-related changes in regional cerebral blood flow measured by H2(15)O PET . Human Brain Mapping, 5, 389-409.
23. Beers, M. H., & Berkow, R. (eds). (2000). Aging and mental health. In: The Merck Manual of Geriatrics. Whitehouse Station, NJ: Merck & Co., Inc.
24. Barco, P., Stav, W., Arnold, R., & Carr, D.B. (2012). Cognition: A vital component to driving and community mobility. In: M. J. Maguire & E. Schold Davis (eds.), Driving and Community Mobility: Occupational Therapy Strategies Across the Lifespan. Bethesda, MD: AOTA Press.
25. Goetz, C. G. (1999). T extbook of Clinical Neurology, 1st ed. Philadelphia: W. B. Saunders Company.
26. Levy, L.L. (2005). Cognitive aging in perspective: Information processing, cognition, and memory. In: N. Katz (Ed.), Cognitive and Occupation Across the Lifespan: Models for Intervention in Occupational Therapy, 2nd ed (pp. 305-325). Bethesda, MD: AOTA Press.

27. Elliot, R. (2003). Executive functioning and their disorders. British Medical Bulletin, 65, 49-59. https://doi.org/10.1093/bmb/65.1.49.
28. Barkley, R. A. (2012). Executive Functions: What They Are, How They Work, and Why They Evolved. New York: Guilford Publications, Inc.
29. Rizzo, M. & Kellison, I. L. (2010). The brain on the road. In T. D. M. I. Grant (Ed.) Neuropyschology of Everyday Functioning (pp. 168-208). New York: Guilford Press.
30. Adler, G., & Kuskowski, M. (2003). Driving cessation in older men with dementia. Alzheimer Disease and Associated Disorders, 17(2), 68-71.
31. D'Ambrosio, L. A., Coughlin, J. F., Pratt, M. R., & Mohyde, M. (2012). The continuing and growing importance of mobility. In: J. Coughlin & L. A. D'Ambrosio (eds.), Aging America and Transportation: Personal Choices and Public Policy. New York: Springer Publishing Co.
32. Dobbs, B.M., Carr, D. B., & Morris, J. C. (2002). Evaluation and management of the driver with dementia. The Neurologist, 8(2), 61-70.
33. Dickerson, A. E., Molnar, L. J., Bédard, M., Eby, D. W., Classen, S., & Polgar, J. (2017, October 1). Transportation and Aging: An Updated Research Agenda for Advancing Safe Mobility. Journal of Applied Gerontology, online. https://doi.org/10.1177%2F0733464817739154.
34. Eby, D. W., Molnar, L. J., Shope J. T., & Dellinger, A. M. (2007). Development and pilot testing of an assessment battery for older drivers. Journal of Safety Research, 38(5), 535-543. https://doi.org/10.1016/j.jsr.2007.07.004.
35. Owsley, C., Stalvey, B., Wells, J., & Sloane, M. E. (1999). Older drivers and cataract: Driving habits and crash risk. The Journals of Gerontology, Series A: Biological Science and Medical Science, 54A, M203-M211.
36. Kwok, J. C. W., Gélina, I., & Benoit, D., & Chilingaryan, G. (2015). Predictive validity of the Montreal Cognitive Assessment (MoCA) as a screening tool for on-road driving performance. British Journal of Occupational Therapy, 78(2), 100-108. https://doi.org/10.1177%2F0308022614562399.
37. Nasredinne, Z. (2007). Frequently Asked Questions. Retrieved from the MOCA website at https://www.mocatest.org/.
38. Staplin, L., Gish, K. W., & Wagner, E., K. (2003). MaryPODS revisited: updated crash analysis and implications for screening program implementation. Journal of Safety Research, 34(4), 389-397.
39. Freund, B., Gravenstein, S., & Ferris, R. (2002). Use of the clock drawing test as a screen for driving competency in older adults. Presented at the American Geriatrics Society Annual Meeting, Washington, D.C., May 9, 2002.
40. Snellgrove, C. A. (2005). Cognitive screening for the safe driving competence of older people with mild cognitive impairment or early dementia. Canberra, AU: Australian Transport Safety Bureau. Retrieved from https://infrastructure.gov.au/roads/safety/publications/2005/pdf/cog_screen_old.pdf.
41. Classen, S., Witter D. P., Lanford D. N., Okun, M. S., Rodriguez, R. L., Romrell, J., Malaty, I. &

Fernandez, H. H. (2011). Usefulness of screening tools for predicting driving performance in people with Parkinson's disease. American Journal of Occupational Therapy, 65, 579-588. doi:10.5014/ajot.2011.001073.

42. Edwards, J. D., Leonard, K. M., Lunsman, M., Dodson, J., Bradley, S., Myers, C. A., & Hubble, B. (2008). Acceptability and validity of older driver screening with the Driving Health Inventory. Accident Analysis & Prevention, 40, 1157-1163.
43. Mathias, S., Nayak, U. S. L., & Isaacs, B. (1986). Balance in elderly patients: the "get-up and go" test. Archives of Physical Medicine and Rehabilitation, 67, 387-389.
44. Stinchcombe, A., Maxwell, H., Gibbons, C., Dickerson, A.E., & Bédard, M. (2017). Simulated driving performance of older adults. In: S. Classen (Ed.) Driving Simulation for Assessment, Intervention, and Training (pp. 201-212). Bethesda, MD: AOTA Press.
45. Dickerson, A. E., Stinchcombe, A., & Bédard, M. (2017). Transferability of driving simulation findings to the real world. In: S. Classen (Ed.) Driving Simulation for Assessment, Intervention, and Training (pp. 281-294). Bethesda, MD: AOTA Press.
46. Classen, S., McCarthy D. P., Shechtman, O., Awadzi, K. D., Lanford, D. N., Okun, M. S., ...Fernandez, H. H. (2009). Useful field of view as a reliable screening measure of driving performance in people with Parkinson's disease: results of a pilot study. Traffic Injury Prevention, 10, 593-598. https://doi.org/10.1080/15389580903179901.
47. Weaver, B., Bédard. M., McAuliffe, J., & Parkkari, M. (2009). Using the Attention Network T est to predict driving test scores. Accident Analysis & Prevention, 41, 76-83. https://doi.org/10.1016/j.aap.2008.09.006.
48. Visual Awareness Research Group, Inc. What Is UFOV? A Breakthrough in Cognitive Assessment and Rehabilitation. Retrieved from http://www.visualawareness.com/Pages/whatis.html.
49. Bédard, M., Gagnon, S., Gélinas, I., Marshall, S., Naglie, G., Porter, M., Rapoport, M., Vrkljan, B., & Weaver, B. (2013). Failure to predict on-road results. Canadian Family Physician, 59, 727. Retrieved from https://www.ncbi.nlm.nih.gov/pmc/articles/PMC3710032/.
50. Staplin, L., Lococo, K. H., Stewart J., & Decina, L. E. (1999, April). Safe Mobility for Older People Notebook (Report No. DOT HS 808 853). Washington, D.C.: National Highway Traffic Safety Administration. Retrieved from https://one.nhtsa.gov/people/injury/olddrive/safe/safe-toc.htm.
51. VectorVision. (2015). ETDRS Acuity. Retrieved from http://www.vectorvision.com/html/educationETDRSAcuity.html
52. Falkenstein, I. A., Cochran, D. E., Azen, S. P., Dustin, L., T ammewar, A.M., Kozak, I., & Freeman, W. R. Comparison of visual acuity in macular degeneration patients measured with Snellen and early treatment diabetic retinopathy study charts. Ophthalmology, 115(2), 319-323. https://doi.org/10.1016/j.ophtha.2007.05.028.

第4章　临床干预

关键点：

- 临床评估的目标是识别、纠正和稳定任何可能损害老年人驾驶能力的功能缺陷，并考虑在适当的情况下转诊给驾驶康复专家。
- 视野缺损筛查很重要，因为大多数老年人在视野缺损变得相当严重之前都没有意识到自己存在这个问题。
- 如果未能通过驾驶相关技能临床评估工具箱中的任何一个认知测试，就应将老年人转诊，为其提供优化认知功能的机会，并探索他们可能继续安全驾驶的潜力。各地资源有所不同，可能包括职业治疗师、语言病理学家、神经心理学家、驾驶康复专家或其他医学专家。
- 仅对运动或体感方面有疑问的个人应咨询驾驶康复专家，以利用先进技术和可用于车辆的自适应设备解决问题。

尽管受到了鼓励，但**菲利普斯先生**仍然犹豫要不要使用推荐的驾驶相关技能临床评估（CADReS）工具箱中的评估工具。他说："我不认为有必要这样做。"您讲述您对他驾驶安全的担忧，并向他提供附录2中的资源：

- 美国国家公路交通安全管理局，"优雅老去时的安全行驶"。
- 美国汽车协会调查问卷，"驾驶人65岁以上：检查您表现的自我评估工具"。
- 测试驾驶人安全性。
- 老年驾驶人的安全提示。

菲利普斯先生同意让他的儿子观察他的驾驶情况。您会建议他的儿子如何访问在线的健康驾驶筛查措施，以及如何使用美国国家公路交通安全管理局提供的方法和建议。

您将一切都记录在菲利普斯先生的档案中并安排后续约见的时间。在下次访问中，通过菲利普斯先生的允许，您会问他是否有机会查看他上次访问时提供的材料。他承认自己在开车时又打了个电话。他的儿子说，他观察到了几个驾驶错误，包括在面对即将驶来的车辆时左转。这些事件促使菲利普斯先生完成自我评估。他认为，进一步评估是一个合理的想法，现在菲利普斯先生愿意接受评估。

在驾驶相关技能临床评估工具箱中，菲利普斯先生需要13秒完成快步走。他的右侧视力是20/50，左侧视力是20/70。他在颈部旋转时活动范围有限，脚踝跖屈和踝背屈均在正常范围内。他花了182秒的时间完成了控制连线测验B部分，并且在画钟试验的全部七个标准上均被评为"正常"。

既然已经对菲利普斯先生进行了评估，那么他的表现说明了什么？本章提供信息以支持对驾驶相关技能临床评估结果的解释。但是，此处所述的建议受美国各州报告法律和州许可机构要求的制约。在第8章中提供了各州要求相关的链接。本章还提供部分干预示例，可以帮助管理和治疗通过驾驶相关技能临床评估识别的功能缺陷。

请记住，临床评估的目的是识别、纠正可能损害老年人驾驶表现的任何功能缺陷，或使之保持稳定，并在适当的时候寻求驾驶康复专家的帮助（请参阅第5章）。美国老年医学会比尔斯标准[1]（Beers Criteria®）中关于医疗条件和潜在药物影响的内容，将在第9章中进一步讨论。

驾驶相关技能临床评估

对于驾驶来说，运动和感觉能力、视觉以及认知能力都很重要。然而，对于特定的老年人来说，这些功能领域的重要性可能因个体差异而有所不同。基于老年人的医疗健康状况，某个功能领域可能相较于其他功能领域需要额外的关注和考量。根据每个功能领域的评估结果，干预的结果可能会有所不同。

视觉

视野缺损的筛查很重要，因为大多数老年人在视野缺损变得相当严重之前都没有意识到自己存在这个问题，如患有中风、青光眼或黄斑变性的老年人。在多数情境中，面对任何可能引发担忧的状况，将患者转诊至眼科进行专业治疗，是明智且稳妥的决策。

对所有老年人来说，对比敏感度测试是一项很好的筛查。根据筛查结果，团队成员可以向老年驾驶人及护理人员提供具有针对性的教育和信息，旨在协助他们了解并应对可能存在的视觉缺陷。如果筛查结果仅显示老年驾驶人存在对比敏感度方面的问题，团队成员不必向州许可机构进行特别报告。

视力：尽管目前许多州对非受限制驾驶许可证持有者的视力标准设定为20/40，但鲜有研究表明驾驶人的静态视力与其事故风险之间存在直接关联。实际上，根据美国部分州的研究结果，驾驶人的视力在20/40~20/70并未导致车辆碰撞风险的显著上升。因此，这些州在驾驶人视力方面，已采取了几项新的许可规定[2,3]。然而，相关调查也揭示，在需要对老年人的驾驶证进行视力测试的州，交通事故发生的几率相对更低。[4]

关于视力和驾驶，下面给出一般建议，但请注意，任何建议内容必须遵守各州的驾驶许可要求。

对于矫正视力低于20/40（即受损更严重）的驾驶人，临床团队成员应建议：

- 请咨询视力专家（眼科医生或验光师），以诊断视力丧失的潜在原因并治疗（如果可以）。老年人应该获得并使用合适的眼镜或隐形眼镜。如果老年人目前没有接受专科医生的护理，建议转诊。
- 请将驾车限制在低风险地区和状况良好的地区（如熟悉的环境、非高峰时间、低速行驶地区、白天和良好的天气条件）来减少视力下降的影响。尽管关于视力限制规定的循证文献是模棱两可的，但我们仍认为这是一种很好的做法。

- 请注意，老年人可能需要更频繁（如每年一次）地评估视力，以进一步发现由慢性、渐进性疾病引起的视力下降，如与年龄相关的黄斑变性、糖尿病性视网膜病和青光眼等。对于矫正视力低于20/100（即受损更严重）的患者，临床团队成员应建议：
- 请遵循之前的建议进行操作。
- 建议老年人不要开车，除非他的安全驾驶能力能够在道路评估中得到证明，如果允许的话，道路评估最好由具有低视力专业知识的驾驶康复专家执行。请您查看您所在地区是否有低视力驾驶康复服务。

视野和对比度敏感度：研究表明，视野损失和对比敏感度受损会严重影响驾驶安全。与年龄相关的黄斑变性导致的中心视力丧失和对比敏感度受损的患者往往年龄更大，并且更有可能需要终止驾驶。[5] 然而，在其他研究中，大多数双眼视野中度丧失的驾驶人表现出可接受的道路驾驶技能。[6] 最近，在一项针对具有已知视野损害特定状况（如青光眼）的老年人的研究中发现，发生车辆碰撞事故的风险增加与中度至重度视野缺陷相关。[7,8]

尽管充足的视野对安全驾驶非常重要，但并没有确凿的证据来定义什么是“充足的”。最有可能的是，对于“充足的”视野可能因人而异，也可能取决于驾驶人是否存在其他问题。例如，视野受限但视线扫描能力优异的驾驶人可以像视野不受限制但颈部旋转不良的驾驶人一样安全地驾驶。[9] 鉴于多数老年人在视力丧失症状显著时才会察觉此类缺陷，因此，对视野缺损的筛查显得尤为重要。特别是在其医疗健康状况需接受专业评估的情况下（如中风、黄斑变性的患者），进行视野缺损筛查更是必要的。

关于视野和驾驶，一般建议如下。医师和其他临床团队成员应了解并遵守他们所在州的特定视野要求。

- 对于对抗测试中存在视野缺损的驾驶人，临床团队成员应建议：请咨询视力专家（眼科医生或验光师），以诊断视野缺损的潜在原因并进行治疗（如果可能的话）。另外，自动视野测试可以帮助确定缺陷的程度。眼科医生有测量视野的专用仪器。
- 对于双眼视野不足的老年人（根据临床判断），强烈建议由驾驶康复专家进行综合驾驶评估。通过驾驶康复，老年人可以学习如何弥补视野下降。此外，驾驶康复专家可能会要求使用诸如扩大侧视镜和后视镜之类的设备，并培训老年人如何使用这些设备。
- 考虑对比敏感度测试，这对所有老年人都是一个很好的检测。随后为老年驾驶人和护理人员提供教育和信息，说明如何通过最大限度地减少弱光驾驶条件（夜间，恶劣的情况下）弥补对比敏感度的不足。视觉专家的推荐是可取的，但驾驶人如果仅是对比度敏感的问题不值得向州许可委员会报告。

对于慢性、渐进性疾病引起的视野缺损，未来可能需要重新测试视野。

认知

认知缺陷筛查以及对筛查结果进行仔细的解释是必不可少的。已有确切证据表明，精简版精神状态考试与车辆碰撞事故及驾驶能力评估结果之间不存在直接关联。[10,11] 然而，CADReS中推荐的评估工具是经过精心挑选的，旨在办公室环境中有效获取与驾驶相关的已知技能信息，以确保评估的准确性和可靠性。

任何清晰表明老年人患有中度或重度认知障碍的筛查结果，都能够作为医务人员向老年人提出终止驾驶建议的证据。无需再将老年人进一步转诊以评估其驾驶表现。可以将老年人推荐给全职职业治疗师，进一步评估其工具性日常生活活动的表现，或者推荐给神经心理学家，进行适当的测试和诊断。这些措施可能是改善或延长老年人生活质量和安全出行的重要手段。

对于患有轻度认知障碍或早期痴呆症（有或无运动障碍）的老年人群，应进行下述评估以获取更多信息。评估旨在探索老年人认知障碍的可逆性、潜在病因、尚存的剩余能力以及可能的补偿策略。若老年人未通过驾驶相关技能临床评估工具箱中的任何认知测试，临床团队应采用适当的转介措施，从而为其提供优化认知功能的机会，探索其继续安全驾驶的能力。各地资源可能存在差异，转介的专业人员可能包括职业治疗师、语言病理学家、神经心理学家、驾驶康复专家或其他医学领域的专家。虽然以下认知测验是各自评分的，但若老年人达到下述任何测试指定的临界值，我们都建议对其采取适当的干预措施。潜在的干预措施因老年驾驶人认知评估所显示的不同认知障碍领域（冲动性、判断力、记忆力、视觉空间等）而有所不同。

蒙特利尔认知评估：蒙特利尔认知评估旨在作为轻度认知功能障碍的快速筛查工具。它可以评估多个认知领域，包括：注意力、执行能力、记忆、语言、视觉建构能力、概念思维、计算和定向。蒙特利尔认知评估的操作时间约为10分钟，满分为30分。26分及以上被认为是正常的表现。任何受过12年及以下正规教育的个体，评估结果需额外加1分以作校正。[13] 在有认知障碍的个体中，蒙特利尔认知评估评分与道路测试结果之间存在显著关系。具体而言，被试者的蒙特利尔认知评估分数每降低1分，他在道路测试中失败的可能性就会增加1.36倍。若被试者的蒙特利尔认知评估得分低于18分，这可能对其驾驶安全构成影响。[14] 蒙特利尔认知评估可以在未经卫生专业人员许可的情况下使用、复制和转发，并且在网上提供了多种语言的版本，以满足不同用户的需求。

控制连线测验B部分：完成时间超过3分钟（180秒）表示需要进行干预，例如检查异常结果的原因（如痴呆症，镇静药物、抑郁症）和转介至驾驶康复专家。[15] 大量研究表明，TMT-B的表现与认知功能和驾驶表现之间存在关联。[16] 一项专门针对驾驶评估的研究，通过对83名平均年龄为60.8岁的驾驶人的研究表明，78%的驾驶人，其驾驶康复专家评估的道路驾驶表现可以在控制连线测验B部分得到预测。[17] 马里兰州的老年驾驶人试点研究的数据进一步显示，在驾驶许可更新样本中，驾驶人在控制连线测验B部分的表现与未来其发生的交通事故之间存在显著的相关性。[18]

画钟试验，驾驶能力的弗氏钟表评分：弗洛伊德时钟评分标准的任何不正确或缺失的元素都表明需要干预，例如检查异常结果的原因（如痴呆症）或转介至驾驶康复专家。

已经发现，画钟试验与传统的认知测验有着显著的相关性，并在一些研究中区分了健康的个体和痴呆症患者。[19] 在所有测试中，画钟试验与老年痴呆症患者的驾驶能力受损相关，对视觉空间技术能力的测试具有最高的预测价值。[20] 有几种版本的画钟试验可供使用，每种方法在操作和评分方法上略有不同。[21] 弗氏时钟评分基于七个“要点”（如附录3中驾驶相关技能临床评估评分表中所列），这些要点是通过分析88名年龄为65岁及以上的驾驶人在驾驶模拟器上的表现与绘制的时钟图得出的。[22] 老年人在这些“要点”上表现出的错误与特定的危险驾驶错误具有显著的相关性，这表明老年人需要进行正式的驾驶评估。

迷宫测试：斯内尔格罗夫迷宫测试仅测量安全驾驶所需的技能：注意力、视觉构造技能以及计划和预见的执行功能。在患有轻度认知障碍或早期痴呆症的老年人样本中，迷宫测试时间和错误分数预测了道路驾驶能力、具有高灵敏度、特异性和总体准确性。[23,24]

同样，这些测试不应该成为决定老年人是否可以继续驾驶的唯一因素。[25] 但是，老年人在这些测试中表现出的功能损伤与其驾驶风险的增加存在关联性，应考虑将老年驾驶人转诊以进行进一步评估，如工具性日常生活活动评估或基于实际表现的道路测试。此外，对于未来的驾驶适宜性评估不太可能依靠单一的测试项目，而是更有可能使用一系列测试，例如当前作为多中心前瞻性队列研究中的一部分进行评估的测试。[26,27]

如果老年人的表现需要干预，临床医生应：

- 根据需要收集（或参考）更多信息，包括详细的历史记录以及对认知和功能能力的检查。
- 寻找和采访能够协助评估的“可靠线人”（如家庭成员或护理人员）。
- 与老年人的临床团队合作，进行进一步的诊断评估，旨在确定认知能力下降的原因。
- 评估导致认知能力下降的可逆原因。依据老年人的病史，检查和认知测试，根据需要安排实验室测试，包括用于检测贫血或感染的全血细胞计数（Complete Blood Count，CBC）、用于检测电解质失衡和肾功能的综合代谢图谱、用于检测尿路感染的尿液分析、用于检测血糖的手指棒、用于检测低氧的脉搏血氧仪、甲状腺功能减退症的促甲状腺激素（Thyroid Stimulating Hormone，TSH）、肝功能检查、维生素B12和叶酸治疗维生素缺乏症，并基于先验概率，进行无对比CT或MRI扫描。
- 筛选抑郁症，如果呈阳性则进行治疗。
- 审查老年人的用药方案，评估药物对认知的潜在不利影响，并询问老年人和护理人员与新药物或剂量变化有关的认知能力下降的发作情况。老年人可能没有意识到药物对认知能力和驾驶表现的潜在影响。
- 如果可能的话，治疗潜在的疾病或根据需要调整用药方案。请记住，至关重要的是，每个老年人都必须进行完整的评估，以确定潜在的原因并接受恰当的治疗。
- 如果需要的话，将老年人转介至神经科医生、精神病医生或神经心理学家，进行额外的诊断或治疗。
- 建议由驾驶康复专家进行综合驾驶评估，以评估老年人在实际驾驶任务中的表现。定期进行初步的综合驾驶评估，对患有渐进性痴呆症的老年人来说特别有效。
- 强烈建议老年人现在就开始探索替代交通出行方式，并鼓励他们让护理人员参与这些讨论。请参阅“老年驾驶人安全计划”图。

运动能力

如果发现老年人唯一的问题是在运动或体感方面，应将他们推荐给驾驶康复专家，通过先进技术对运动或体感能力进行改善（请参阅第5章）。对于认知完好的老年驾驶人来说，这样做可以学习补偿运动或体感方面的缺陷，获得专家关于策略方面的建议，使用最适合个人问题的可用车辆改装或设备，接受使用设备继续驾驶的培训。LongROADS的研究数据表明，女性更有可能患有肌肉骨骼类疾病，因此在过去12个月中，减少驾驶的可能性是男性的两倍。驾驶减少率最高的原因是关节置换类疾病，而最大的原因是关节疼痛、肿胀和关节炎。尽管以下测试是单独评分的，但如果老年人在任何一项测试中表现出如下所述的严重困难，则建议进行干预。

快步走或起身走：这两项测试都可以观察老年人的整体下肢力量、协调能力和本体感觉，因此，它们都有助于筛查老年人在个体运动或运动范围缺陷情况下可能面临的功能性障碍。研究发现有跌倒史的老年人发生车辆碰撞事故的风险更高。快步走得分大于9秒的老年人，则应转介到物理治疗，并由临床团队进一步评估潜在原因和治疗方法。同样，起身走测试得分大于或等于3时应被视为转诊和治疗的指征。如果功能障碍非常严重，对于老年人来说，明智的做法是暂时不要开车，直到自己的状况得到改善，或者车辆安装了适应性装置（如手动控制装置），并且自己接受了使用装置的培训。

临床团队成员还应注意，安全驾驶所需的力量可能取决于所驾驶的车辆类型。例如，安全地驾驶没有动力转向的老式汽车或大型车辆，可能需要更大的力量（如房车，这对于退休人员来说并不罕见）。

功能性运动范围：如果老年人的运动范围不在正常范围内（即运动范围非常有限，或者仅在过度犹豫或疼痛时才能有很好的范围），这可能表示需要进行干预。无法识别直接出现在老年人后面的物体（如颈椎活动范围受损）与车辆碰撞风险增加有关。

运动范围评分被评定为正常和受损两个水平（而不是记录实际数值），原因有以下几个：

- 大多数临床医生既没有接受过测角仪的使用培训，也没有在办公室中使用过该设备。
- 运动范围的要求随汽车设计的不同而变化，因此很难规定确切的要求。车辆采用适应装置补偿有限的范围也是可能的。
- 有限的运动范围对驾驶安全的影响还取决于其他功能（如之前所述）。
- 与CADReS工具箱中的所有其他测试一样，老年人的不佳表现应当被视作其潜在功能改进的契机，而非立即施加驾驶限制的理由。我们需要审慎对待这些结果，以确保在采取任何行动之前，都能充分考虑到老年人的实际需求和潜在能力。

如果老年人在该测试中的表现不在正常范围内，则临床医生因引出以下问题：这些运动是否会导致肌肉或关节疼痛？老年人抱怨肌肉紧绷或关节僵硬吗？这些运动会导致失去平衡吗？知道这些问题的答案将有助于改善和应对老年人的身体限制。

如果老年人的表现需要干预，则临床团队成员应：

- 鼓励老年人驾驶带有动力转向和自动变速器的车辆，如果他们还没有这样做。
- 建议老年人保持或开始基础运动康复方案，包括有助于心血管健康的运动，强化锻炼和伸展运动。美国国家老龄化问题研究所（National Institute on Aging, NIA）赞助的“生命之路”（Go4Life）项目提供了出色的资源。
- 如果需要训练和锻炼来提高力量或活动范围，请将老年人转介给物理治疗师，如果损伤影响日常驾驶任务，请转介给职业治疗师。

- 如果疼痛限制了活动能力或活动范围，请咨询老年人的初级保健提供者，以提供有效的疼痛控制策略。这可能包括开止痛药或治疗潜在疾病的药物，或改变老年人服用止痛药的时间，以便在开车前获得缓解。请注意，尽管许多止痛药可通过缓解症状改善驾驶表现，但某些止痛药（包括麻醉剂和骨骼肌松弛剂）有可能削弱驾驶能力，并且可能比诱发症状更严重地影响驾驶能力。如果可能，应避免使用这些药物，或以最低有效剂量开具这些药物。建议老年人在首次服用这些药物之前不要开车，直到他们知道如何耐受药物。尽可能采用非镇静和非疼痛药物治疗策略。
- 将老年人介绍给专科医生，以处理任何关节疾病、足部疾病和神经肌肉问题。患有中风的人可能有残留的缺陷，影响他们对汽车的控制，也应被转诊。
- 建议由驾驶康复专家执行的综合驾驶评估（包括道路评估）。全面的道路评估对于评估身体疲劳、柔韧性和疼痛对老年人驾驶技能的影响特别有用。驾驶康复专家可能根据需要开出一些自适应设备（如方向盘上的旋转旋钮补偿较差的抓握力，或者延长换挡杆减小移动范围）并训练老年人的使用能力。

阿尔瓦雷斯夫人的药物包括二甲双胍、对乙酰氨基酚、加巴喷丁、氢氯噻嗪、赖诺普利、唑吡坦和阿司匹林。由于阿尔瓦雷斯夫人存在跌倒风险和周围神经病变的病史，需考虑到进一步评估和治疗的必要性。她同意尝试停止服用唑吡坦，并减少加巴喷丁的剂量，以改善其稳定性和反应速度。您建议她用物理疗法改善平衡和预防跌倒，并将她转介给驾驶康复专家进行评估、获取潜在的适应性设备。

“阿尔瓦雷斯夫人，我建议请物理治疗师全面评估您的神经性病变，并教您一些改善平衡能力的锻炼方法，防止将来可能出现的跌倒。但是，我也担心您继续开车的能力。这与您的脚失去太多触觉神经有关，比如说无法分辨脚踩在哪个踏板上，并有可能将油门误认为刹车，导致撞车事故。”

下一个行动课程

使用驾驶相关技能临床评估工具箱后，可以采取三项行动方案（请参阅第1章）：

- 如果老年人在驾驶相关技能临床评估工具箱中的所有三个领域均表现良好，则可以告知他在安全驾驶方面没有医学上的禁忌症，并提供有关健康维护和未来交通规划的咨询服务。应该向老年人提供“十大健康建议”和“安全驾驶指南”等信息，临床医生应定期跟踪老年人的驾驶安全。但是，如果有证据表明老年人或其护理人员描述了新的驾驶行为受损情况（如从基线开始下降），尽管工具测试得分正常，老年人仍可能需要进行进一步评估。

- 如果老年人在驾驶相关技能临床评估工具箱的任何领域表现不佳，但根据临床专家的评估，可以从医学上纠正造成成绩不佳的原因，则应寻求医疗和干预措施，直到老年人的功能得到优化。随着治疗的进行，可能需要建议老年人限制驾驶。功能的改善水平应通过重复使用驾驶相关技能临床评估工具箱进行评估。一旦老年人在所有领域都表现良好，就应该向他提供健康维护方面的咨询（如上所述）。
- 如果驾驶相关技能临床评估工具箱的任何领域表现不佳，不能在医学上得到纠正，或者如果没有进一步通过医疗干预措施得到改善的潜力，则应将老年人转介至驾驶康复专家。在驾驶康复专家完成评估之前，可能需要建议老年人限制驾驶。

驾驶相关技能临床评估工具箱在支持办公室评估时是有用的，但它不能评估实际驾驶任务中老年人的表现。除了评估结果表示老年驾驶人存在视觉和中度/重度认知障碍外，其他结果即使异常，也不足以导致临床团队建议老年人终止驾驶行为。对于所有其他情况，老年人驾驶适宜性需要由驾驶康复专家做出具有道路评估内容的综合驾驶评估结果。驾驶康复专家可以更具体地确定老年人的驾驶安全水平，并在可能的情况下，通过自适应技术和设备纠正其功能障碍（请参阅第5章和附录3）。

美国各州许可政策正在不断发展，各州都建立了颁发和撤销驾驶证的指南。医疗保健提供者必须了解老年驾驶人所在州的指南内容，最好也要了解老年人驾车所在的其他州的指南内容（请参阅第8章）。无论州的规定如何，首要责任都是识别表现出与继续驾驶不兼容的损伤程度的驾驶人。对于这些人，必须明确告知驾驶行为必须停止，直到获得更多信息为止。如果是医疗方面的问题（如癫痫发作、精神错乱），则只有在其医疗报告符合州继续驾驶的要求之后，才可以驾驶。如果对上路驾驶功能有疑问，则可由驾驶康复专家进行综合驾驶评估以提供必要的评估数据和干预计划。

进一步评估的建议通常是一系列步骤的结果（如本章所述）。因此，应以口头和书面形式告知驾驶人。对于拒绝进一步评估的驾驶人，应提示这种决定可能使本人和其他人面临车辆碰撞事故或受伤的风险，并提示可能启动州吊销驾驶证的程序，包括向州医学审查委员会报告。

在某些情况下，尽管医疗保健提供者认为风险很高，建议老年人终止驾驶，但老年人，出于自身判断仍会继续驾驶。此时，临床医生必须遵守州法律向州许可机构报告，并遵守程序/指南告知老年驾驶人或其护理人员。根据州的报告法律，临床医生有法律责任向州许可机构报告“不安全”的驾驶人（有关法律和道德责任的说明，请参阅第7章和第8章）。最佳方法，临床医生还应告知老年人此报告内容。

副驾驶现象

副驾驶现象是指驾驶人在乘客的协助下驾驶，该乘客提供导航指示以及如何执行驾驶任务的帮助。有认知障碍的老年人可能依靠乘客告诉他们在哪里开车以及如何应对驾驶情况，而有视力障碍的老年人可能会要求乘客提醒他们注意交通标志和信号。

副驾驶现象并不少见。在一项对534位驾驶人的调查中，年龄在65岁及以上（无痴呆症或帕金森症），居住在社区，约有24%的人自称定期使用副驾驶。此种情况下，临床医生应该建议老年人不要继续驾驶，除非他们能够在不使用副驾驶指导的情况下安全驾驶。在许多情况下，副驾驶没有足够的时间检测到危险并向驾驶人发出警报，驾驶人没有足够的时间做出迅速的反应以避免车辆碰撞。在这种情况下，驾驶人不仅将自己置于危险之中，还将副驾驶、其他乘客和其他道路使用者置于危险之中。

此外，使用副驾驶达到驾驶证的标准会引起人们对谁确切有权驾驶提出疑问；如何确保副驾驶的存在；什么样的医疗健康标准应该适用于副驾驶？

应该建议无法做到安全驾驶的老年人终止驾驶行为，无论他们是否需要或使用副驾驶。副驾驶不应推荐给不安全的驾驶人作为继续驾驶的手段。相反，应该努力帮助老年人为自己和其他可能依赖他们的人找到替代交通出行工具。

请勿将副驾驶现象与安全驾驶人混淆，他们可能觉得与只提供陪伴和导航帮助的乘客一起驾驶更舒服。虽然使用副驾驶作为导航员是一种可以接受的做法，但使用副驾驶来提供如何执行驾驶任务的指导本身并不可行。

导航设备/全球定位系统（GPS）

美国国家公路交通安全管理局资助的最新研究如下：

（1）全球定位系统是否提高了老年驾驶人在不熟悉路线上的安全性；

（2）熟悉和不熟悉全球定位系统的驾驶人之间的表现如何比较；

（3）使用全球定位系统的培训如何影响驾驶表现。

结果表明，在陌生地区旅行时，尽管熟悉全球定位系统的人做得更好，但所有驾驶人在使用全球定位系统时比使用纸质地图时犯的驾驶错误更少。结果还显示，60多岁的驾驶人比70多岁的驾驶人表现出更安全的行为。在将目的地输入GPS时，熟悉GPS的驾驶人要比不熟悉GPS的驾驶人做得好得多。这些发现支持以前的研究结果，表明年龄是影响使用GPS安全驾驶的重要因素。在一项后续研究中发现，接受过视频训练和动手训练的驾驶人，其驾驶表现明显好于未经受过训练的驾驶人，接受动手训练的驾驶人比接受视频训练的驾驶人表现更好，但差异不显著。[35] 这些研究的结果对从业者有重要意义。临床团队成员应鼓励老年驾驶人使用GPS，尤其是在不熟悉的地区，提供关于学习如何编程和使用GPS的信息很重要，尤其是在老年人不熟悉如何使用自动取款机（ATM）或电子邮件等日常屏幕操作技术的情况下。虽然其他车辆技术是针对特定车辆的，但全球定位系统相对便宜，易于安装在任何款式或类型的车辆上，还可以在智能手机上访问。

参考文献

1. The 2019 American Geriatrics Society Beers Criteria® Update Expert Panel. (2019) The 2019 American Geriatrics Society Beers Criteria® for potentially inappropriate medication use in older adults. Journal of the American Geriatrics Society. Published online January 31, 2019. https://doi.org/10.1111/jgs.15767.
2. National Highway Traffic Safety Administration. (2009, September). Driver fitness medical guidelines (Report No. DOT HS 811 210). Washington, DC: Author.
3. Bell T.M., Qiao N., Zarzaur B.L. (2015). Mature driver laws and state predictors of motor vehicle crash fatality rates among the elderly: a cross-sectional ecological study. Traffic Injury Prevention, 16(7), 669-676. https://doi.org/10.1080/15389588.2014.999858.
4. McGwin, G., Sarrels S. A., Griffin, R., Owsley, C., & Rue, L. W. 3rd. (2008). The impact of a vision screening law on older driver fatality rates. Archives of Ophthalmology,126(11), 1544-1547. https://doi.org/10.1001/archopht.126.11.1544.
5. Sengupta S., van Landingham S.W., Solomon S.D., Do D.V., Friedman D.S., & Ramulu, P.Y. (2014). Driving habits in older patients with central vision loss. Opththalmology, 121(3), 727-732. https://doi.org/10.1016/j.ophtha.2013.09.042.
6. Bowers A.R. (2016). Driving with homonymous visual field loss: a review of the literature. Clinical and Experimental Optometry, 99(5), 402-418. https://doi.org/10.1111/cxo.12425.
7. Wood J.M., Black A.A., Mallon K., Thomas R., Owsley C. (2016) Glaucoma and Driving: On-Road Driving Characteristics. PLoS ONE 11(7): e0158318. https://doi.org/10.1371/journal.pone.0158318.
8. Kwon, M., Huisingh, C., Rhodes, L. A., McGwin, G., Wood, J. M., & Owsley, C. (2016). Association between glaucoma and at-fault motor vehicle collision involvement in older drivers: A population-based study. Ophthalmology, 123(1), 109-116. https://doi.org/10.1016/j.ophtha.2015.08.043.
9. American Academy of Ophthalmology. (2006, March). Vision Requirements for Driving (Policy statement, revised and approved by Board of Trustees). Washington, DC: Author.
10. Wheatley, D. J., Carr, D. B., & Marottoli, R. A. (2014). Consensus statements on driving for persons with dementia. Occupational Therapy in Health Care, 28, 132-139. https://doi.org/10.3109/07380577.2014.903583.
11. Joseph P.G., O'Donnell M.J., T eo K.K., Gao P., Anderson C., et al. (2014). The Mini-Mental State Examination, clinical factors, and motor vehicle crash risk. Journal of the American Geriatrics Society, 62, 1419-1426. https://doi.org/10.1111/jgs.12936.
12. Iverson, D. J., Gronseth, G. S., Reger, M. A., Classen, S., Dubinsky, R. M., & Rizzo, M. (2010). Practice parameter update: Evaluation and management of driving risk in dementia (Report of the quality standards subcommittee of the American Academy of Neurology). Neurology, 74, 1316-1324. https://doi.org/10.1212/WNL.0b013e3181da3b0f.
13. Nasreddine, Z. (2010). Montreal Cognitive Assessment Administration and Scoring Instructions. Retrieved from http://www.mocatest.org.

14. Hollis, A.M., Duncanson, H., Kapust, L.R., Xi, P. M., & O'Connor, M. G. (2015). Validity of the Mini-Mental State Examination and the Montreal Cognitive Assessment in the prediction of driving test outcome. *Journal of the American Geriatrics Society, 63*(5), 998-992. https://doi.org/10.1111/jgs.13384.
15. Roy M., Molnar F. (2013). Systematic review of the evidence for Trails B cut-off scores in assessing fitness-to-drive. Canadian Geriatrics Journal, 16, 120-142. https://doi.org/10.5770/cgj.16.76.
16. Staplin L., Gish K.W., Lococo K.H., Joyce J.J., Sifrit K.J. (2013). The Maze test: a significant predictor of older driver crash risk. *Accident Analysis and Prevention, 50*, 483-489. https://doi.org/10.1016/j.aap.2012.05.025.
17. Gibbons C, Smith N, Middleton R, Clack J, Weaver, B et al. (2017). Using serial trichotomization with common cognitive tests to screen for fitness to drive. American Journal of Occupational Therapy, 71, p1-7102260010p8. https://doi.org/10.5014/ajot.2017.019695.
18. Ball, K. K., Roenker, D. L., Wadley, V. G., Edwards, J. D., Roth, D. L., McGwin, G. Jr., ...Dube, T. (2006). Can high-risk older drivers be identified through performance-based measures in a Department of Motor Vehicles setting? *Journal of the American Geriatrics Society, 54*, 77-84. https://doi.org/10.1111/j.1532-5415.2005.00568.x.
19. Amodeo S., Mainland B.J., Herrmann N., Shulman K. (2015). The times they are a-changin' : clock drawing and prediction of dementia. *Journal of Geriatric Psychiatry and Neurology, 28*, 145-155. https://doi.org/10.1177/0891988714554709.
20. Reger, M. A., Welsh R. K., Watson G. S., Cholerton, B., Baker, L. D., & Craft, S. (2004). The relationship between neuropsychological functioning and driving ability in dementia: a meta-analysis. *Neuropsychology, 18*, 85-93. https://doi.org/10.1037/0894-4105.18.1.85.
21. Spenciere, B., Alves, H., & Charchat-Fichman, H. (2017). Scoring systems for the Clock Drawing Test: A historical review. *Dementia & Neuropsychologia, 11*(1), 6-14. https://dx.doi.org/10.1590%2F1980-57642016dn11-010003.
22. Freund, B., Gravenstein, S., Ferris, R., Burke, B. L., & Shaheen, E. (2005). Drawing clocks and driving cars. *Journal of General Internal Medicine, 20*, 240-244. https://dx.doi.org/10.1111%2Fj.1525-1497.2005.40069.x.
23. Snellgrove, C. (2005). Cognitive screening for the safe driving competence of older people with mild cognitive impairment or early dementia. Retrieved from http://www.infrastructure.gov.au/roads/safety/publications/2005/pdf/cog_screen_old.pdf.
24. Staplin L., Gish K.W., Lococo K.H., Joyce J.J., Sifrit K.J. (2013). The Maze test: a significant predictor of older driver crash risk. *Accident Analysis and Prevention, 50*, 483-489. https://doi.org/10.1016/j.aap.2012.05.025.
25. Langford, J. (2008). Usefulness of off-road screening tests to licensing authorities when assessing older driver fitness to drive. *Traffic Injury Prevention, 9*, 328-335. https://doi. org/10.1080/15389580801895178.
26. Marshall S.C., Man-Son-Hing M., Bedard M., Charlton J., Gagnon S., et al. (2013). Protocol for Candrive

II/Ozcandrive, a multicentre prospective older driver cohort study. *Accident Analysis & Prevention, 61*, 245-252. https://doi.org/10.1016/j.aap.2013.02.009.

27. AAA Foundation for Traffic Safety. Kelley-Baker T, Kim W, Villavicencio L. (2017, November). The longitudinal research on aging drivers (LongROAD) study: understanding the design and methods. (Research Brief.) Washington, D.C.: AAA Foundation for Traffic Safety. Retrieved from https:// aaafoundation.org/wp-content/uploads/2018/01/LongROADUnderstandingDesignandMethodsBrief.pdf.
28. McCarten J.R. (2013). Clinical evaluation of early cognitive symptoms. *Clinics in Geriatric Medicine, 29*, 791-807. https://doi. org/10.1016/j.cger.2013.07.005.
29. Dugan E., Lee C.M. Biopsychosocial risk factors of driving cessation findings from the health and retirement study. *Journal of Aging Health, 25*(8), 1313-1328. https://doi.org/10.1177/0898264313503493.
30. Kandasamy, D., Betz, M.E., DiGuiseppi, C., Mielenz, T., Eby, D.W., Molnar, L.J., Hill, L., Strogatz, D., Li, G. (2017, November). Musculoskeletal Conditions and Related Driving Reduction among Older Drivers: LongROAD Study. (Research Brief.) Washington, D.C.: AAA Foundation for Traffic Safety. https://aaafoundation.org/wpcontent/uploads/2018/01/MusculoskeletalConditionsBrief.pdf.
31. Scott K.A., Rogers E., Betz M.E., Hoffecker L., Li G., et al. (2017). Associations between falls and driving outcomes in older adults: systematic review and meta-analysis. *Journal of the American Geriatrics Society, 65*, 2596-2602. https://doi.org/10.1111/jgs.15047.
32. Bryden K.J., Charlton J.L., Oxley J.A., Lowndes, G.J. (2013). Selfreported wayfinding ability of older drivers. *Accident Analysis and Prevention, 59*, 277-282. https://doi.org/10.1016/j.aap.2013.06.017.
33. Thomas, F.D., Dickerson, A.E., Blomberg, R.D., Graham, L.A., Wright, T.J., Finstad, K.A. & Romoser, M.E. (June 2018). Older Drivers and Navigation Devices (Report No. DOT HS 812 587). Washington, DC: National Highway Traffic Safety Administration. Retrieved from https://www.nhtsa.gov/sites/nhtsa.dot.gov/files/documents/13685-older_driver_gps_report_062818_v2_tag.pdf.
34. Dickerson, A.E., Molnar, L.J., Bédard, M., Eby, D.W., Classen, S., & Polgar, J. (November 1, 2017). Transportation and Aging: An Updated Research Agenda for Advancing Safe Mobility. *Journal of Applied Gerontology*, online. https://doi. org/10.1177%2F0733464817739154.
35. Coleman, M.C. (2018). Comparing the effectiveness of video training alone versus hands-on training for older adults using GPS technology. (Unpublished master's thesis). East Carolina University, Greenville, NC.

第5章　驾驶人康复

关键点：

- 因为驾驶是日常生活中最复杂的工具性日常生活活动，所以日常生活活动(ADLs)和工具性日常生活活动（IADLs）困难的人可能是高危驾驶人。
- 具有专业医学学位的驾驶康复专家最有资格在老年驾驶人身体、视觉或认知能力方面有功能障碍时做出是否适合驾驶的决定。
- 综合驾驶评估由驾驶康复专家和职业治疗师完成，包括医疗和驾驶记录、潜在身体机能的临床评估以及产生一系列以客户为中心的建议的道路评估系统。
- 老年人驾驶课程在各方面结果差异很大，其中包括提供的服务、提供者资质、知识和教育、成本、应用性等。
- 由于职业治疗师的作用是评估和计划干预日常生活活动困难患者和辅助学习能力障碍患者。职业治疗师将通过分析老年驾驶人复杂的日常生活活动，提供功能风险评估，提出基于证据的建议，可能包括转诊专业服务、综合驾驶评估或终止驾驶的建议。
- 在转诊到驾驶康复专家之前，会告知老年驾驶人转诊的原因、评估和相关康复的目标、可能在诊所和道路上进行的评估测试，以及这些服务成本的预算。

本章提供了关于驾驶人康复的信息，社区中可能提供的服务范围，以及回答“我什么时候可以开车”的问题需要哪些数据，对于临床团队来说，这个问题可能来自老年驾驶人或其护理人员的要求。

驾驶，作为一项复杂的工具性日常生活活动[1]，其复杂性与其他日常生活活动和工具性日常生活活动[2-4]相似，均可能受到各类疾病和老龄化进程的显著影响。鉴于此，当老年人表现出疑似日常生活活动或工具性日常生活活动能力受损时，如第3章所述，在寻求驾驶康复专家的深度专业评估与干预之前，首先应咨询全科职业治疗师，以确保评估的全面性和干预的合理性，这被视为一种更为实际且恰当的步骤。

职业治疗师可以评估老年人潜在的视觉、感觉、身体和认知能力或工具性日常生活活动的功能表现（如独立自理、烹饪）。此过程可以作为制定干预计划和判断是否需要进一步针对驾驶进行评估的首要步骤。老年驾驶人可能身体状况虚弱，无法独自管理且使用药物，不能独立做饭，或者不能独处两个小时。在此情况下，所有风险因素都明确地指出老年驾驶人应当终止驾驶行为。然而，在其他情况下，驾驶康复专家所具备的专业技能和知识对于老年人而言至关重要。他们能帮助老年人更好地了解功能补偿、干预措施、辅助设备或车辆改装等方面的信息。本章将系统阐述驾驶康复的范围、不同类型的驾驶干预措施和服务、确定驾驶康复专家介入的必要性标准以及将驾驶作为工具性日常生活活动的有效策略。

在使用CADReS工具箱评估，对**菲利普斯先生**的表现打分后，您将与他讨论结果。分析结果时，您告诉他在认知测试中得分很高，但他在视觉和运动任务上的表现不够好，表明他需要在这方面进一步评估和治疗。您建议菲利普斯先生同他的眼科医生预约，他已经一年多没见眼科医生了。您还建议他开始进行定期锻炼，比如每天三次，每次走10分钟，然后轻轻拉伸身体。菲利普斯先生的儿子参与了讨论，他提出自己愿意每周和父亲一起锻炼几次。

当菲利普斯先生再次到来的时候，他戴着新眼镜。双眼的视力是20/40。您重新测试他的运动能力，他现在能够在8秒内完成快步走测试。然而，他的手指弯曲和颈部旋转的运动范围仍然受到限制，并且他在控制连线测验B部分的测试结果也没有改善。在菲利普斯先生的同意下，您建议他接受职业治疗，以评估其他复杂的工具性日常生活活动。请记住，他可能需要来自驾驶康复专家的进一步帮助，以获得道路评估和适应性设备。

“菲利普斯先生，我很高兴您戴上新眼镜后能看得更清楚，您的体能也随着您的锻炼得到改善。请继续努力！但我仍然担心您大脑处理信息的能力，它比正常水平要慢，而且您转动颈部的能力也有所减弱。所以，我担心您会因看不清四周的事物，而无法安全驾驶。我想把您交给驾驶康复专家，他可以帮助我们了解您在日常生活中的复杂活动中的表现，并给我们一些关于您驾驶能力的参考信息。根据情况，您可能会从咨询驾驶康复专家中受益。”

阿尔瓦雷斯夫人告诉您，她在驾驶时经常看她的脚，以确保她使用了正确的踏板。“阿尔瓦雷斯夫人，开车时经常看您的脚是危险的，因为您的眼睛不在路上。我想把您转给一个能够对您的驾驶能力进行专业评估的人——驾驶康复专家。他将对您的驾驶进行综合评估并帮助您找到安全正确使用踏板的方法。”

驾驶康复专家会问您一些关于病史的问题，并测试您的视力、力量、活动范围和思维能力——类似于您上次来这里时我们所做的。他也会带您上路，看着您开车。他可能为您的汽车推荐一些改进措施，比如安装手控装置，并教您如何使用它们。

“专业驾驶评估的费用从300~600美元不等，配件或康复培训可能会有额外的费用。但是保险可能会支付部分评估和培训费用。我知道这听起来可能是一大笔钱，但我认为这对您的安全很重要，并为您提供了最佳的机会来保留您的驾照，因为您面临着脚的感官变化。如果您遭遇了一场严重的车祸，您或其他人可能会受伤，医疗费用最终可能会让您损失更多的钱。我们应该努力杜绝这种情况发生。”

能够从驾驶康复中受益的老年驾驶人

驾驶评估和康复适用于存在各种感官（即视觉、知觉）损伤、身体或认知障碍的老年驾驶人。在此过程中，驾驶康复专家将针对那些被诊断为患有痴呆症、中风、关节炎、低视力、学习障碍、截肢、神经肌肉障碍、脊髓损伤、精神健康问题、心血管疾病和其他功能缺陷（包括正常衰老的变化）的驾驶人，进行个性化的评估与指导，并与其共同合作以改善驾驶能力。

以前，人们认为所有拥有驾驶问题的人都应接受驾驶康复专家的检查，或者至少应该接受在"道路上"的评估，然而目前的研究证据表明，对老年人在日常生活活动或工具性日常生活活动中的视觉、认知和身体能力进行仔细评估后，评估结果能够支持对某些老年人做出关于能否继续驾驶的决定。该证据支持了当某个老年人在其他复杂的日常生活活动中表现出缺陷时，应该考虑终止驾驶，因为驾驶是最复杂的工具性日常生活活动[5,7]，在这些情况下，没有必要再转给驾驶康复专家进行评估，除非家庭成员需要确认。

一般来说，如果老年人的认知能力相对完整，但存在影响驾驶的视觉或身体障碍（如截肢、颈部融合），直接转给驾驶康复专家是必要的。[8,9]车辆技术的进步允许对某些身体或视觉的损伤进行补偿。车辆改装包括在接触范围有限的情况下延长换挡杆，为疼痛或握力减弱者提供衬垫方向盘套，使用脚踏板延长器以补偿短腿长度，或者为活动范围或灵活性受限的驾驶人（如关节炎患者）提供额外或更大的后视镜。专家将监督该过程，包括确保适当地安装和使用适应性设备的培训。

当老年驾驶人患有影响驾驶所需的所有基本技能的疾病（如中风、糖尿病、头部损伤）或患有渐进性疾病（如痴呆症、帕金森症）时，那么康复的过程将是漫长而复杂的过程。在这些情况下，决定转诊的因素要复杂得多。临床团队必须考虑恢复驾驶是否是一种选择，临床团队将会评估筛查测试获得的证据，并确定驾驶人在康复或疾病发展过程中何时需要转给驾驶康复专家。

驾驶决策指示

职业治疗从业者承认日常生活活动和工具性日常生活活动是职业治疗实践的重要支撑，他们将驾驶任务和社区移动作为更广泛的工具性日常生活活动，以此来考虑老年人的驾驶问题。"典型的"职业治疗评估始于对老年人的愿望和目标（即职业概况）的访谈，就像使用驾驶康复专家的许多类似评估工具对老年人的视觉、感觉、运动和认知功能进行评估一样。评估的结果是"OT-DRIVE"模型（"OT"）的第一步；治疗师确定驾驶对这个评估对象是否重要，以及从事驾驶行为是否会存在风险。

驾驶和社区移动决策指标图（图5.1）是职业治疗从业者用来确定驾驶风险和干预措施的框架图，普通临床医生也可以用该图来描述老年人在当前状态下的驾驶风险以及最适合采取的干预措施。

图5.1　驾驶和社区移动决策指标图

图5.1中“A”区域代表的驾驶人，有强有力的证据表明，其在所有或大多数领域（视觉、知觉、认知）的损伤超过了安全驾驶的阈值，存在很高的驾驶风险，此观点得到评估结果的支持。处于“A”区域的驾驶人，包括患有中度/重度痴呆症或洞察力和判断力因重大创伤而受损的个体。对于这些驾驶人来讲，转给驾驶康复专家获得专业服务是没有必要的，职业治疗师和其他服务提供者（如社会工作者）可以直接制定行动干预计划，包括终止驾驶行为以及通过探索替代性的交通方式来保持老年人的移动性。

图5.1中“C”区域代表的驾驶人，可能有暂时的健康问题，在一段时间内无法驾驶，但没有行动能力或健康状况受损的迹象。例如接受髋关节、膝关节置换手术或手部、手臂损伤，正在恢复的驾驶人。虽然此类驾驶人目前有限制驾驶的身体损伤，但他们在此期间内自我限制的认知能力是完整的。对于这些人来说，一个合适的典型的恢复建议可能是“当您觉得有能力驾驶的时候，再恢复慢速驾驶。”然而，在驾驶人通过短期替换出行方式解决暂停驾驶问题的期间，临床团队还应鼓励驾驶人增强体育锻炼，推广驾驶人安全项目，并讨论未来驾驶的危险警告信号。

老年驾驶人的视觉、认知或身体能力减弱，表明其独自进行复杂的工具性日常生活活动已成为让人担心的事。此时，应该考虑老年人的驾驶安全问题。认识到这些问题是临床医生/医疗保健提供者的首要责任。谨慎地寻求数据以更好地了解老年人的损伤水平及其对驾驶的影响是接下来的工作。在缺乏确凿证据（即非“A”或“C”区域的明确指示）的情形下，对于那些需进一步评估其损伤是否影响驾驶适宜性程度的驾驶人，将依据审慎原则，将其归入“B”区域所代表的驾驶人分类中。此类驾驶人需要驾驶康复专家对其进行全面且专业的评估。基于评估结果和临床判断，职业治疗师将采取以下措施：（1）优化康复过程中的驾驶辅助技能；（2）探索其他服务以提升驾驶适宜性；（3）确认驾驶人已准备好接受驾驶康复专家的综合驾驶评估，并确保该评估在“适宜的时间”内进行。

菲利普斯先生在接受职业治疗师的工具性日常生活活动评估后，再次进行问诊。评估结果表明，菲利普斯先生在几项认知评估中的得分低于正常水平。当观察到执行复杂的工具性日常生活活动任务时，菲利普斯先生在按指示完成任务和组织任务要素方面存在困难；安全方面也存在问题。职业治疗师建议让人帮助菲利普斯先生进行药物管理和财务管理，并且他应该积极规划替代交通出行方案。

驾驶人康复

驾驶人康复的目标是通过运用特定的移动设备或系统化培训手段，帮助那些存在残疾或面临年龄相关驾驶障碍的个体保持独立驾驶。[10]

驾驶康复专家在临床评估、道路评估、驾驶教育、适应性策略及补偿手段等方面接受过先进的教育。他们对车辆有广泛了解，这其中也包括车辆改装在内的一系列售后选择。值得注意的是，驾驶人康复服务具有高度专业性，一些州要求只有获得驾驶教练驾驶证的驾驶康复专家才能带病人上路。驾驶人康复是一个多学科交融的领域，多数驾驶康复专家是职业治疗师，他们接受并完成了驾驶人康复的相关培训。亦有部分驾驶康复专家拥有物理治疗或心理学等医学领域的学位。非医学背景的驾驶康复专家往往有着教育、交通或社区活动等领域的背景，如驾校教练或驾驶人教育项目。本章后续将深入探讨驾驶计划与服务提供者的多样性、成本影响及适宜推荐等议题。

驾驶康复专家的作用和职能

驾驶康复专家提供“临床驾驶评估、驾驶移动设备的评估和干预，以发展或恢复驾驶人的驾驶技术和能力”。

具有医学背景的驾驶康复专家对老年驾驶人进行综合驾驶评估，包括对驾驶人功能能力的深入临床评估和道路驾驶评估。根据老年人的身体健康程度、驾驶需求和驾驶人康复项目模式，综合驾驶评估可能持续1~4小时。通常，老年驾驶人在临床评估后，如果健康和视力达到国家标准的下限，并持有有效的驾照或许可证，就可以进行道路评估。

根据临床评估和道路驾驶评估所收集的数据，驾驶康复专家会针对评估结果进行系统性总结，并据此制定个性化的方案，以确保老年人能够安全地维持其移动性，无论是继续驾驶还是终止驾驶。尽管驾驶人康复项目的具体内容存在差异，但最为典型的项目通常涵盖了全面的驾驶评估，并涉及以下关键要素：

综合驾驶评估[11]

- 临床评估，包括驾驶历史、驾驶需求和驾驶证状态的审查；病史和药物治疗情况；视觉/感知功能评估（如视觉敏锐度、对比敏感度、视野范围、眼球运动能力、扫视、隐斜视状况、双眼协调功能（如收敛/发散）、深度知觉能力、视觉完型能力）；身体能力（如平衡能力、关节运动范围、肌肉力量、身体协调性、感觉敏锐度、反应时间）；认知能力（如记忆能力、注意力分配与选择能力、判断力、执行功能、信息处理速度、多任务处理能力、洞察力）。
- 道路评估，确定驾驶风险程度，包括车辆控制能力、交通规则和法规的遵守情况、环境感知和解读能力、防御性驾驶技巧、寻路能力，以及对视觉、认知、身体和行为障碍所采取的补偿策略。评估内容还包括进出车辆便捷性、移动辅助管理工具的运用（如运输轮椅或踏板车），以及车辆前期准备和日常维护。道路评估通常在装有双制动器、驾驶康复专家专用后视镜、驾驶人眼睛检查镜以及一切必要的自适应设备的专业评估车辆上进行（注意：一些项目将临床评估部分和道路评估部分分开，安排在不同的时间，原因有几方面：一是考虑到老年人容易疲劳；二是需要在不同的道路场景评估驾驶的一致性；三是道路评估提供者的时间安排）。
- 一般而言，评估结果及相应建议会直接、明确地传达给老年人、护理人员或卫生保健服务提供者。同时，此沟通过程的具体形式可能会依据项目运作模式和当地既有的转诊协议而有所不同。例如，在某些情况下，驾驶评估的详细结果会被首先发送至临床团队，再由该团队负责将其转达给老年驾驶人及其护理人员。
- 综合驾驶评估后的建议可能包括：

  -没有任何限制。老年人展现出充分的驾驶技能，并且当前没有确诊任何可能随时间增长而加剧老年人驾驶风险的疾病。

  -暂时停止驾驶。在车辆配备了满足老年人个体需求的驾驶设备，设备安装后，老年人接受相应的指导或培训，以确保其能够安全、自信地重新上路。

  -继续在符合州法律的限制下驾驶。部分州可能依据其法律规定，为老年人提供特定类型的限制许可。例如地理区域限制（如距住所或当地路线5英里半径内驾驶）或特定条件限制（如禁止在夜间或高速公路驾驶）。（注：尽管评估建议可能以非正式形式提出，但此处所提及的“限制”均指与驾驶许可直接相关的官方行动，类似于对视力矫正要求的许可限制。）

-当老年人目前展现出充分的驾驶技能，但已被诊断为可能患有导致未来衰退的渐进性疾病（如痴呆症、帕金森症）时，应定期进行重新评估。

-暂时终止驾驶，注意功能改善的潜力。当老年人的身体状况随着时间的推移可以得到改善（如中风、心脏病发作、创伤性脑损伤）并且可以重新进行评估时，建议采取干预措施来改善视力、感知、运动或认知方面的缺陷。

-永久终止驾驶。当老年人未能展现出必要的技能弥补恢复安全驾驶所必需的视觉、感知或认知缺陷，并且即便经过了干预，其改善的潜力依然很低时，建议永久终止驾驶。在此情况下，所传达的信息是，所有可能采用的选择都被探索和考虑了，但是老年人驾驶技能的退步已对其自身安全及社区交通安全构成潜在威胁。在此情况下，建议咨询包括全科职业治疗师在内的相关专业人士，以探讨并提供老年人适宜的替代交通方式及出行支持服务。

关于车辆

- 对于某些老年人来说，移动解决方案可能以车辆为中心构建。车辆改装可以解决老年人作为驾驶人所面临的驾驶安全问题，或作为乘客需要解决的移动性问题。这些改造旨在提供便捷的进出通道、增强的保护措施以及必要的护理支持，以惠及老年人及护理人员。在探讨解决老年人驾驶难题及促进其社区内便捷移动的方案时，必须全面考量患者及护理人员的共同需求，确保改造措施既符合老年人的实际需求，也便于护理人员提供必要的辅助与支持。
- 服务包括：

  -评估老年人作为乘客或驾驶人的安全出行所用的车辆、车辆改装和设备。若老年驾驶人或乘客需依赖轮椅等辅助设备，则改装措施应着重于为电动轮椅或其他移动辅助工具的便捷运输提供条件。

  -满足护理人员作为驾驶人的需求。当老年人（如由于关节炎、移动设备搬运困难、运输踏板车等因素而无法自主转移的情况下）作为乘客时，护理人员需承担起运输职责。在此情况下，可能建议使用移动设备解决方案，如代步车、轮椅升降机或捆绑系统等，以充分考虑护理人员的身体能力、局限性及移动目标，确保出行的顺利进行，从而有效维持老年人的移动性。

对于在临床评估中表现不佳的老年人，是否进行道路驾驶评估需根据具体情况而定。如果老年驾驶人被认为功能受损严重，出于安全考虑，可能无法对其实施道路驾驶评估，因为这可能对驾驶人和评估员构成风险。然而，在某些情况下，即使老年人在临床驾驶评估中表现不佳，驾驶康复专家仍可能对其进行道路驾驶评估：

- 在临床驾驶评估的某些单个部分表现不佳的老年人，仍有可能通过其他方式展现其安全驾驶的能力。原因在于，没有临床评估工具能像道路评估一样准确地预测老年人在道路上的表现，并且驾驶是一项需要过度学习的技能。[6,12,13]

- 老年人及其家人或护理人员可能需要老年人不能安全驾驶的具体证据。例如，对于缺乏洞察力的、有认知障碍的老年人来说，道路评估实际上可能仅用于改变其家人或护理人员对其驾驶能力的担忧，而不是驾驶人本人的看法。

治疗和干预：

- 适应性驾驶指导或驾驶人再培训，包含是否在有车辆改装的情况下。
- 车辆改装的协调：

  -车辆选购咨询：驾驶康复专家经常为购买新车的老年人提供顾问咨询，以确保车辆能够适应老年人必要的移动限制（如车门开启角度、座椅高度，优化上下车及转移过程的便利性，现在或将来应用自适应设备的可能性）。

  -车辆改装建议：驾驶康复专家为老年驾驶人、第三方付款人和车辆/设备经销商提供所有车辆/设备需求的书面建议。

  -自适应设备/车辆改装检查：在车辆改装的最终装配阶段，驾驶康复专家与老年驾驶人、移动设备经销商紧密合作，共同参与设备安装过程，以确保完整的设备使用培训，实现推荐车辆/设备的最佳功能。[如需更多关于移动设备经销商（Mobility Equipment Dealers，MEDs）的信息，请访问全国移动设备经销商协会官方网站]。
- 驾驶模拟器在老年人驾驶评估、培训和干预中发挥着越来越大的作用[14]。虽然模拟器疾病（Simulator Sickness）对部分老年人来说是个问题[15]，但模拟器正成为驾驶评估的有效工具。[16] 更为重要的是，驾驶模拟器已逐步成为针对患有特定疾病的老年人进行干预治疗的关键工具。[17-20] 在医院环境中购买驾驶模拟器的治疗部门的数量正在增加，因此需要在这一领域进行研究。

阿尔瓦雷斯夫人接受了驾驶康复专家的评估。

驾驶康复专家对阿尔瓦雷斯夫人进行了综合驾驶评估。对于这个年龄的人来说，阿尔瓦雷斯夫人的视力和认知都在正常范围内。然而，她的反应时间较慢，尤其是在运动测试结果方面。她告诉驾驶康复专家，她在驾驶时经常看自己的脚，以确保她使用了正确的踏板。身体检查结果表明，她的脚部感觉很差，如果没有目视观察她的脚，她就不能安全地使用踏板。由于她拥有很强的认知能力和保持驾驶的意愿，驾驶康复专家认为她是很好的手动控制装置候选人，因此驾驶康复专家为她安排了第二次预约，尝试几种不同类型的手动控制，看看哪种控制最适合她（和她的车辆）。一旦手动控制装置安装到她的车辆上，阿尔瓦雷斯夫人将与驾驶康复专家参加一系列的课程，以确保新设备正确安装到她的车上，并且她也接受了适当的培训。

转给驾驶康复专家

在转诊之前，务必向老年人明确阐述推荐其接受驾驶康复专家评估的具体缘由、评估与康复所追求的具体目标、可能涉及的具体评估项目及测试内容，以及接受这些服务时预计需由个人承担的费用情况。

有些评估项目需要医疗保健提供者的书面处方，而有些项目可能不需要。因此，充分理解并遵循当地规定或临床政策，对于确保老年人转诊工作的适当性与有效性至关重要。驾驶评估处方应列出评估或康复的具体原因和需求。例如，针对手指屈曲受限导致的手部无力或关节炎引发的颈部旋转受限，进行OT-DRIVER评估；针对中风复发后出现的偏盲情况，进行驾驶能力评估；针对阿尔茨海默病复发导致的认知功能障碍，进行驾驶能力评估。此类具体描述可以为驾驶康复专家提供指导，并有助于提升通过保险公司报销相关费用的可能性。相较之下，若处方中仅使用"老年人""虚弱"或"衰弱"等模糊表述来描述患者状况，则难以为驾驶康复专家提供足够的信息支持，并且可能增加保险报销的复杂性。此外，驾驶康复专家还需全面掌握老年驾驶人的当前诊断信息及药物治疗情况，以确保评估与康复工作的精准性与有效性。

如果临床团队配置适当，应在驾驶评估完成后，立即安排老年人的随访预约。如果驾驶康复专家的评估结果是建议继续驾驶，无论是否伴随限制条件、是否需要自适应设备或进行康复，临床团队应使这些建议更具说服力。在适用的情况下，还应将这些建议告知给护理人员。此外，应该向老年驾驶人提供健康维护和安全驾驶行为的建议，并鼓励他们制定一个交通计划，其中包括替代交通出行方式或选择，以应对未来可能面临的临时或长期的关于限制驾驶的变化。如果评估结果认为老年人不适合驾驶，则必须将此信息清楚地传达给老年人及其护理人员，并提供终止驾驶后的支持服务，以确保老年人在非驾驶状态下仍能维持良好的移动能力（参阅第6章）。

其他康复专家也需要特别提一下，他们可以老年人帮助解决常见的功能损伤。例如，物理治疗师能够帮助老年人改善肌肉无力、活动范围受限或身体虚弱等状况。还有一些专门的中心可以为老年人提供视力康复服务。神经眼科医生或验光师能够为老年人，特别是对患有神经损伤的老年人提供视觉训练服务。神经损伤可能会影响眼睛的聚焦与对齐能力，甚至引发眼球震颤、眼睛失用症等严重问题，而中风、头部损伤、脑肿瘤和外伤会引起视觉缺失。

驾驶康复中常见的情况

个体间正常衰老的速度存在差异，研究表明，仅凭年龄因素作为评估是否需要接受驾驶能力评估的依据是不充分的。事实上，大多数老年人在驾驶过程中均表现出良好的自我约束能力，避免从事危险的驾驶行为（如超速、尾随、酒驾）。然而，鉴于许多老年人的医疗健康状况，临床团队有必要考虑这些状况及所服用药物对驾驶能力可能产生的影响，相关内容可以参见第9章。针对推荐给驾驶康复专家的老年人群体，最为常见的疾病包括神经系统渐进性疾病（如痴呆症、帕金森症）、中风或获得性脑损伤以及晚期衰老。

老年痴呆症或其他渐进性疾病

对于患有渐进性疾病的老年人而言，其问题“不是如果，而是何时”终止驾驶。[22] 在疾病的早期阶段，职业治疗师的干预可能包括帮助老年人及其家人制定交通计划，该计划可能包括明确界定最终终止驾驶的评判标准。该计划可能侧重于确定个人当前的驾驶需求，纳入补偿策略，如寻找改变驾驶路线（如避免左转或繁忙的十字路口），指导家人通过观察老年人驾驶收集表现数据，并建议医疗提供者进行密切和长期的服务，或随着病情的发展寻求驾驶康复专家的服务。交通计划为老年人及其家庭提供一个可预测且有序的过渡路径。将老年人终止驾驶视为一个循序渐进的过程，而非草率或“为时已晚”的决策。在进行终止驾驶的谈话后，必须联系当地供应商，以探索可用的资源、可替代的交通出行方式以及老年人需要的各类支持服务（如护送服务、路边停车接送或门到门接送服务）。附录3中提供了相关示例。对于那些不愿意或无法理解终止驾驶建议的老年人，应其向护理人员提供防止老年人驾驶的策略，应对老年人为继续驾驶而持续的抵抗和争论。其他临床团队成员也可能为缺乏洞察力的老年人及其护理人员提供帮助。在某些情况下，当老年人质疑是否遵守终止驾驶决定时，可能需要启动一个向州许可机构报告不安全驾驶人的程序（参阅第7章）。如果老年驾驶人收到来自医疗审查委员会、车辆许可机构或执法机构的函件，可能会要求临床医生做出特别回应。附录3中亦包含此类情况下需填写的医疗报告表格示例。

获得性脑损伤或中风

与痴呆症相反，患有获得性脑损伤（如中风）的老年人有很大的恢复和康复潜力。研究表明，初次中风后的康复过程可能长达数月或数年，特别是在持续接受康复服务的情况下。鉴于恢复驾驶能力对于中风患者而言，是最有价值的一项工具性日常生活活动[23]。对于那些具有洞察力且符合视觉状态标准的脑损伤患者，在其康复过程中需要由驾驶康复专家在恰当时间进行评估。有证据表明，如果在适当的时间使用适当的设备进行评估和干预，中风患者可以成功地恢复驾驶能力[16,24,25]。

菲利普斯先生在接受驾驶人评估后再次进行问诊。驾驶康复专家建议在菲利普斯先生的车上安装广角后视镜，并安装备用摄像头（如果可以的话）。此外，驾驶康复专家推荐了减少干扰和认知疲劳的策略，包括驾驶时不听广播，在熟悉的地方开车，在不熟悉的地方使用GPS，不在州际公路上驾驶。驾驶康复专家还建议并审查了他在驾驶过程中应避免的高风险交叉口。菲利普斯先生说，自适应装置和策略的使用使他驾驶起来更加舒适。他的儿子说菲利普斯先生似乎更专注于自己的驾驶任务。您给他推荐了“十大健康建议”和“安全驾驶指南”的资源，建议他继续步行锻炼，并鼓励他开始规划替代交通出行方式。他的女儿被请来协助菲利普斯先生和他的儿子进行这些讨论和干预。

解决驾驶问题的计划：从教育到康复

驾驶康复服务涵盖了一系列多元化的项目和提供者，其跨专业的特性旨在全面满足驾驶者康复过程中的各项需求。尽管多数医疗专业人士认同驾驶康复应主要由医疗提供者主导，但在某些情境下，亦可能涉及其他相关驾驶服务的整合。驾驶人服务范围[26]文档作为一项权威指南，旨在定义和描述驾驶人服务的范畴，包括服务提供者教育背景与资质认证的要求、所需掌握的专业知识、常规提供的服务项目，以及各类项目预期达成的具体成效。表5.1通过直观的方式，对这些服务项目进行了清晰的区分，为临床团队成员在评估与选择适宜服务水平时提供有力参考。[26] 重要的特征包括：

- 社区教育的区别；基于医学的评估、教育和转诊；驾驶人康复项目的专业评估和培训。
- 有五种主要类型的项目（即驾驶人安全项目、驾驶学校、驾驶人筛查、临床工具性日常生活活动评估和驾驶康复项目），典型的提供者描述了他们的资质。这将有助于确定哪些项目需要具有医学背景的提供者来完成。
- 在每种项目类型下，明确项目所需提供者的知识和典型服务将有助于读者区分预防性服务（即更新驾驶技能或获得驾照）和基于医学的评估。这些部分还阐明了在医生办公室进行筛查、由全科职业治疗师进行临床（或工具性日常生活活动）评估以及由驾驶康复专家提供专业服务之间的差异。
- 每个项目类型的结果都有明确说明。因为驾驶人安全计划提供教育和意识，驾驶学校提高健康驾驶人的技能，这两个类别不应该是那些有疾病的驾驶人的干预资源。以医学为基础的评估、教育和转诊项目表明有风险或需要转诊到专业项目，这是适合这些人的计划。

因此，临床团队成员的任务是确定驾驶人需求是否与以下方面相关：

1. 知识和学习（如知道如何通过道路知识来驾驭复杂的驾驶环境）。
2. 缺乏信心（由于驾驶受限）。

驾驶人服务的范围　　表5.1

驾驶人服务范围：在正确的时间为正确的人提供正确的服务

消费者和卫生保健提供者可以使用表格中的描述来区分老年人所需的服务类型。

	社区教育		基于医学的评估、教育和转诊		专业评估和培训
项目类型	驾驶人安全项目	驾驶学校	驾驶人筛查	临床工具性日常生活活动评估	驾驶人康复项目（包括驾驶人评估）
典型的提供者和凭证	特定项目及凭证（如美国退休人员协会和美国汽车协会驾驶人提升项目）	经州驾驶证机构或教育部门认证的职业驾驶教练（Licensed Driving Instructo，LDI）	卫生保健专业人员（如医生、社会工作者、神经心理学家）	职业治疗从业者（全科医生或驾驶康复专家[#]）。具有工具性日常生活活动评估专业知识的其他卫生专业学位	驾驶康复专家[#]、认证驾驶康复专家[*]、具有驾驶和社区移动领域专业认证的职业治疗师[+]

续表

	社区教育		基于医学的评估、教育和转诊		专业评估和培训
提供者的所需知识	项目特定知识。接受过课程内容和授课方面的培训	为了教授/培训/更新驾驶技能，面向新手或迁移的驾驶人进行指导，不包括受医疗或老化状况影响的驾驶人	相关健康情况、评估、转诊和/或干预流程的知识。了解评估工具作为驾驶适宜性的衡量标准（包括模拟器）的局限性和价值	对健康情况以及对包括驾驶在内的社区移动的影响的知识。评估可能影响驾驶表现的认知、视觉、感知、行为和身体限制。可用服务的知识。了解评估工具作为驾驶适宜性的衡量标准（包括模拟器）的局限性和价值	对驾驶有影响的健康情况的应用知识。评估可能影响驾驶表现的认知、视觉、感知、行为和身体限制。将临床发现与道路表现评估相结合。综合客户和护理人员的需求，协助决定可用的设备和车辆改装选项。协调多学科提供者和资源，包括驾驶人教育、医疗保健团队、车辆选择和改装、社区服务、资金/付款人、驾驶人许可机构、培训和教育以及护理人员支持
提供的典型服务	（1）面向驾驶证驾驶人的课堂或计算机的复习课程：复习道路规则、驾驶技术、驾驶策略、州法律等。（2）增强自我意识、选择和自我限制的能力	（1）提升驾驶能力。（2）取得驾驶证。（3）学生驾驶技能发展的家庭顾问。（4）建议继续培训和/或接受许可测试。（5）补救项目（例如，青少年/成人驾驶证恢复课程、驾驶证扣分课程）	（1）与特定情况（如药物、骨折、术后）相关的风险咨询。（2）研究与视觉、认知和感觉-运动功能变化相关的驾驶风险。（3）确定危险驾驶人的行动：参考工具性日常生活活动评估、驾驶人康复项目、其他服务。讨论终止驾驶；为替代交通出行方式选择提供咨询和教育。（4）遵循报告/推荐框架提出许可建议	（1）评估和解释与急性或慢性疾病引起的视觉、认知和感觉-运动功能变化相关的风险。（2）促进缺陷的补救，以提高客户对驾驶人康复服务的准备工作。（3）制定个性化的交通计划，考虑客户诊断和风险、家庭、护理人员、环境和社区选择及限制：讨论车辆适应性的资源（如滑板车升降机）。使客户关于社区交通选择的培训更便利（例如，移动管理人员、痴呆症友好型运输）。讨论终止驾驶。对于自我意识差的客户，与护理人员合作制定终止驾驶策略。参考驾驶人康复项目。（4）记录驾驶人安全风险和建议的干预计划，以指导进一步的行动。（5）在向驾驶证颁发机构推荐时遵循职业道德	项目的特点是评估的复杂性、设备类型、车辆和供应商的专业知识。（1）根据驾驶和医疗历史，了解驾照合规性和基本资格。（2）由经过医学培训的医疗服务提供者评估和解释复杂驾驶环境中与视觉、认知和感觉-运动功能变化相关的风险。（3）执行综合驾驶评估（临床和路上）。（4）就评估结果向客户和护理人员提供建议，并提供资源、咨询、教育和/或干预计划。（5）干预可能包括对驾驶人和乘客进行补偿策略、技能和车辆适应性或改装的培训。（6）倡导客户获得资金支持或报销。（7）根据规定向医生或驾驶证机构提供关于驾驶适宜性的文件。（8）指定符合国家规定的设备，并与移动设备经销商^合作进行装配和培训。（9）如果建议终止驾驶或从驾驶过渡，请提供保持社区移动性的资源和选项。建议可能包括（但不限于）：①驾驶不受限制；②限制驾驶；③在康复或训练期间终止驾驶；④计划对渐进性疾病的进行重新评估；⑤终止驾驶；⑥转诊到另一个项目
结果	提供教育和意识	提高健康驾驶人的技能	表示有风险或需要对有医学风险的驾驶人进行跟踪		确定是否适合驾驶并提供康复服务

驾驶康复专家#：有健康专业学位，经过驾驶人评估和康复方面的专业培训。认证驾驶康复专家*：由驾驶康复专家协会（Association for Driver Rehabilitation Specialists，ADED）认证。职业治疗师+：由美国职业治疗协会（American Occupational Therapy Association，AOTA）和社区移动性专业认证（Specialty Certified in Driving and Community Mobility，SCDCM）。移动设备经销商^：由国家移动设备经销商协会（National Mobility Equipment Dealers Association，NMEDA）认可的供应商。

驾驶人康复项目：定义项目模型、服务和专业知识。医疗卫生保健中的职业疗法，28（2）：177-187，2014。

3. 能力（如视觉处理、使用车辆控制的速度和灵活性、判断和处置意外的认知能力、始终保持警觉和专注的耐力）。

在涉及老年人能力评估的情境中，若通过驾驶相关技能临床评估或对其他工具性日常生活活动的观察，发现存在潜在损伤或功能下降，临床医生应审慎考虑将患者转诊至全科职业治疗师处进行专业评估。该治疗师将依据其专业背景，对包括高级/复杂工具性日常生活活动在内的各项能力进行全面而细致的评估，旨在精确评估驾驶相关的风险与安全性。

具体而言，若评估结果显示老年人无法独立维持日常生活活动超过2小时，此类显著的工具性日常生活活动功能损伤，足以作为评估驾驶适宜性的重要参考依据，因为它直接关联到老年人的独立生活能力及驾驶能力的潜在损害。

若老年人的工具性日常生活活动评估结果呈现出既有保留功能亦有受损情况的复杂态势，则建议进一步安排综合驾驶评估，以全面审视其驾驶能力。在此过程中，驾驶能力的问题或将成为临床团队初步识别的关键线索，进而触发对老年人整体工具性日常生活活动状态的深入回顾与综合诊断，这一过程亦可能揭示出如阿尔茨海默病等潜在的退行性病理过程。

通过区分知识（即道路规则）和能力（即身体和认知能力），临床医生将能够更好地从一系列可用的支持或评估服务中进行选择。驾驶相关技能临床评估筛查工具将提供数据，供选择项目时考虑，这些项目涉及知识、技能或能力。

许多相对健康的老年驾驶人可能通过教育解决他们的需求。然而，重要的是要记住，经验丰富的（年长的）驾驶人在需求或安全问题上，与新的学习者或“新手驾驶人”（大多数驾驶学校的主要关注点）明显不同。虽然一些驾校向从未驾驶过，对所在地区或国家不熟悉，或因多年未驾驶而犹豫不决的成年人提供驾驶培训课程，但更常见的教育类型是由美国汽车协会、美国退休人员协会或其他机构组织在社区内提供的低成本“复习”课程。

实际上，美国汽车协会交通安全基金会（American Automobile Association Foundation for Traffic Safety，AAAFTS）已经推出了一个名为“驾驶检查”的新项目，该项目侧重于驾驶技能和知识的评估，而不是驾驶者的医疗健康状况。[27] 此服务可以为那些无显著健康障碍但可能在驾驶技能上需要辅助的老年人群体提供支持。例如，如果一个老年人因为中风等原因无法继续驾驶，其配偶便可能承担起主要的驾驶责任。然而，作为乘客的配偶，尽管持有驾照，但可能因缺乏实际驾驶经验或自信而感到力不从心。在此情境下，推荐其参加驾驶学校提供的进修课程，将有效提升其驾驶信心与安全水平。

临床医生：我很高兴见到您，**阿尔瓦雷斯夫人，**我知道您开着新改装的车来赴约。请问您的进展如何?

阿尔瓦雷斯夫人：这是有效的，但需要大量的练习。学起来很难，但我真的很想独立，所以我和驾驶康复专家一起完成了推荐的所有课程，感觉比刚开始的时候舒服多了。

阿尔瓦雷斯夫人：令人惊讶的是汽车如何改造，甚至是我的旧车！我确实认为现在比我之前总是寻找脚在踏板上的位置时，开车更安全。我正在慢慢地走出来，比以前好多了。然而，驾驶康复专家确实建议我开始为未来制定一个交通计划。

临床医生：这真是个好主意，我们可以给您提供一些资料帮助您完成这个计划。

各种驾驶康复项目[23]

表5.2说明了驾驶人康复项目的三个主要层次，即基础、低技术和高技术。[26] 基础项目适用于没有或有轻微身体损伤的老年驾驶人，他们只需要非常基本的车辆适应性设备。低技术项目可以满足需要机械或低技术车辆改装或设备（如手动控制、左脚油门、单手转向旋转旋钮）或在道路安全使用设备培训的老年驾驶人的需求。高技术项目对于需要坐轮椅或需要高科技设备（如助力转向）的老年驾驶人来说是必要的。高技术项目通常提供全方位的服务，包括基本项目服务。

需要注意的是，提供医疗必要服务的职业治疗师的服务由第三方支付者、医疗保险和医疗补助项目支付。

驾驶人康复项目服务范围　　表5.2

驾驶人康复项目服务范围

消费者和医疗保健提供者可以使用表格中的描述区分驾驶人康复项目提供的最适合客户需求的服务。

项目类型	驾驶人康复项目 确定是否适合驾驶或提供康复服务		
项目级别和典型提供者证书	基础： 提供者是驾驶康复专家#具有职业治疗、相关健康领域、驾驶人教育的专业背景，或者是CDRS或SCDCM与职业驾驶教练**组成的专业团队	低技术： 驾驶康复专家#、认证驾驶康复专家*、具有驾驶和社区移动专业认证的职业治疗师+，或与职业驾驶教练**联合。 推荐驾驶人康复认证作为综合驾驶评估和培训的提供者	高技术： 驾驶康复专家#、认证驾驶康复专家*、具有驾驶和社区移动专业认证的职业治疗师+。 建议驾驶人康复认证作为综合驾驶评估和培训，提供高级技能和专业知识，以完成复杂的客户和车辆评估和培训的提供者
项目服务	提供驾驶人评估、培训和教育。 可能包括使用不影响主控制器或辅助控制器操作的自适应驾驶辅助设备（如坐垫或附加后视镜）。 可能包括交通规划（过渡和选择）、终止驾驶计划和对作为乘客的建议	提供综合驾驶评估、培训和教育，包括或不包括影响主要或辅助控制操作、车辆进出和移动设备存储/固定的自适应驾驶辅助设备。可能包括使用自适应驾驶辅助设备，如坐垫或附加后视镜。 在低技术水平，主要控制的自适应设备通常是机械的。辅助控制可能包括无线或远程访问。 可能包括交通规划（过渡和选择）、终止驾驶计划和对作为乘客的建议	提供各种各样的自适应设备和车辆选项的综合驾驶评估、培训和教育，包括低技术和基本项目的所有服务。在这个级别上，提供者有能力根据客户的需求或能力水平改变主要和次要控件的位置。 用于一级和二级控制的高科技自适应设备包括满足以下条件的设备： （1）能够控制车辆功能或驾驶控制装置， （2）由可编程计算机化系统组成，该系统与车辆中的电子系统接口/集成
进入驾驶位置	要求独立转入OEM^车辆驾驶位置	变换位置，座椅和姿态进入OEM^车辆驾驶位置。可能会对进入驾驶人座椅的辅助设备、位置的改善、轮椅固定系统、机械轮椅装载设备提出建议	进入车辆通常需要坡道或电梯，并可能需要适应OEM^车辆驾驶座椅。进入驾驶位置可能取决于转换座椅底座的使用，或者客户可以在他们的轮椅上驾驶。供应商评估并推荐车辆结构调整，以适应产品，如坡道、升降机、轮椅和滑板车升降机、转移座椅底座、适合用作驾驶人座椅的轮椅或轮椅固定系统

续表

典型车辆改装：主要控制：油门、刹车、转向	使用OEM^控件	主要驾驶控制示例： （1）机械气/手刹控制； （2）左脚油门踏板； （3）踏板延伸； （4）驻车制动杆或电子驻车制动器； （5）转向装置（旋转旋钮、三销、C扣）	主要驾驶控制示例（除了低技术选项之外）： （1）气动/制动系统； （2）与动力气体/制动系统集成的动力驻车制动器； （3）可变作用力转向系统； （4）直径减小的方向盘、水平转向、方向盘延伸、操纵杆控制； （5）省力制动系统
典型车辆改装：辅助控制	使用OEM^控件	辅助驾驶控制示例： （1）遥控喇叭按钮； （2）转向信号修改（远程、交叉杆）； （3）远程刮水器控制器； （4）换档器修改； （5）钥匙/点火适配器	访问辅助和辅助控制的电子系统 辅助驾驶控制示例（除了低技术选项之外）： （1）与OEM^电子接口的远程面板、触摸板或开关阵列； （2）OEM^电子的接线扩展； （3）动力传动换挡器

驾驶康复专家#：有健康专业学位，经过驾驶人评估和康复方面的专业培训。认证驾驶康复专家*：由驾驶康复专家协会（Association for Driver Rehabilitation Specialists, ADED）认证。职业治疗师+：由美国职业治疗协会（American Occupational Therapy Association，AOTA）和社区移动性专业认证（Specialty Certified in Driving and Community Mobility，SCDCM）。OEM^：由制造商安装的原始设备。职业驾驶教练**：有驾驶从业资格的驾驶教练。

驾驶人康复项目：定义项目模型、服务和专业知识。医疗卫生保健中的职业疗法，28（2）：177-187，2014。

驾驶人评估和康复的资金来源

专业驾驶服务所需的相关费用，可能会成为老年驾驶人获取和遵守专家评估建议的障碍。许多专业服务需要“额外”的经济支出，综合驾驶评估也不例外。如果老年人驾驶安全状况受到质疑时，获取能够支持其继续驾驶或终止驾驶的评估数据是必不可少的。对于临床团队成员来说，从伦理上讲，对老年驾驶人的建议必须遵循医学上指明的需求，而不是基于费用的考虑。

意识到这种更高技能的评估不同于通过州驾驶证许可部门提供的驾驶考试同样重要。后者通常是对知识（道路规则）和驾驶机动车辆技能（老年人已经拥有过多学习和实践）的基本入门测试。一般而言，个人需完成知识测试、通过视觉筛查，并在道路上执行一系列指定的驾驶操作。然而，这种测试并不评估驾驶人的功能、判断或执行能力，也不适用于经验丰富的驾驶人。考试结果仅为通过或失败，不提供进一步的建议或信息给驾驶人或护理人员。同样地，传统的驾驶学校也是面向驾驶人，教授他们如何安全驾驶。驾驶教练的专长是驾驶教学，他们可能会为老年驾驶人提供多个课程以解决如错过停车标志等安全问题。然而，实际上，认知功能受损的老年人可能无法像新手驾驶人一样从这些课程中获益。因此，尽管驾驶评估的费用存在差异，但明智的消费者应当考虑包含全套服务的选项，比如那些涵盖了全面课程的服务。

作为推荐来源，与老年驾驶人就成本和选项的基本认识进行沟通和理解，可以提高推荐的有效性。项目有许多模式，有些属于私人诊所，有些与医院或大学有关。所有项目都可能是符合保险条件的费用组合。在本文件中提供全部成本估算会给读者造成误导。定期面向当地供应商开展调查是确保信息准确交流的最直接的方式。调查内容包括：

1. 您的驾驶人评估和培训费用是多少？根据不同的项目和所提供服务的范围（如评估、培训、康复干预），费用也有所不同。

2. 基本自适应设备的一般成本是多少？

3. 您的项目是否有助于老年人寻求保险和资金支持？通常，驾驶康复专家对费用机制非常了解，并可以提供这方面的帮助。

目前，有两个项目能够支持老年人综合驾驶评估、驾驶人康复以及车辆改装的相关费用，分别是“国家工人补偿项目”和“职业康复项目”。它们为残疾人的行动能力恢复提供必要的财政支持，帮助他们重返工作岗位。然而，值得注意的是，这一目标也导致许多老年驾驶人员无法符合参与条件。来自医疗保险、医疗补助和私人保险公司的资金覆盖范围可能存在变化，具体取决于当地部门对相关政策的具体解释和执行情况（即政府财政中介）。[28]（请参阅参考资料，了解如何呼吁拒绝接受和寻求覆盖范围，包括驾驶评估的资金）。退伍军人管理局（Veterans Administration，VA）的项目也可能包括与脊髓和行动能力相关的损伤的驾驶评估和培训，以及提供高级驾驶安全评估，尽管并非所有州都有退伍军人管理局驾驶人康复项目。在此情况下，退伍军人管理局可能会与当地的驾驶人康复项目签订合同，为退伍军人提供服务。值得注意的是，许多驾驶人康复项目选择仅以私人付费方式提供服务，因为目前的报销模式不足以支付这种个性化和高度训练有素的专业服务的费用。由于保险报销的费率和范围各不相同，应鼓励老年驾驶人主动查询各项目的费率、保险覆盖范围和支付程序，其中可能包括要求提前支付并在以后申请可以报销的费用。

此外，还应该建议老年人及其护理人员仔细审查保险政策。值得注意的是，至少有一家汽车保险公司提供了一项计划，该计划可以为老年人通过驾驶康复专家（同时须为职业治疗师）进行的全面驾驶评估提供高达500美元的报销额度。这项特殊政策允许恢复时间最长可达三年的老年人享有此项福利。

交通是决定住房和设施安置的一个重要因素。由自己或配偶驾驶的私人车辆是最受欢迎的交通方式。如果综合考量老年驾驶人、社区及个人与整体成本以及为缺乏独立行动能力的老年人提供支持所需的服务，全面驾驶评估或将成为一种经济高效的策略选择。

寻找驾驶人康复服务

有两个国家级的协会可以提供驾驶人康复的教育和认证服务。美国职业治疗协会（American Occupational Therapy Association，AOTA）提供多种教育选择，培养驾驶和社区移动方面的专业技能。此外，美国职业治疗协会的认证机构还提供基于综合评估的驾驶和社区移动性专业认证（Specialty Certifiedin Driving and Community Mobility，SCDCM）。此认证附带一个持续性的发展计划，要求持证者每五年提交一次更新申请，以确保其专业技能与知识体系的时效性。值得注意的是，SCDCM认证为高级成就认证，仅接受职业治疗领域从业者申请。

驾驶康复专家协会（Association for Driver Rehabilitation Specialists，ADED），其前身为

残疾驾驶人教育者协会（现仍沿用“ADED”之名），负责提供驾驶康复专家的教育与认证服务。由于不同背景的人都可以通过ADED申请认证，参加认证考试的人的教育和经验资格各不相同。一旦成功获得ADED认证，驾驶康复专家需每三年进行一次认证更新，并需完成至少30小时的驾驶人康复领域继续教育。尽管众多驾驶康复专家已持有相关证书或正积极为通过考试而积累必要的教育与经验，但在多数州，从事驾驶人康复工作的从业者并不强制要求获得认证。

驾驶人康复项目正逐步在全美范围内扩展，包括具备高级驾驶康复专业知识的职业治疗师群体。这些从业者已与少数经过深度培训的专家建立了紧密的合作网络。驾驶康复专家分布于全国各地，通常是在城市区域或大型医疗中心。驾驶康复专家可以开设私人诊所，也可以依附于医院、康复中心、驾驶学校、退伍军人医院或州机动车辆部门等机构提供服务。驾驶人康复服务可以通过地区老龄机构、大学和地区教育部门的渠道获得。在正式提供服务前，必须确保所提供的服务能够匹配老年人所需的适当水平。服务提供者的资质认证、专业知识储备、所提供的典型服务内容以及预期成效，均需紧密贴合老年驾驶人群体及其护理人员的需求。值得注意的是，仅凭驾驶康复教育的背景可能不足以充分评估医学层面受损的驾驶人状况，亦难以对评估结果做出准确解读。因此，在评估与解释过程中，需综合考虑医学与驾驶康复的双重专业知识。

要在当地找到驾驶康复服务提供者，打电话给当地医院的职业治疗部门或康复中心是一个很好的开始。AOTA网站是一个依据州别定位驾驶康复专家的有效来源。此外，ADED的在线目录是另一个很好的信息来源，可以定位驾驶康复专家及获得认证的驾驶康复专家。附属专业组织的地方分会，如阿尔茨海默病协会，可能会在其网站上保留最新的驾驶评估项目信息。阿尔茨海默病协会的许多地方分会也提供了地区驾驶评估项目的列表。

当选择驾驶康复专家或驾驶康复项目时，老年驾驶人或护理人员可能希望询问：

- 驾驶康复专家（或项目）有多少年的经验，他们服务于什么类型的客户？在许多情况下，经验可能是比认证本身更重要的质量指标。许多合格的驾驶康复专家没有经过认证（通常不需要认证）。
- 对于患有疾病的老年人，确定驾驶康复专家是否有医学背景很重要。痴呆症、中风或帕金森症等疾病的复杂性需要驾驶康复专家在疾病、药物和疾病潜在进展方面受过教育。
- 驾驶人康复项目是否提供综合驾驶评估，包括临床评估和道路评估。提供评估的两个组成部分的驾驶康复专家（或由专家团队执行两个组成部分的项目）是理想的。对于老年人和临床团队成员来说，转诊到两个独立的专家或中心是不方便的，并且通常在保险报销方面带来更大的挑战。此外，有些项目使用驾驶模拟器，但不应用于替换道路上的测试。模拟器具有可靠性和安全性的优点，但与基于表现的道路测试相比，模拟器在标准化和有效性上存在局限。此外，在老年人中，他们可能会诱发晕动病，这可能会限制研究结果。
- 该项目是否提供康复和培训？理想情况下，驾驶人康复项目应该同时提供评估和康复。若老年驾驶人存在对适应性设备或车辆改装的潜在需求，则其护理人员应参与“低技术”或“高技术”类别的项目（具体可参照附录3中的说明），此类项目均配备有必要的设施，以便对驾驶人的使用情况进行全面评估与培训。
- 老年驾驶人可以自掏腰包为评估、康复和适应设备支付多少费用？

- 谁将收到评估结果报告？报告一般发送给老年驾驶人和推荐的临床团队成员或推荐机构（例如，工人补偿或退休服务办公室）。应护理人员的要求，在老年人的同意下，一些驾驶康复专家还向护理人员发送报告。在评估开始前应明确说明，驾驶康复专家是否向州许可机构报告是不确定的。在具有强制性报告法律的州，驾驶康复专家或医师可以向州许可机构发送报告；即使法律不要求报告，有些驾驶康复专家出于公共安全和道德责任的考虑，还是会发送报告。在建议终止驾驶的情况下，向州级许可机构进行报告，往往会导致该州的审查委员会或医疗委员会启动相应程序，可能涉及暂停驾驶许可或要求补充提供更为详尽的信息。需注意的是，每个机构所遵循的具体流程及其所需的时间框架均存在差异。
- 如果老年人收到终止驾驶的建议，驾驶康复专家是否会在交通出行规划方面提供任何咨询或帮助？请注意，驾驶康复专家咨询并不免除临床团队持续跟踪的必要性。很多时候，老年人和护理人员可能在评估和建议接收过程中面临较大的困扰，难以应对额外信息的处理。移动咨询和交通出行规划对于强调终止驾驶决策的重要性至关重要。我们应当通过提供资源来支持老年驾驶人在社区内的出行需求，并展现医疗保健提供者所具备的同情心与支持。

当驾驶人评估不可行时

遗憾的是，驾驶人评估和康复服务在当地并不总是容易获得。即使有驾驶康复专家，老年人也可能拒绝进一步评估或负担不起。然而，在驾驶康复专家资源匮乏的地区，部分患者及其护理人员可能展现出跨区域接受此类评估的意愿，特别是当评估有望延长老年人驾驶的预期寿命并提升其安全性时。

重要的是要区分驾驶人评估是选择性的还是持续驾驶的必要条件。如果是后者，则必须将直至评估完成且驾驶活动暂停的详尽步骤，准确无误地传达至老年驾驶人及其护理人员，并在必要时，将此信息同步至州级许可管理机构。应该提醒那些以成本为由拒绝评估的老年人，驾驶机动车辆是昂贵的，当考虑到机动车辆事故的成本时，评估对于安全性是至关重要的。如果有明确的迹象表明老年人表现出不安全的驾驶行为，从而给他们自己和公众带来风险，临床医生有道德义务向许可机构报告。

如果无法通过驾驶康复专家进行综合驾驶评估，有几种选择：

- 可以开展宣传工作，告知当地康复提供者，临床团队正在为老年人寻求当地驾驶康复服务。康复服务提供者必须了解当地的可获得利益，才能认识到项目发展的需要。
- 如上所述，职业治疗师是“多面手”，他们可以提供对工具性日常生活活动的职业治疗评估。（这些服务通常由医疗保险和医疗补助项目作为职业治疗服务提供和报销）。因为驾驶属于工具性日常生活活动，这些评估可用于确定驾驶风险和潜在风险。职业治疗师在一般实践中也可以进行特定的评估，提供与驾驶风险相关的结果，并提供移动咨询。在许多社区，转介给这些类型的卫生专业人员实际上可能是一种更广泛的选择。
- 当地可能有私立驾驶学校和驾驶教育项目。然而，他们可能没有可以评估有医学功能障碍的老年人的专业知识。

- 对于患有慢性疾病（如阿尔茨海默病）或偶发急性疾病（如癫痫发作）的老年人，可考虑由其他健康专家（如老年病学专家、神经学家、精神病学家或神经心理学家）进行进一步评估。
- 如果驾驶行为的改变有可能提高老年人的驾驶安全性（如避免夜间驾驶、高峰时间、恶劣天气条件等），临床团队成员可以提出建议。然而，根据官方规定，各州政策在限制方面有所不同。严格遵守这些政策可以成为通过州许可机构或医疗审查委员会获得许可的条件。在提出这些建议之前，应检查各州的政策。同时必须承认，关于许可限制的好处的研究文献并不清楚。一般来说，在可能的情况下，通常更好的办法是通过限制驾驶证来实现驾驶自主，但是如果担心老年人不会遵守限制，那么终止驾驶可能是最好的选择。

如果老年人的驾驶安全是一个紧迫的问题，临床医生可能希望向州许可机构报告，该机构将采取后续措施，其中可能包括州驾驶评估。根据特定州的报告法律，医生可能有法律责任向州许可机构报告“不安全”的驾驶人。（关于法律和道德问题的讨论，请参阅第7章；有关州许可机构和其他州法律资源的列表，请参阅第8章）。应该让老年人知道向州许可证机构提交的报告，这应该记录在案，并以书面形式提供给老年人。这可能会使临床团队成员处于一个困难的境地。许多州要求医生填写要求医疗信息和视力测试结果的表格，并就驾驶人是否应该接受视力或道路测试提供意见。

无论老年人是否存在继续驾驶的医学禁忌条件，都应该向其提供教育和指导材料，例如“十大健康建议”和“安全驾驶指南”（可在本指南中获得）。应鼓励所有老年人制定交通计划，熟悉并能够成功使用替代交通出行方式。提前规划对于帮助老年驾驶人是非常宝贵的，同时也可以弥补最常见和最熟悉的交通工具——个人车辆——短期或长期的停止使用。

参考文献

1. American Occupational Therapy Association: Occupational therapy practice framework: Domain and process (3rd ed.). American Journal of Occupational Therapy, 68 (Suppl.)
2. Dickerson, A. E. & Bédard, M. (2014). Decision tool for clients with medical issues: A framework for identifying driving risk and potential to return to driving. Occupational Therapy in Health Care, 28, 194-202. https://doi.org/10.3109/07380577.2014.903357.
3. Dickerson, A. E. & Niewoehner, P. (2012). Analyzing the Complex IADLs of Driving and Community Mobility. In: Maguire & Schold Davis (Eds.) Driving and Community Mobility: Occupational Therapy Strategies Across the Lifespan. Bethesda, MD: AOTA Publishing. pp. 115-135.
4. Dickerson, A. E., Reistetter, T., Schold Davis, E., & Monohan, M. (2011). Evaluating driving as a valued instrumental activity of daily living. American Journal of Occupational Therapy, 65, 64-75.
5. Bédard, M., & Dickerson, A.E. (2014). Consensus statements for screening and assessment tools. Occupational Therapy in Health Care, 28, 127-131. https://doi.org/10.3109/07380577.2014.903017.
6. Dickerson, A. E., Brown, D., & Ridenour, C. (2014). Assessment tools predicting fitness to drive in older adults: a systematic review. American Journal of Occupational Therapy, 68, 670-680. https://doi.org/10.5014/ ajot.2014.011833.
7. Dickerson, A. E. (2014). Driving with dementia: Evaluation, referral, and resources. Occupational Therapy in Health Care, 28, 62-76. https://doi.or g/10.3109/07380577.2013.867091.
8. Stressel, D., Hegberg, A., & Dickerson, A. E. (2014). Driving for adults with acquired physical disabilities. Occupational Therapy in Health Care, 28, 148-153. https://doi.org/10.3109/07380577.2014.899415.
9. Schold Davis, E., & Dickerson, A. E. (2017, July 24). OT-DRIVE: Integrating the IADL of driving and community mobility into routine practice. OT Practice. 22, 8-14.
10. Dickerson, A.E. & Schold Davis, E. (2012). Welcome to the T eam! Who are the Stakeholders? In: Maguire & Schold Davis (Eds.) Driving and Community Mobility: Occupational Therapy Strategies Across the Lifespan. Bethesda, MD: AOTA Publishing. pp.49-77.
11. Transportation Research Board. (2016). T axonomy and terms for stakeholders in senior mobility. In: Transportation Research Circular, Number E-C211. Washington, D.C.: Transportation Research Board; Retrieved from http://onlinepubs.trb.org/Onlinepubs/circulars/ec211. pdf.
12. Bédard, M., Weaver, B., Darzins, P., & Porter, M. M. (2008). Predicting driving performance in older adults: We are not there yet! Traffic Injury Prevention, 9(4), 336-341. https://doi. org/10.1080/15389580802117184.
13. Dickerson, A. E., Molnar, L. J., Bédard, M., Eby, D. W., Classen, S., & Polgar, J. (2017, October 1). Transportation and Aging: An Updated Research Agenda for Advancing Safe Mobility. Journal of Applied Gerontology. https://doi.org/10.1177/0733464817739154.
14. Dickerson, A.E., Stinchcombe, A., & Bédard, M. (2017). Transferability of driving simulation findings to the real world. In: S. Classen (Ed.), Best Evidence and Best Practices in Driving Simulation: A Guide for

Health Care Professionals. Bethesda, MD: AOTA Press. pp. 281-294.
15. Stern, E. B., Akinwuntan, A. E., & Hirsch, P. (2017). Simulator sickness: Strategies for mitigation and prevention. In S. Classen (Ed.), Best Evidence and Best Practices in Driving Simulation: A Guide for Health Care Professionals. Bethesda, MD: AOTA Press. pp. 107-120.
16. Devos, H., Akinwuntan, A. E., & Nieuwboer, A., et al. (2010). Effect of simulator training on fitness-to-drive after stroke: a 5-year follow-up of a randomized controlled trial. Neurorehabilitation and Neural Repair, 24(9):843-850. https://doi.org/10.1177/1545968310368687.
17. Stinchcombe, A., Maxwell, H., Gibbons, C., Dickerson, A. E., & Bédard, M. (2017). Simulation driving performance in older adults. In: S. Classen (Ed.), Best Evidence and Best Practices in Driving Simulation: A Guide for Health Care Professionals. Bethesda, MD: AOTA Press. pp. 201-212.
18. Barco, P. P., & Pierce, S. (2017). Simulated driving performance of people with physical disabilities. In: S. Classen (Ed.), Best Evidence and Best Practices in Driving Simulation: A Guide for Health Care Professionals. Bethesda, MD: AOTA Press. pp. 171-186.
19. Devos, H. & Akinwuntan, A. E. (2017). Simulated driving performance of people with Parkinson's disease, multiple sclerosis, and Huntington's disease. In S. Classen (Ed.), Best Evidence and Best Practices in Driving Simulation: A Guide for Health Care Professionals. Bethesda, MD: AOTA Press. pp. 237-250.
20. Akinwuntan, A. E., & Devos, H. (2017). Simulated driving performance of stroke survivors. In: S. Classen (Ed.), Best Evidence and Best Practices in Driving Simulation: A Guide for Health Care Professionals. Bethesda, MD: AOTA Press. pp. 251-262.
21. Kostyniuk, L. P., & Molnar, L. J. (2008). Self-regulatory driving practices among older adults: Health, age, and sex effects. Accident Analysis and Prevention, 33(3), 413-421. https://doi.org/10.1016/j.aap.2008.04.005.
22. Dickerson, A. E., Molnar, L. J., Bédard, M., Eby, D. W., Berg-Weger, M., Choi, M., Greigg, J., Horowitz, A., Meuser, T., Myers, A., O'Connor, M., & Silverstein, N. (2017, July 29). Transportation and Aging: An Updated Research Agenda for Advancing Safe Mobility among Older Adults Transitioning from Driving to Non-Driving. The Gerontologist, 59(2), 215-221. https://doi.org/10.1093/geront/gnx120.
23. Dickerson, A. E., Reistetter, T., & Gaudy, J. (2013). The perception of the meaningfulness and performance of instrumental activities of daily living from the perspectives of the medically-at-risk older adult and their caregiver. Journal of Applied Gerontology, 32, 749-764. https:// doi.org/10.1177/0733464811432455.
24. Stapleton, T., Connolly, D., & O'Neill, D. (2012). Exploring the relationship between self-awareness of driving efficacy and that of a proxy when determining fitness to drive after stroke. Australian Occupational Therapy Journal, 59, 63-70. https://doi.org/10.1111/ j.1440-1630.2011. 00980.x.
25. Devos, H., Akinwuntan, A.E., & Nieuwboer, A., et al. (2009). Comparison of the effect of two driving retraining programs on-road performance after stroke. Neurorehabilitation and Neural Repair, 23(7):699-705. https://doi.org/10.1177/1545968309334208.
26. Lane, A., Green, E., Dickerson, A.E., Schold Davis, E., Rolland, B., & Stohler, J.T. (2014). Driver

rehabilitation programs: Defining program models, services and expertise. Occupational Therapy in Health Care, 28, 177-187. https://doi.org/10.3109/07380577.2014.903582.

27. Dickerson, A. E., Schold Davis, E., Stutts, J., & Wilkins, J. (2018). Development and Pilot T esting of the Driving Check-Up: Expanding the Continuum of Services Available to Assist Older Drivers. Washington, D.C.: AAA Foundation for Traffic Safety. Retrieved from https:// aaafoundation.org/wp-content/ uploads/2018/05/AAAFTS-DrivingCheck-Up-Final-Report-text-and-appendices-FINAL.pdf.
28. Stressel, D., & Dickerson, A. E. (2014). Documentation and reimbursable service for driver rehabilitation. Occupational Therapy in Health Care, 28, 209-222. https://doi.org/10.3109/07380577.20.

第6章　对老年人驾驶过渡期的建议

关键点：

- 驾驶能力的下降发生缓慢，所以老年人及其家庭成员已经进行适应和调整，从而尽量减少驾驶风险。
- 医疗保健提供者应每年主动对体弱的老年人进行驾驶安全筛查，以建立一个长期检测模式。
- 鼓励医疗专业人士在老年人即将失去驾驶权力之前，与其进行交通规划讨论。
- 当老年人开车不安全时，他及其护理人员应该审查评估和结论，并讨论和选择可用来替代的交通出行方式；应该记录在老年人的健康记录中。
- 如果不能够安全驾驶的老年人继续驾驶，护理人员的责任和干预(如有)必须记录在案。“禁止驾驶”的处方可以提供给老年驾驶人，如果合适的话，也可以提供给护理人员。临床医生还应了解所在州的强制性报告相关法律和程序，以便在州指南允许的情况下，向许可机构报告不安全的驾驶人。
- 理想情况下，临床医生应该了解社区转诊来源(老年疾病护理经理、社会工作者、驾驶康复专家和当地老龄机构)，这些转诊来源可以提供可获得/负担得起的咨询和当地交通替代方案的信息，目的是为所有人提供出行选择。
- 所有临床医生都必须“强调个性化咨询的必要性。老年驾驶人对讨论驾驶的开放程度，以及他们对何时、与谁进行此类对话的偏好各不相同。”[1]

您继续为**菲利普斯先生**的慢性病提供护理，并跟踪他的驾驶安全问题。这些年，菲利普斯先生逐渐减少了驾驶。三年后，菲利普斯先生出现了右侧大脑中动脉中风，以及左侧无力和大脑半球注意力不集中。他的健康已经下降，您现在认为他的驾驶不再安全，您劝他是时候终止驾驶了。您也觉得由于他现在的缺陷是固有的（自事件发生后超过6个月），驾驶康复训练不太可能提高他的驾驶安全性。菲利普斯先生回答说，“我们之前已经讨论过这个问题，我想它迟早会到来。”他相信家人、朋友和社区老年人班车足以满足他的交通出行需求，他计划把自己的车送给孙女。

贝尔斯夫人通过增加物理治疗和使用局部抗炎药物，减少了麻醉止痛药的使用。她还停止了饮酒，帮助她继续驾驶了2年。然而，她的早期黄斑变性开始迅速发展，现在被认为已经到了严重的程度。

对于大多数人而言，开车不仅是独立的象征，也是自尊的重要来源。当面临终止驾驶的情境时，我们不仅是失去了一种交通工具，更失去了驾驶带来的所有情感满足和社会价值。在一级预防护理阶段，向终止驾驶过渡的内容可以作为老年驾驶人医疗保健预防服务的一部分，在医疗保健健康访问中进行讨论。此外，医疗保险学习网络可以提供相关教育产品和信息，以帮助老年人积极应对可能对其驾驶能力产生不利影响的健康状况。

理想状况下，终止驾驶的预先计划将与其他工具性日常生活活动一起在一级预防中进行审查。在二级预防护理中，转诊到临床团队可以帮助老年人及其护理人员预测和准备终止驾驶，而不是在紧急需要时仓促做出决定。[2]强烈建议老年人在需要终止驾驶之前探索和利用各种当地的可替代资源，以便在他们确实需要依赖其他交通方式出行时，已经具备了相关经验和现实期望。

由于各种原因，临床团队成员可能不愿意与老年人讨论终止驾驶问题。临床医生可能担忧此类讨论会带给老年人负面信息，或者担心老年人将失去行动能力及其所有好处。临床医生也可能会完全避免讨论驾驶问题，因为他们认为老年人不会听从他们的建议，从而变得愤怒并且拒绝沟通。他们也担心会失去一个客户。

这些担忧皆属合理范畴。然而，临床团队成员肩负有道德责任，且在部分州内更受法律约束，需通过详尽评估驾驶相关功能、深入探索医疗及康复策略，以增进驾驶安全性。在所有可行方案均已尝试后，临床团队有责任提出限制或终止驾驶的建议，以达到保护老年人以及公众安全的目的。在临床团队中，初级临床医生通常被视为驾驶人许可评估及转诊流程中的核心角色。在三级预防护理中，当临床团队清楚老年驾驶人必须终止驾驶时，必须应对此类复杂且具有挑战性的案例。包括鼓励老年驾驶人允许护理人员参与制定交通替代计划，并在涉及个人支持系统时获得老年驾驶人的许可。

老年人终止驾驶咨询服务的有效步骤

从老年人的角度出发

针对老年人自身驾驶能力感知的初步评估往往是一个直接影响老年人重新定义个人移动性和公共风险的过程。在任何关于终止驾驶的讨论中，回顾老年人自我感知驾驶技能都是至关重要的。临床医生和护理人员必须承认，他们的目标可能与老年人的目标完全不同。此外，在生命的后期，“个人在功能能力、生活方式、个人资源和态度上都有所不同。”[3] 终止驾驶的压力通常会直接导致老年人自我身份认同的改变，挑战在于一个人对自己的看法，不是作为一名驾驶人，而是作为一个“老年人”[4] 老年人的自我评估表明，他们可能高估了个人驾驶能力。长期的性格评估可能会使老年人倾向于客观地承认他们的安全风险。[5] 在咨询过程中，临床团队需要理解老年人的个人洞察力、自决力、自信心、自主性以及与社会活动的相关性。

利用临床实践工具：移动方式过渡准备情况评估（Assessment of Readiness for Mobility Transition，ARMT）

老年驾驶人终止驾驶咨询可以考虑使用移动方式过渡准备情况评估（ARMT），它是供社会服务、卫生医疗和交通专业人员在评估老年人和进行干预以促进个性化规划时使用的工具。它基于多阶段、定性-定量的研究，确定和衡量关键的个体差异。这些差异定义了与终止驾驶有关的准备情况的结构。此外，它可能有助于确定老年人的健康变化，并使终止驾驶的讨论更加个性化。[7]

评估家庭/护理人员对移动方式过渡的准备情况

在制定终止驾驶计划时，关键护理人员的支持是不可替代的。尽早确定老年人是否有任何护理人员能够支持移动方式转变是非常重要。值得注意的是，如果初级保健提供者建议老年人终止驾驶，老年人通常会采纳。[8] 此时，对于临床团队成功推动老年人终止驾驶过渡计划，护理人员的支持至关重要。如果老年人的护理人员希望老年人继续驾驶，或者他们之间的意见存在分歧，将很难成功地建议老年人终止驾驶。

请记住，如果有一个参与其中的护理人员存在的话，他将是“团队”中一个稳定的成员。对护理人员的教育可以增加知情决策并防止护理计划错误。[9] 当没有护理人员支持时，通过社区机构（如地区老龄机构）调动当地资源提供额外服务非常重要。

利用临床团队

临床团队需要技能组合、评估工具和对与年龄相关的终止驾驶挑战的认识。终止驾驶涉及老年人应对方式和身心健康的许多方面。因此，社会支持的可用性和敏感于老年人行动能力变化的临床团队，对于满足老年人的多种需求和指导终止驾驶干预计划至关重要。[10]

发展临床团队沟通能力

临床团队一致认为，在终止驾驶过渡过程中，与老年人保持简洁的沟通是良好护理的基础，也是最具挑战性的工作之一。在决策中必须承认和尊重文化传统，因为缺乏理解可能阻止老年人要求临床团队进一步澄清沟通内容。健康知识水平有限或受损的老年人为了努力维护他们的尊严，可能会同意临床医生的意见，甚至在他们不完全理解某些医学术语的情况下。[11]

向老年驾驶人解释终止驾驶的重要性

如果老年驾驶人接受了驾驶相关技能临床评估（请参阅第3章和第4章）或驾驶康复专家的评估，评估者应以简单的语言向老年驾驶人及其护理人员提供结果，以便分享和讨论。必须清楚地解释结果，包括老年人的预期需求，评估结果所反映的功能水平，以及为什么该功能对驾驶很重要。应该说明继续驾驶面临的潜在风险，最后建议老年人终止驾驶。这可能是一个与老年驾驶人讨论他的想法或感受的好时机，尤其是如果他造成了一起车祸的话。如果老年人不应该继续开车，临床团队可能会讨论与伤害、公共安全和财务责任有关的问题。这种讨论应该以书面形式进行，并抄送给老年驾驶人。如果老年驾驶人缺乏决策能力，必须将一份副本交给家庭成员或护理人员。

> “**贝尔斯夫人，**您的眼科检查结果显示，您的视力不如以前好了。良好的视力对驾驶很重要，因为您需要看到道路、其他汽车、行人、骑自行车的人和交通标志。您的视力严重受损，我担心您会出车祸。因为您的视力缺陷是黄斑变性导致的，无法矫正到安全驾驶的水平，为了您和他人的安全，现在是您该终止驾驶的时候了。此外，法律方面对于驾驶人的视力也是有要求的，不幸的是，您的视力不再符合这个要求。”

老年驾驶人可能对临床小组减少驾驶的建议感到不安或愤怒。老年人的这些感觉必须得到理解，尽管临床医生应该对老年人终止驾驶的实际和情感影响保持敏感，但仍有必要坚持这一建议。应避免发生争论或者长时间的解释。相反，重点必须放在确保老年人理解这个建议，并确保这是为了他的安全。如果老年驾驶人在精神上有能力并且愿意让护理人员在场，对于临床医生在传达这一敏感信息时可能会有所帮助。所有讨论都应记录在健康记录中。对于临床团队来说，在这老年人移动方式转变过程中，不断强化、重新解释和持续跟进至关重要，目标是为老年人的独立和需求思考一个新的框架。

考虑使老年驾驶人有尊严的方法

认识老年人的护理人员可能会为终止驾驶找出外部因素作为依据，比如创建一份书面的赞成和反对列表，让老年人看到并认识到事实。或者，把原因的重点放在老年人可以帮助另一个比他更需要汽车的家庭成员（如儿子、女儿或孙子、孙女）上，可能会有所帮助。或者，将年度汽车相关成本（如保险、汽车维护）与可替代的交通出行方式进行比较，可能是老年人停止拥有汽车的更有尊严的理由。

积极主动的交通计划

重要的是要鼓励老年驾驶人思考，当他们的驾驶能力开始下降时会发生什么，让他们知道当驾驶安全成为一个问题时，许多人会决定限制或终止驾驶。鼓励老年人通过制定交通计划，与家人或护理人员讨论计划（如果可能的话），来掌控自己的未来。如果个人不具备完成这些任务的认知能力，请参阅本章后面关于缺乏决策能力者的部分。与所有的晚年计划一样，在需要之前做好准备，制定一个带有过渡策略的终止驾驶计划是必要的。

讨论交通计划

一旦建议终止驾驶，就需要探索可能的替代交通出行方式，并与老年人进行讨论。“担忧是，人们普遍缺乏对公交车等替代交通工具的认识服务。”[12] 这通常由社区机构经营，以使交通负担得起。

为老年人提供探索选择的资源（参阅附录2）将有助于他制定个人交通计划。特别值得一提的是哈特福德教育指南：《我们需要谈谈：与老年驾驶人进行家庭对话》《在十字路口：关于阿尔茨海默病、痴呆症和驾驶的家庭对话》《您的车和您：健康驾驶指南》。[13]使用替代交通工具，如公共汽车、火车、出租车、打车服务，甚至步行，可以让老年人不必依赖他人。

关于替代交通出行方式选择的讨论可以从询问老年人是否已经制定了终止驾驶计划，或者当驾驶不是一种选择时，他目前如何找到乘坐交通工具的机会开始。应探讨替代交通出行方式（表6.1），以及老年人所预见到的任何障碍（如财政限制、有限的服务和目的地、无障碍所需的身体功能、农村社区、脱离主流生活）。对于老年人来说，讨论拥有和维护一辆车的经济影响可能是一个重要的细节。目前用于拥有汽车的资金将可用于替代交通出行方式选择。

老年人可能需要帮助，制定一个交通计划，以确定他最可行的交通出行方式选择，因为某些认知和身体功能通常是安全使用公共交通工具（如公共汽车）所必需的。应该强调计划有助于提高老年人生活质量的社会活动能力的重要性。解决交通问题的有用资源包括地区老龄化机构或阿尔茨海默病协会。有关美国当地资源的信息，如出租车、叫车服务、公共交通服务和高级定制交通服务，可使用老年人护理定位器服务（The Eldercare Locator），它可以提供全国范围内的高级服务连接。这可能是向老年人介绍临床团队的好时机，包括社会工作者、职业治疗师、护士和老年病护理经理。该团队可能对采取替代交通出行方式应对老年人失去驾驶能力后的社会孤立感或抑郁感有更敏锐的意识。

应鼓励老年人让他们的护理人员和支持他们的朋友参与制定交通计划，并形成一个社交网络。当其他人参与时，总是应该先得到老年人的许可，鼓励他们提供乘车服务并制定每周接送时间表。相反，当护理人员在讨论交通计划时，必须包括老年人。护理人员参与交通计划的内容也可以考虑帮助老年人递送处方、报纸、食品杂货和其他服务（表6.2）。

强化终止驾驶

虽然终止驾驶的决定对于确保老年人的安全至关重要，但这种方法也对老年人改变当前行为提出了重大要求。因此，临床团队需要确保老年人理解终止驾驶建议的原因（包括法律、健康和安全方面）。在多数情况下，老年人可能会在办公室访问期间变得爱争论或情绪化。他们可能没有完全理解建议或没有记住所有提供的信息，部分原因是当任何人在收到负面反馈时都会有紧张和恐惧情绪。

以下策略可以加强对老年人的教育：

- 做开放式的陈述，如“请与我分享您对评估和建议的担忧。”或者，“如果终止驾驶，您最担心的是什么？”向老年人保证，如果他有问题或需要进一步帮助，您和临床团队都可以提供帮助。
- 使用一种教学技巧，要求老年人重复为什么他不能开车。强调终止驾驶的建议是为了他的个人安全和路上其他人的安全，并且可以更好地减少驾驶的压力。
- 老年驾驶人可能受益于“请勿驾驶”的视觉强化。确保老年人理解为什么要接受这种处方，可能有助于他避免焦虑或愤怒的情绪。进一步的强化提示，请参阅表6.3。这对家庭或护理人员也有帮助，老年人就会将他们视为自己的支持者，而不是告知他们不能开车的人，尤其是在老年人有记忆问题的情况下。

- 给老年人发一封建议终止驾驶的信（模板见表6.6）。将这封信的副本放在健康记录中，作为文件和另一个视觉强化工具。这封信应该用简单的语言书写，以确保老年人理解临床团队的建议。
- 临床团队必须了解各州的报告要求，并向老年驾驶人和护理人员解释这一要求（请参阅第7章和第8章）。在强制报告法的情况下，美国各州法规规定，老年驾驶人（可能通过代理人或他们的护理人员）必须将可能影响老年人安全驾驶的医疗健康状况通知当地州许可机构。应告知老年人，州许可机构将跟进，并告知作为评估的一部分会发生什么（即审查驾驶记录、医疗声明、潜在的道路测试）。
- 在有自愿法律的州，将报告提交给许可机构仍然是适当的，并且老年人可能会被告知，如果违反医疗建议，将报告他们的不安全/不符合规定的行为（请参阅第7章）。
- 鼓励护理人员协助终止驾驶，如有必要，鼓励老年人向州许可机构自我报告他的损伤。招募其他值得信任的盟友可能会有所帮助，比如神职人员、朋友或家庭律师。

对老年人的跟进

在老年人的后续预约中，为完整起见，所需的评估包括：

- 老年人遵守终止驾驶建议的能力。
- 老年人确定并使用或未使用的交通资源，评估所选选项的可行性。
- 孤立或抑郁的迹象。评估首先要问老年人，他是如何赴约的。

这将有助于确定老年人是否能够计划和安排往返必要约会的交通，确保老年人有可靠和充足的交通资源满足其需求。可利用临床团队或咨询社会工作者或老年病护理经理。

临床医生：我很高兴今天见到您的后续预约。您是怎么来的？

贝尔斯夫人：哦，我儿子让我乘他的车。

临床医生：我明白了。他最近一直开车送您吗？

贝尔斯夫人：是的，自从我停止开车以来，他和他的妻子一直带我去我需要去的地方。他15分钟后会来接我。

临床医生：这对您有帮助吗？

贝尔斯夫人：效果很好。

临床医生：我给您开了一个处方，让您在我们会面后重新配药。您儿子能带您去药店吗？

贝尔斯夫人：是的，这不成问题。

临床医生：您的儿子和儿媳是您可靠的乘车来源，这真是太好了。当他们不能开车送您去您想去的地方时，您会怎么做？

贝尔斯夫人：我就困在家里了。

临床医生：我理解这有多么令人沮丧。这是我们地区一些项目的列表，这些项目包括乘车服务，比如出租车，您的儿子可以帮助您选择最适合您的项目，这样您就可以随时打电话约车了。

关于终止驾驶的痛苦和沉思可能会持续数月，从而对老年人和家庭护理人员之间的关系造成长期的负面影响。临床医生在这方面可以提供有价值的服务，指导家庭护理人员与老年人巧妙地沟通，保持成为老年人的支持者的角色，特别是老年人因终止驾驶陷入痛苦和沉思的期间如何与老年人沟通，并且预测因他们的悲伤情绪。[14]

在各级别的护理中，临床医生必须警惕老年人抑郁、忽视和社会孤立的迹象（表6.4和表6.5）。重要的是继续监测老年人的精神或身体健康恶化的迹象，并询问他们在不开车的情况下是如何自我管理的。护理人员必须接受抑郁症迹象的培训，并询问老人们是否有任何顾虑。鼓励临床医生考虑使用正式的抑郁症评估方法，如老年抑郁症量表或抑郁症筛查量表（PHQ-9）（Patient Health Questionnaire）。

应该继续评估和治疗老年人的功能或认知障碍。如果老年人的情况有所改善，他可以再次安全驾驶，则应通知该人，并提供安全驾驶提示资源表（附录2）。

需要额外咨询的情况

鼓励老年人终止驾驶或帮助他们应对这种损失可能需要提供额外的咨询。以下描述了难以应对或遵守终止驾驶建议的老年人可能出现的潜在情况。

有抵触情绪的老年驾驶人

如果老年人变得好斗或拒绝终止驾驶，了解他的原因很重要。知道原因将有助于解决老年人的担忧。

在解决老年人的担忧时，一定要保持倾听并使用支持性的陈述。让老年人知道您是他的健康和安全的倡导者。

请记住，终止驾驶会对老年人产生严重的情感和实际影响，他们可能很难适应。同样重要的是要记住，对婴儿潮一代来说，开车不仅仅是一种交通方式。他们在成长过程中把驾驶作为社交网络的一种方式，[15,16] 所以放弃他们的汽车需要和其他损失一样对待。从心理上，驾驶的目的往往不仅仅是到达他们需要和想去的地方。

让老年驾驶人确定一个人什么时候不适合开车，可以帮助老年人更好地认识到他自己驾驶能力的缺陷，并提供一个评估他判断和洞察力的机会，此外，还有助于展开讨论，达成一些共识。

许多老年驾驶人能够识别出他们认为驾驶不安全的同龄人，但可能没有认识到他们自己不安全的驾驶习惯。询问老年人是否有害怕开车的朋友以及原因可能会有所帮助。如果老年驾驶人认为额外的咨询会有帮助，应该鼓励他们获得第二种意见。

此外：

- 帮助老年驾驶人识别支持系统。请他列出能够并愿意帮助搭载他的家庭成员、信仰团体、邻居等。这可能有助于老年驾驶人意识到一个支持网络，并在寻找替代交通工具时感到更放心。

- 帮助老年驾驶人考虑这个决定的积极方面——一个主张控制超越限制的机会。通常，关于放弃驾驶特权的讨论往往集中在终止驾驶的消极方面，如“失去独立性”或“放弃自由”。帮助老年驾驶人将此视为促进自身健康和他人安全的一步，使用诸如“是时候终止驾驶了”这样的短语，并指出，老年人仍然可以通过向护理人员请求乘车和使用社区服务来与外界保持联系。老年驾驶人在他的驾驶生涯中很可能一直给别人提供乘车服务，这也是有帮助的，现在其他人也可以被允许回报他。另一个积极的方面是，如果没有维护车辆的财务责任，花费将会更低。帮助老年驾驶人计算养车的费用（驾驶证费、注册费、保险费、维修费、停车费等）。与使用替代交通出行工具的费用相比，他们将不再需要支付养车费用。这可能有助于他们了解终止驾驶在金钱方面的价值。
- 将老年驾驶人介绍给社会工作者或临床团队成员。老年驾驶人可能需要额外的帮助，以确保获得资源并过渡到不开车的生活。社会工作者经常向老年人及其护理人员提供支持性咨询，评估老年人的社会心理需求，协助寻找与协调社区服务和交通，并使老年人保持独立和安全，同时保持生活质量。美国社会工作者协会临床社会工作者注册处是一个有价值的资源，用于寻找在教育、经验和监督方面符合国家的、经核实的专业标准的当地社会工作者。当地医院社会工作者的另一个资源，转诊来源包括地区老龄化机构或阿尔茨海默病协会。
- 一些地区为老年人提供公共交通培训。如果这是在老年人的区域提供的，建议参与可能会有所帮助。

有抑郁症状的老年驾驶人

如前所述，随着生活满意度下降，驾驶减少和终止（Driving Reduction and Cessation，DRC）可能导致老年人在生活中生产性参与的减少。[17] 抑郁症可能是由健康状况恶化、社会孤立和失落感等多种因素综合造成的。应该对疑似患有抑郁症并丧失亲人的老年驾驶人进行全面评估，以确定最合适的治疗方法。应教授老年人及其护理人员抑郁症的症状和可用的治疗方案。可以考虑让老年人接受个人或集体治疗，以及参加社交/娱乐活动，也可以考虑药物治疗或转介给心理健康专家。重要的是要承认，老年人因终止驾驶遭受了损失，并认识到这对他来说可能是一个特别困难的时期。

缺乏决策能力的老年驾驶人

当老年驾驶人有明显的认知障碍，或缺乏洞察力和决策能力时（如在患有痴呆症、中风等情况下），必须获得护理人员、代理决策者或监护人的帮助（如果有的话）。护理人员在鼓励老年人终止驾驶和帮助他们寻找替代方案方面发挥着至关重要的作用。临床医生应告知护理人员，临床团队将以任何可能的方式支持和协助他们的工作。

在极少数情况下，可能有必要为老年人指定一名法定监护人。为了个人的安全，监护人可能会没收老年人的汽车和驾驶证。这些行动只能作为最后的手段。从实际角度来看，隐藏、捐赠、拆卸或出售老年人的汽车在这些困难的情况下也可能有用。

有自我忽视、被忽视的老年驾驶人

老年人可能无法为自己获得资源，可能被孤立，缺乏来自家人、朋友或指定护理人员的足够支持。如果老年人没有能力照顾自己，或者护理人员无法提供足够的护理，则老年人很可能会有明显的被忽视或自我忽视迹象（表6.5）。如果怀疑老年人有被忽视或自我忽视，应参与成年人保护服务（Adult Protective Services，APS）。被忽视是指护理人员未能履行护理责任（无论是故意还是出于残疾、压力、无知、不成熟或缺乏资源）。自我忽视是指无法满足自己的基本需求。成年人保护服务将调查对老年人的忽视、自我忽视。该服务还可以确保诸如病例规划、监测和评估等服务，并可以安排医疗、社会、经济、法律、住房、执法和其他紧急或支持服务。各州办公室的联系信息可通过拨打电话获得。

交通出行替代选择 **表6.1**

• 步行
• 火车/地铁
• 公共汽车
• 出租车/叫车服务
• 家人和朋友
• 社区交通服务
• 医院班车
• Medi-Car
• 交付服务
• 志愿者驾驶人（如去教堂、犹太教堂、寺庙、清真寺、社区中心）
• 私人营利性老年护理服务
• 针对老年人的“乘车在望”（Ride in Sight）网络

注：Medi-Car是适应病人的身体状况需要使用液压或电动升降机或坡道，轮椅锁定，或担架运输时的交通工具，它不需要医务监督，医疗器械、药物或输氧设备等。
“乘车在望”是一项免费的交通转诊服务，帮助个人找到一个适合老年人所在地区的特定需求的交通项目，可以在营业时间通过网络或电话找到它。

家庭/护理人员支持 **表6.2**

• 通过认可临床医生的建议和协助确保必要的交通，鼓励家庭成员和护理人员促进老年人的健康和安全
• 将护理人员纳入移动咨询过程中
• 为护理人员提供资源

续表

• 提供“如何帮助老年驾驶人”资源表的副本（附录2）
• 寻找护理人员倦怠的迹象
• 保持沟通之门对护理人员开放
• 在认知障碍的情况下，当认为老年驾驶人没有决策能力（如缺乏洞察力）时，与家庭成员或护理人员沟通以强化建议是必要的
• 要认识到，如果家庭成员或护理人员依靠老年驾驶人来运输，可能需要更多的时间、咨询和支持来满足每个人的需求
• 关注老年人和护理人员不断变化的需求
• 让一名家庭成员主动提出在规定的时间内，以“顺便”的方式邀请老年人乘坐他的车辆，并随时协助满足老年人可能有的任何交通需求。这将消除老年人要求搭车去银行或市场的需要，并允许他们提前计划

机构信息

美国汽车协会老年驾驶人纵向系列研究

AAA Long Road Senior Cohort Study

在线免费资源，帮助老年人评估个人驾驶准备情况，以及做出明智选择的资源。

美国汽车协会高级驾驶

AAA Senior Driving

本网站是美国汽车协会的产品，旨在为用户提供一般信息，帮助他们更好地理解随着年龄的增长，某些健康状况和人类行为对交通安全的影响。

阿尔茨海默病协会

Alzheimer’s Association

阿尔茨海默病协会为护理人员提供驾驶咨询支持的链接。

美国职业治疗协会

American Occupational Therapy Association

找到能够进行驾驶评估的职业治疗师，并通过邮政编码定位。

美国疾病控制和预防中心

Centres for Disease Control and Prevention

该中心“我的行动计划”（My Mobility Plan）为寻求保持个人和社区行动能力的老年人提供一般指导。

家庭护理者联盟

Family Caregiver Alliance

该组织支持和维持全国范围内照顾患有慢性致残疾病的成年亲人的家庭的重要工作。

老龄化健康基金会

Health in Aging Foundation

该基金会由美国老年医学协会建立，旨在将老年医学医疗保健专业人员的知识带给公众，拥有广泛的资源。

国家老龄和残疾人运输中心

National Aging and Disability Transportatior Center

努力提高老年人、残疾人和护理人员的交通便利性。

全国老龄化地区机构协会

National Association of Area Agencies on Aging

老龄化地区机构是为解决老龄问题提供特定地区服务的重要资源。

全国社会工作者协会

National Association of Social Workers

通过邮政编码找到一名社会工作者。

全国老龄化委员会

National Council on Aging NCOA

NCOA对专业人员、老年人、护理人员和支持者在健康老龄化、经济保障等方面的援助。

国家公路交通安全局

National Highway Traffic Safety Administration

NHTSA的优先事项是通过防止与交通有关的事故或减轻事故造成严重伤害的风险来减少死亡和受伤人数。这包括解决驾驶人、行人和骑行者之间的相互关系，以及车辆安全问题。NHTSA老年驾驶人网站提供可下载的资料和短视频剪辑，临床医生可以把它们提供给病人及其家人，帮助大家了解老龄化如何影响驾驶，以及老年驾驶人或护理人员应该做些什么，以确保随着年龄的增长仍可以继续安全驾驶，如调整车辆以满足特定需求。另请参阅“与老驾驶人谈论安全驾驶”，旨在为用户提供一般信息，帮助他们更好地理解随着年龄的增长，某些健康状况和人类行为对交通安全的影响。

国家志愿者交通服务中心

National Volunteer Transportation Center

国家志愿交通服务中心的建立是为了支持全国现有的和新兴的志愿交通项目和服务。

乘车在望

Ride in Sight

由美国独立运输网络支持的全国性非营利运输系统，致力于帮助寻找替代交通方式。这项服务是基于会员制的，60岁及以上的人和视力受损的成人都有资格加入。

强化终止驾驶的提示　　表6.3

• 给老年人及其护理人员开一张书面处方，上面写着：“为了您和他人的安全，不要开车。”这对老年人来说是一个提醒，强调了您所传达的信息的力量
• 提醒老年人，这个建议是为了他以及其他驾驶人的安全
• 询问老年驾驶人，如果他遭遇车祸，伤害了他自己和其他人，他会有什么感觉
• 指出没有汽车的经济优势，这将消除许多费用，包括汽油、维护（换油、轮胎和调整）、保险、注册/驾驶证费、融资费用和汽车价值折旧
• 制定一个计划，包括护理人员对替代交通工具的支持

重性抑郁症的评估问题[18]	表6.4
这些问题涉及一天的大部分时间或几乎每天，与其他医疗疾病无关	
• 您的心情是悲伤、空虚还是绝望	
• 您是否在所有或大部分活动中失去了乐趣	
• 您注意到体重有什么变化吗	
• 您注意到睡眠习惯或注意力有什么变化吗	
• 您有没有注意到精力不足或者动作较慢	
• 您有没有注意到毫无价值的感觉或者反复出现的死亡想法	

注：本表改编自《精神障碍诊断与统计手册（第五版）》（*Diagnostic and Statistical Manual 5th Edition*，DSM-5）

老年人被忽视、自我忽视的迹象	表6.5
• 没有得到适当治疗的伤害	
• 脱水或营养不良的症状	
• 失重	
• 脏衣服	
• 受伤或未受伤的复发性跌倒	
• 药物给药不足或不当的证据	
• 冰箱里变质或过期的食物	
• 财务困难造成的收入损失	

信函样本 **表6.6**

2019年1月23日
克莱顿・菲利普斯先生
林肯路123号，
桑尼戴尔市，××55555

亲爱的菲利普斯先生：

我写信是为了跟进2019年1月5日的门诊。您会记得我们谈过您的驾驶安全问题。我测试了您的视力（眼睛）、力量、运动和思维能力，并检查了您的健康问题和药物。我建议您不要再开车，因为您视力不好，肌肉无力，反应时间慢。

我知道开车对您很重要，我知道放弃开车很难。但是，您的安全更重要。为了帮助您四处走动，您的儿子和朋友已经提出要帮助您。您也可以使用社区的公共交通系统。或者，请考虑“乘车在望”。“乘车在望”将帮助并且满足您在所在社区的个人特殊需求。您可以在线搜索或拨打免费电话，他们会在工作时间进行答复。讲义《如何帮助老驾驶人》（附上）有一些我们谈到的其他想法。我也将把这些材料的副本寄给了您的儿子，这样您们两人就可以一起讨论这个计划了。

续表

我希望确保您不用开车也能拜访您的朋友和到其他地方。保持与社区的联系对您来说很重要。请一个月后再来见我——我们将谈谈这个计划对您的影响。 **在强制报告的州，请考虑添加：** 正如我们所讨论的，________州（州名）要求我向州许可机构通知那些患有可能影响驾驶安全疾病的人。因为法律要求我这样做，我已经把您的名字给了________州（州名）许可机构。几周后，驾驶证代理机构会给您发一封信，讨论您的驾照问题。 **在有自愿报告的州，请考虑添加：** 您不开车是非常重要的，因为您把自己和公众置于危险之中。如果您继续开车，我需要将您的名字提交给州许可机构进行评估，并可能因此吊销您的驾驶证。 如果您有任何问题，请打电话到我的办公室。我期待着下个月见到您。 真诚地， 医生___________ 附件：如何帮助老年驾驶人 抄送：儿子的名字

注：表6.6中的样本是在9年级的平均水平上写的。根据弗莱斯-金凯可读性指数（2019），14~15岁的孩子就应该能很容易理解。

参考文献

1. Betz, M. E, Scott, K., Jones, J., & DiGuiseppi, C. (2015). Older adults' preferences for communication with healthcare providers about driving A LongROAD Study. Washington, D.C.: AAA Foundation for Traffic Safety. Retrieved from https://aaafoundation.org/wp-content/uploads/2017/12/OlderAdultsPreferencesForCommunicationReport.pdf.
2. Betz, M. E., Jones, V. C., & Lowenstein, S. R. (2014). Physicians and advance planning for "driving retirement". American Journal of Medicine, 127, 689-690. https://doi.org/10.1016/j.amjmed.2014.03.025.
3. Dickerson, A. E., Molnar, L. J., Bedard M., Eby, D. W., Berg-Weger, M., Moon, C., Grigg, J., Horowitz, A., Meuser, T., Myers A., O'Connor, M., & Silverstein, N. M. (2017). Transportation and aging: an updated research agenda to advance safe mobility among older adults transitioning from driving to non-driving. Gerontologist,59(2), 215-221. https://doi.org/10.1093/geront/gnx120.
4. Pachana, N.A., Jetten, J., Gustafsson, L., & Liddle, J. (2017). To be or not to be (an older driver): social identity theory and driving cessation in later life. Ageing & Society, 37, 1597-1608. https://doi.org/10.1017/S0144686X16000507.
5. Gabaude, C., Paire-Ficout, L., & Lafont, S. (2016, November). Determinants of driving errors in older adults. The Gerontologist, 56, Issue Suppl_3. 571. https://doi.org/10.1093/geront/gnw162.2294.
6. Meuser, T. M., Berg-Weger, M., Chibnall, J. T., Harmon, A. C., & Stowe, J. D. (2011). Assessment of readiness for mobility transition (ARMT): a tool for mobility transition counseling with older adults. Journal of Applied Gerontology, 32, 484-507. https://doi.org/10.1177/0733464811425914.
7. Kandasamy, D., Harmon, A. C., Meuser, T. M., Carr, D. B., & Betz, M. E. (2018). Predictors of readiness for mobility transition in older drivers. Journal of Gerontological Social Work, 61, 193-202. https://doi.org/10.1080/01634372.2018.1433260.
8. Morgan, E. (2018, February). Driving dilemmas: a guide to driving assessment in primary care. Clinical Geriatric Medicine, 34(1), 107-115. https://doi.org/10.1016/j.cger.2017.09.006.
9. Brummel-Smith, K., Munn, J. C., & Danforth, D. A. (2014). Interprofessional team care. In R. J. Ham et al. (eds). Ham's Primary Care Geriatrics. 6th Edition. Philadelphia: Elsevier, Inc.
10. Berg-Weger, M., Meuser, T. M., & Stowe, J. (2013). Addressing individual differences in mobility transition counseling with older adults. Journal of Gerontological Social Work, 56, 201-218. https://doi.org/10.1080/01634372.2013.764374.
11. Moore, I. (2014). Assessing the geriatric patient: planning for transitions of care. Consultant Pharmacist, 29(6), 369-374. https://doi.org/10.4140/TCP.n.2014.369.
12. Zhang, Q., Northridge, M. E., Jin, Z., & Metcalf, S. S. (2018). Modeling accessibility of screening and treatment facilities for older adults using transportation networks. Applied Geography, 93, 64-75. https://doi.org/10.1016/j.apgeog.2018.02.013.
13. The Hartford Financial Services Group, Inc. We Need to Talk: Family Conversations with Older

Drivers. (accessed April 2019) Retrieved from www.thehartford.com/mature-market-excellence/family-conversations-with-older-drivers; At the Crossroads: Family Conversations about Alzheimer's Disease, Dementia & Driving. Available at https://s0.hfdstatic.com/sites/the_hartford/files/crossroads-kit-intro.pdf; and You and Your Car: A Guide to Driving Wellness. (http://hartfordauto.thehartford.com/UI/Downloads/You_and_Your_Car.pdf).

14. Liddle, J., Gustafsson, L., Mitchell, G., & Pachana, N. A. (2017). A difficult journey: reflections on driving and driving cessation from a team of clinical researchers. The Gerontologist. 57(1), 82-88. https://doi.org/10.1093/geront/gnw079.
15. Dickerson, A. E. (2016). Driving and Community Mobility as an Instrumental Activity of Daily Living. In: Gillen, G. (Ed.) Stroke Rehabilitation, 4th edition. St. Louis, MO: Elsevier Publishing, pp. 237-264.
16. Dickerson, A. E., Stinchcombe, A., & Bédard, M. (2017). Chapter 23: Transferability of driving simulation findings to the real world. In: S. Classen (Ed.), Best Evidence and Best Practices in Driving Simulation: A Guide for Health Care Professionals. Bethesda, MD: AOTA Press, pp. 281-294.
17. Vivoda, J. M., Heeringa, S. G., Schulz, A. J., Grengs, J., & Connell, C. M. (2017). The influence of the transportation environment on driving reduction and cessation. The Gerontologist, 57(5),824-832. https://doi.org/10.1093/geront/gnw088.
18. American Psychiatric Association. (2013). Diagnostic and Statistical Manual of Mental Disorders, 5th Edition. Washington, D.C.: American Psychiatric Association.

第7章　道德与法律问题

关键点：

- 法律、法规和政策不仅因州而异，也因地方辖区而异，并且可能会发生变化。医疗保健专业人员应就具体问题寻求法律建议。[1,2]
- 了解并遵守州政府的要求，以避免受到第三方诉讼，这一点很重要。
- 一些州（加利福尼亚州、得克萨斯州、新泽西州、内华达州、俄勒冈州、宾夕法尼亚州）有强制性报告要求，这可能会导致对未报告追责。
- 为患者保密的道德责任以及对公共安全的道德责任不限于医生；所有医疗保健专业人员都有相同的义务。
- 在联系护理人员之前，应获得患者的许可，这应记录在患者的医疗记录中。如果患者有决策能力并拒绝许可，他的意愿必须得到尊重。

艾伦夫人是一名78岁的妇女，她的女儿报告说，艾伦夫人独自生活，她变得越来越健忘，经常在几分钟内重复自己的话，并且在穿衣、执行个人卫生任务和完成家务方面都有困难。她特别担心母亲每天驾车去2英里外的杂货店。艾伦夫人曾在这些外出中迷路，据商店经理说，她付错了钱。汽车上出现了凹痕和划痕，但她并没有解释。艾伦夫人的女儿已经要求她的母亲终止驾驶，并试图拿走车钥匙，但艾伦夫人并没有听从她的要求，而是以愤怒和反抗作为回应。在之前的访问中，您建议艾伦夫人考虑驾驶以外的出行方式选择。女儿想知道如何设法做到保证她母亲的长期安全和健康，特别是如何解决驾驶问题。

本章提供了一个总体概述，以帮助临床医生了解向州许可机构报告不安全驾驶人的过程，包括他们的道德和法律责任。尽管所涉及的一些问题本质上是道德或法律问题，但本章不应被解释为提供法律建议。这些观点、讨论、结论和法律分析仅是作者的意见，并不代表美国国家公路交通安全管理局或美国老年医学协会的观点、政策或官方立场，也不能取代当地的法律建议和对州法律、地方法规的审查。对于医生和其他医疗保健提供者来说，重要的是，就个别患者可能出现的具体问题寻求所在州的法律建议。

老年人在多种环境下接受各类专业人员的服务，包括临床团队的所有成员（医学、护理、药学、社会工作、职业治疗、心理学等）。尽管所有临床专业人员都有类似的道德责任和义务，但大多数针对老年驾驶人的现有法律指南都专门针对医生。因此，下面的讨论在大多数情况下，以医生为例，但是讨论的原则应该被整个临床团队采用。

临床医生：**艾伦夫人，**我知道您今天是自己开车来的。这让我很担心。在您上一次来访时，我建议您终止驾驶。请分享一下您今天开车来这里的原因。

艾伦夫人：嗯，我不明白您为什么这么担心。我从未出过车祸。我车开得很好，坦率地说，我认为您没有权利告诉我不要开车。

临床医生：听起来您很沮丧，我无法想象您适应一个没有驾驶的生活有多难。这不是一个容易做出的选择；然而，这是对您健康和安全的最佳选择，作为您的医疗保健提供者，这是我最关心的问题。我想帮您把这件事简化。您的快步走结果（15秒）和蒙特利尔认知评估测试结果（得分18/30）显示，您的反应能力没有达到安全驾驶所需的程度。让我们谈谈您对终止驾驶的一些担忧。

在美国，法律、法规和政策不仅因州而异，还因地方管辖区而异。它们可能会发生变化，应该联系州许可机构获取最新信息。有关各州的许可机构联系信息、各州许可要求、续期标准、报告程序等其他资源，请参阅第8章。

临床医生：**艾伦夫人，**您认为什么时候是一个人终止驾驶的合适时间?

艾伦夫人：我想是当他们开车不安全或者对路上的其他人构成威胁时。

临床医生：这是一个很好的观察，我同意您的观点。

艾伦夫人：嗯，我的一个朋友开车不太好。他到处开车，闯红灯。我不会再坐他开的车，因为我担心会发生什么。

临床医生：对于您的朋友和路上的其他人来说，这确实是一个可怕的情况。您意识到潜在的危险并知道如何确保自己的安全，这很好。我想知道是否有您信任的人会告诉您，在他们认为您继续开车不安全的时候?

临床医生在对驾驶功能受损的老年人做出报告时，存在一个责任范围。人们试图公平定义这一范围，本章中的案例研究旨在说明相关的意见内容。此外，研究还考虑到为公民提供安全环境所付出的社会努力。

进一步评估后，您诊断**艾伦夫人**患有阿尔茨海默病。很明显，她的病情已经发展到不能再安全驾驶的程度，康复训练不可能改善她的驾驶。您告诉艾伦夫人，为了她本人和其他人的安全，她必须终止驾驶。您还解释说，州报告法律指示医生对于不安全的驾驶人要通知许可机构医疗。起初，艾伦夫人不明白，但当您明确告诉她，她不能再每天自己开车去杂货店时，她变得激动和焦虑，尖叫着，“我恨你！”还有“我要起诉你！”她的女儿理解您向州驾驶证机构报告艾伦夫人的决定，但她现在担心，如果她母亲试图无证驾驶，她会遇到问题。艾伦夫人的女儿问您是否绝对有必要报告。您说什么？

许多医生不确定他们向州许可机构报告不安全驾驶人的法律责任（如果有的话）。[3,4] 一项对美国老年医生的调查发现，31.8%的医生不知道本州关于报告危险驾驶人的指导方针。[5] 由于存在损害医患关系、违反患者保密性和可能失去患者的风险，情况变得更加复杂。[4,6] 因此，临床医生经常面临两难境地：他们应该报告不安全的驾驶人，还是应该放弃报告并有可能因没有报告而对任何潜在的病人或第三方伤害承担责任？此外，临床医生应该如何让护理人员减轻老年人限制或终止驾驶的负担？

道德义务

当前的法律和道德辩论强调了医生与驾驶问题相关的职责。这些职责包括保护病人的健康和对病人保密的职责。

保护的责任

患者：保护患者的身心健康被认为是临床医生的首要责任。这不仅包括治疗和预防疾病，还包括关心患者的安全。临床医生应就可能损害安全驾驶能力的健康问题和可能的药物副作用向患者提供建议和咨询，并在病历中记录这些讨论。一些州有强制性的报告要求，这可能会导致医生因不提交报告而承担民事和刑事责任。[7] 如宾夕法尼亚州法律中的措辞使得宾夕法尼亚州许可机构得出结论，未做出报告的医生“可能作为致使患者造成交通事故引起的死亡、受伤或财产损失的近因而负有责任；宾夕法尼亚州的法令进一步规定，不遵守其报告法律的医生可能被判刑事犯罪。”[8] 案例法表明，未能告知患者这种健康问题和药物的不良影响可视为疏忽行为，医生需要承担经济损害赔偿责任。[9]

公众：除了关心患者的健康之外，在某些情况下和管辖范围内，医生还可能负有保护公众的安全的责任。[10,11] 这称为第三方责任。在某些州，医生对第三方伤害负有责任，因为他们未能就健康问题、药物的不良影响或可能损害驾驶能力的医疗设备向患者提供建议。[12-14]

一般来说，美国民法不要求当事人对未能帮助或救助其他当事人承担责任。根据侵权行为第314条（1965）的重述（第二项）：“行为人意识到或应该意识到他的行为对他人的帮助或保护是必要的，但这一事实本身并不赋予他采取这种行动的义务。”[15] 然而，医生有保护公众免受危险患者伤害的道德义务，因为在塔拉索夫案中[16]，加利福尼亚州最高法院承认，如果卫生专业人员没有警告即将发生的威胁，第三方有权提起诉讼。这项裁决仅适用于加利福尼亚州，但已在全国范围内被引用。塔拉索夫原则指出，最重要的考虑因素是是否存在可预见的威胁。因此，如果医生相信或预测正在接受治疗的人可能会对第三方造成严重的身体伤害，而第三方是可以合理识别的，那么他就有责任警告或保护潜在的受害者。[17]

保护病患隐私

病患隐私权是对个人的、可识别的医疗信息保密的权力。这些保护措施见于1996年《健康保险流通与责任法案》(Health Insurance Portability and Accountability Act，HIPAA)。[18] 未经患者授权，所有医疗保健专业人员都有法律义务保护患者的私人信息不披露给任何人，包括患者的家人、律师或政府。[19-21]

HIPAA鼓励医疗保健专业人员和患者之间自由交换信息，允许患者描述需要诊断和治疗的症状。[22]除非确保保密性，否则个人很可能不寻求治疗、不愿为得到有效治疗而透露信息或不信任医疗保健专业人员。[19]

然而，保护隐私要求不是绝对的。可能有公共政策原因，如把不安全的驾驶人从道路上赶走。[4,23] 因此，在驾驶人功能受损的情况下，患者隐私权，不足以保护医生免受第三方法律诉讼。[23,24]

一些州没有为警告政府机构某个人成为不安全驾驶人的医生提供豁免权。在这些州，记录以下内容非常重要。[25]

- 对患者驾驶机动车能力的评估。
- 对患者在高速公路上驾驶对其他人造成的特定危险的评估。
- 试图联系患者的家庭成员或监护人，包括谈话内容和保持联系的方法。[26]

其他医疗保健专业人员：为患者保密的道德责任不仅限于医生；所有医疗保健专业人员都有相同的义务。[27,28] 在医疗保健专业人员与患者的关系中，患者隐私权是至关重要的，因为它鼓励信息的自由交换，使患者能够描述诊断和治疗的症状。[19] 如果不相信护理是保密的，患者可能不信任他们的医疗保健专业人员，因此不太可能为了有效地治疗而透露自己的信息。[19] 然而，与医生一样，这种责任也不是绝对的。[20,29] 在美国顾问药剂师学会(American Society of Consultant Pharmacists，ASCP)的网站上可以找到一个关于治疗老年患者的医疗保健专业标准的好案例。[20]

对报告的担忧

加拿大的一项研究探讨了医生对驾驶健康适宜性的态度，发现尽管大多数医疗专业人员会报告不适合的驾驶人，但他们认为这种行为可能破坏医患关系中的保密期望。[24,30] 医生对强制性报告表示担忧，称这可能侵犯隐私，损害向患者提供咨询的能力，并对医患关系产生负面影响。[24,31] 一些医生认为强制报告可能会阻止患者寻求医疗保健。[3,32]

在有强制性报告要求的六个州(加利福尼亚州、特拉华州、内华达州、新泽西州、俄勒冈州和宾夕法尼亚州)，研究表明医生更有可能报告。[33] 除非法律要求报告，否则临床医生可能会选择不报告。[34]

豁免和保密

国家公路交通安全管理局高速公路安全项目指南第13号——老年驾驶人安全[35]，建议各州制定保护临床医生的政策或法规。美国汽车协会交通安全基金会的报告“驾驶人驾驶证政策和实践”提供了一份目前在这一领域有相关法律的州的清单，医疗提供者可以利用这些资源查阅自己所在州的法规。[36]

遵守各州报告法

每个州都有自己的报告法。有关各州许可机构联系信息和许可要求的其他资源，请参阅第8章。请注意，信息可能会随着时间的推移而变化，应始终联系州许可机构获取最新信息。

在没有法律要求医生向州许可机构报告患者的州，医生在披露医疗信息之前，应该书面出具符合HIPAA的患者许可。在这些州，未经患者授权而披露医疗信息的医生可能会承担违反保密规定的责任。然而，不披露可能会使医生对受患者伤害的第三方承担责任。[13] 这是霍布森选择效应“要么接受，要么放弃”，但最终应该将患者和公众的安全放在第一位。

托马斯·霍布森（约1544—1630）他拥有一个马厩，在供顾客挑选马匹时，要求每位顾客要么选择离马厩门最近的马，要么选择不带走马。[37]于是，用“霍布森的选择”来形容一个被要求在两个不可取的选择中进行选择的困境。

平衡道德和法律责任

平衡相互竞争的道德和法律义务可能会有问题，以下策略可能会有所帮助。

劝告患者及其护理人员

应告知患者可能影响驾驶能力的身体条件、药物影响、医疗设备和程序。（有关此类身体条件和药物治疗的参考表，以及针对每种情况的建议，请参阅第9章。）如果患者允许，他的护理人员应在适当的时候参与咨询过程。在此过程中，护理人员更有可能帮助患者应对失去驾驶证带来的变化。失去驾驶证可能会带来重大的心理后果，因为驾驶能力与独立意识不可阻挡地交织在一起。

除了失去自主权外，终止驾驶还有其他重大后果。老年人从事日常生活活动的能力，以及参与社会活动或志愿活动的能力受到损害。所以，社会孤立是很可能的。护理人员也受到负面影响，因为人们期望他们能填补许多由于老年人终止驾驶而不可避免出现的空白。我们需要认识到这些风险，并将其与公共安全问题进行权衡。如果老年人没有决策能力（如患有阿尔茨海默病），该信息应提供给代理决策者。

建议终止驾驶

如前几章所述，临床医生应建议那些被认为是不安全驾驶人的患者终止驾驶，这些患者的病情可能会影响驾驶安全，而且几乎不可能通过现有的医疗、自适应设备或技术得到改善。一如既往，临床判断应该基于老年人的驾驶能力，而不是年龄本身。该建议应记录在患者的医疗记录中，临床医生的办公室应有一个系统，用于检查患者是否遵守建议。

了解并遵守国家报告法律

临床医生必须了解并遵守其所在州的报告法律（请参阅第8章）。不遵守这些法律的临床医生可能会要对患者和第三方的伤害负责，并可能面临民事或刑事指控。

在有强制性医疗报告法的州，应使用州许可机构的正式表格报告所需的医疗健康状况。在有自愿医疗报告法的州，可以使用州许可机构的官方表格或其他类似表格。如果专业人士善意报告，一些州提供民事豁免权。如有患者同意，应记录在案。如果州许可机构的指南没有指出必须报告哪些患者信息，则只应提供表明患者可能是不安全驾驶人的最低限度的必要信息。

减少违反患者隐私权的影响

在遵守州报告法律的过程中，临床医生可能需要违反患者隐私权，正如通常向州和地方卫生部门报告的其他几种医疗健康状况一样。然而，可以采取几种措施来减少对医患关系的影响。

让患者了解给国家许可机构的通知：在向国家许可机构报告患者之前，临床医生应告知患者他们的意图，并解释做出报告是临床医生的道德责任，在某些情况下也是法律责任。还建议描述州许可机构可以采取的后续措施。应该向患者保证，出于对其隐私的尊重，将只披露所需的最低限度的信息，所有其他信息都将保密。向州许可机构提交报告时，应仅提供必要的（或报告指南要求的）能够确定患者可能不安全驾驶的最低限度信息。

即使在提供匿名报告或对报告者保密的州，临床医生对患者保持公开和诚实也是一个好主意。这可能有助于提醒患者，医生不能决定他们是否有驾驶证，这个决定最终是由国家做出的。

向患者提供尽可能多的信息，也许包括一份递交给州许可机构的报告的副本，可以让患者参与到这个过程中，并给他们更大的控制感。此外，在联系护理人员之前，应获得患者的许可，这应记录在患者的医疗记录中。如果患者需要保持自我决策能力并拒绝联系护理人员，他们的意愿必须得到尊重。

勤奋地记录：评估和维护患者和公众安全的所有努力都应记录在患者的医疗记录中。在患者或第三方因交通事故受伤时，良好的文件可以保护临床医生免受民事责任。

临床医生应该通过在患者医疗记录中记录他们做出的努力、与患者的讨论、建议和任何进一步测试的转诊情况来合法地保护自己。[38] 换句话说，在老年驾驶人安全计划（请参阅第1章）中执行的所有步骤都应该被记录下来，包括：

- 对患者功能状态的任何直接观察和PODS中描述的危险信号。还应记录导致临床医生认为患者可能面临不安全驾驶风险的驾驶历史。
- 任何专门针对驾驶的咨询（如，记录患者意识到低血糖的警告信号及其对驾驶表现的影响）。
- 对患者驾驶相关功能的正式评估（如记录患者是否经历了驾驶相关技能临床评估；在患者的健康记录中包括驾驶相关技能临床评估评分表）。
- 为改善患者功能而进行的任何医疗干预和转诊，以及为衡量改善情况而进行的任何重复测试。
- 如果患者接受了驾驶人评估或康复治疗，则需提供驾驶人康复专家报告的副本。
- 临床医生关于患者是否应该继续驾驶或终止驾驶的建议。在终止驾驶建议的情况下，应包括干预措施的摘要（如“向患者发送信件以加强建议”“讨论交通出行方式选择并提供‘患者资源表’副本”“经患者许可联系家庭成员”“在患者知情的情况下向州许可机构报告患者”）。任何书面信件的副本也应包括在患者的医疗记录中。

- 跟踪使用替代交通出行方式的成功程度以及任何社会孤立和抑郁的迹象，包括任何进一步的干预措施，如转介给社会工作者、老年人护理人员或精神健康专业人员。

附加的法律和道德问题

可能会出现其他特别具有挑战性的情况。以下示例提供了一些可用作指导的操作。

情况1：患者威胁说，如果他被报告给州许可机构，他将提起诉讼

- 患者威胁起诉不应阻止临床医生遵守州报告法律。如果患者威胁要起诉，临床医生可以采取几个措施在诉讼中保护自己：
  -了解您所在的州是否已经通过了立法，专门保护医疗保健专业人员不因善意报告不安全驾驶人而承担责任（请参阅第8章）。[28]
  -要了解，即使没有这样的立法，医生通常也不会因善意遵守强制性报告法规而承担责任的风险。咨询您的律师或医疗事故保险承保人，以确定您的风险程度。
  -确保有明确患者是一个不安全的驾驶人的原因已经被清楚地记录下来。
- 请注意，临床医生–患者特权并不排除临床医生向州许可机构报告患者。医患特权，指患者防止医生披露医患之间任何沟通的权利，并不适用于强制报告的情况。可以提醒患者，临床医生不决定驾驶许可，这是州的责任。因此，患者是否可以继续驾驶的最终决定是由州许可机构做出的。

情况2：在没有州报告法律的州，患者是不安全的驾驶人

在这种情况下，临床医生的首要任务是确保不安全的驾驶人不要驾驶。如果这可以在不吊销患者驾驶证的情况下完成，那么可能就没有必要向州许可机构报告患者。在报告患者之前，临床医生可以通过遵循情况1中列出的步骤来避免违反患者隐私权的责任风险。

然而，如果患者拒绝终止驾驶，那么临床医生必须考虑哪一种风险更有可能造成最大的伤害：是违反患者隐私权，还是允许患者在交通事故中潜在地伤害自己或第三方。

情况3：患者因不安全驾驶被州许可机构吊销驾驶证，但临床医生知道他还在继续驾驶

这个患者违反了法律，随之带来了几个问题：临床医生是否有责任以违反患者隐私权为代价来维护法律？因为驾驶证已经被州许可机构吊销，现在患者的行车安全是国家的责任？还是临床医生的责任？还是两者都有？

在这种情况下，可以采取几个步骤：

- 询问患者为什么继续开车。解决患者提出的具体原因（请参阅第6章）。经患者同意，护理人员应参与寻找解决方案，如替代交通出行方式等。
- 询问患者是否理解继续开车是违法的。重申对患者安全的担忧，并询问他对导致发生车辆碰撞事故的、可能受伤或伤害他人有何看法。讨论车祸会给患者、他的家人以及所有其他相关人员带来的情感负担。
- 讨论在没有驾照或汽车保险的情况下发生交通事故的财务和法律后果。许多临床医生提醒患者及其家人/护理人员，他们可能需对驾驶造成的任何伤害承担经济责任。
- 如果患者存在认知障碍，缺乏对该问题的洞察力，则必须与拥有患者决策权的个人（如果患者有指定的决策者）讨论该问题。如果没有，患者和护理人员应继续指定一名护理人员。这些当事人应该明白他们有责任阻止患者开车。
- 如果患者继续驾驶，并且所在州有强制报告法律，临床医生必须遵守法律，报告不安全驾驶的患者（即使患者以前已经报告过）。如果该州没有强制性报告法律，临床医生应根据情况2（请参阅上文）做出报告的决定。作为授予和吊销驾照的机构，州驾驶证机构将采取其认为适当的后续行动。

情况4：如果向州许可机构报告，患者威胁要寻找新的临床医生

虽然不幸，但这种情况不应妨碍临床医生为患者的健康和安全负责。此外，医生必须遵守州报告法律，忽视这种威胁。

几种策略可能有助于缓解这种情况：

- 重申用于支持向患者建议终止驾驶的过程和信息。
- 重申对患者、任何乘客和路上其他人安全的关注。
- 提醒患者，为他提供最好的医疗保健包括所有类型的安全措施。声明驾驶安全是对患者护理的一部分，就像鼓励患者将烟雾探测器放在家里并定期进行身体检查一样。
- 如果合适，鼓励患者寻求其他意见。驾驶康复专家可能会对患者进行评估，如果这还没有进行，或者患者可能会咨询其他临床医生。
- 如果州许可机构跟进临床医生的报告，要求对患者进行重新测试，请告知患者，正如向机构报告患者是临床医生的责任一样，向机构证明其驾驶安全也是患者的责任。强调最终决定权在州许可机构，只有他们才能合法吊销驾照。提醒患者，已经采取了一切医学上可能的措施来帮助他通过驾照考试。
- 像往常一样，保持专业行为，保持实事求是，不要对患者表达敌意，即使他最终决定寻找新的临床医生。

患者资源

国家公路交通安全管理局提供以下在线患者/护理人员资源。临床医生可能希望下载这些材料，并可以自由地在材料上放置他们的个性化信息/徽标。在优雅地变老的同时安全地驾驶[39]，是国家公路交通安全管理局老年驾驶人网站上提供的指南，可以帮助老年人评估他们是否应该继续驾驶。

《出行：替代出行方式》(*Getting Around: Other Ways to Get Around*)[40] 是美国汽车协会出版的一本小册子，旨在帮助家庭应对不应该开车的老年人。临床医生可能希望手头有这些文件。其他资源已经在第6章中讨论，并在附录2中列出。

术语表[42-45]

在查阅第8章的参考列表之前，熟悉以下术语和概念会有所帮助（表7.1）。

术语表　　表7.1

术语	释义
匿名和法律保护	一些州提供匿名举报和/或善意举报豁免。半数以上的州将为报告人保密，除非法院命令另有要求[41]
驾驶人康复项目	这些项目由驾驶康复专家运行，通过适应性设备和补偿技术帮助识别有风险的驾驶人并提高驾驶人的安全性。驾驶人通常会接受临床评估、道路评估，如有必要，还会接受车辆改装和培训（有关驾驶人评估和康复的更多信息请参阅第5章）
保护的责任	在某些司法管辖区，医生有法律义务警告公众其患者可能造成的危险，特别是在可识别的第三方的情况下。[6] 关于驾驶，强制性报告法律和医生报告法律为医生提供了关于其保护责任的指导
善意	在所有职业交往中诚实和尊重[42]
报告豁免权	如果医生之前向州许可机构报告过患者，许多州免除医生对患者造成的民事损害的责任
医学障碍的驾驶人	患有认知和/或功能障碍的驾驶人，可能会影响安全驾驶机动车的能力
强制性医疗报告法律	在一些州，医生必须向他们的州许可机构报告患有特定疾病（如癫痫、痴呆症）的患者。这些州提供了具体的指导方针和表格，可以通过州许可机构获得
医疗咨询委员会（Medical Advisory Boards, MABs）	MABs通常由当地医生或顾问医生组成，他们与州许可机构合作，确定精神或身体状况是否会损害个人的驾驶能力。某些州的MABs规定了允许继续许可的缓解措施。MABs的规模、作用和参与程度因州而异
患者隐私权	个人对个人的、可识别的医疗信息保密的权利

续表

医生报告法律	一些州要求医生向州许可机构报告“不安全”的驾驶人，对“不安全”的定义有不同的指导方针。医生可能需要提供患者的诊断和任何可能影响驾驶的功能障碍证据（如神经系统测试结果），以证明患者是不安全的驾驶人[43]
医师责任	指医生向州许可机构报告其患者作为危险驾驶人的法定义务。不报告（疏忽）会导致医生对患者交通事故造成的民事损害承担责任[44]
续期程序	驾驶许可证续期程序因州而异。一些州有基于年龄的续期程序，即在指定的年龄，该州可以缩短许可证续期的时间间隔，限制通过邮件方式续期许可证，续期许可证需要特定的视觉能力要求、交通法律和标志的知识，或要求道路测试。很少有州要求驾驶证续期的医疗报告[45]
受限驾照	一些州提供有限制的驾照作为吊销驾照的替代选择。典型的限制包括禁止夜间驾驶，将驾驶限制在离家一定距离内，需要自适应设备，以及缩短更换驾驶许可的间隔。这些类型的限制的有效性尚未被研究过
第三方	通用法律术语是指与临床医生没有直接联系但可能受到他影响的任何个人，如除病人以外的任何人

参考文献

1. Senior driving. AAA.com state laws, https://seniordriving.aaa.com/ states/.
2. Quick Facts Regarding Cognitive Impairment, and Age Related License Restrictions. List of Each State's (Including District of Columbia) Specific Age Based Policies in Alphabetical Order. Retrieved from http://adsd.nv.gov/uploadedFiles/adsdnvgov/content/Boards/T askForceAlzheimers/State%20Regulations%20 Dementia%20and%20Driving.pdf.
3. Kelly, R., Warke, T., & Steele, I. (1999). Medical restrictions to driving: the awareness of patients and doctors. Postgraduate Medical Journal, 75(887), 537-539.
4. Gergerich, E., M. (2016). Reporting policy regarding drivers with dementia. Gerontologist, 56(2):345-356. https://doi.org/10.1093/geront/gnv143.
5. Miller, D., & Morley J. (1993). Attitudes of physicians toward elderly drivers and driving policy. Journal of the American Geriatrics Society, 41(7), 722-724.
6. Carmody, J., Granger, J., Lewis, K., Traynor, V. & Iverson, D. (2013). What factors delay driving retirement by individuals with dementia? the doctors' perspectives. Journal of Australasian College Road Safety, 24(1), 10-16. Retrieved from http://ro.uow.edu.au/cgi/viewcontent.cgi?article=1355&context=smh papers.
7. OR. REV. STAT .§ 807.710 (2015).
8. Title 75 PA. CODE § 1518(b) The Vehicle Code (stating physicians are immune from any civil or criminal liability if they report patients 15 years old or older who have been diagnosed as having a condition that could impair their ability to safely operate a motor vehicle; but, if the physician does not report could, then, possibly be held responsible as a proximate cause of an accident resulting in death, injury, or property loss caused by the physician' s patient. Also, physicians who do not comply with their legal requirement to report may be convicted of a summary criminal offense).
9. Gooden v. Tips, 651 S.W.2d 364, 1983 T ex. App., 43 A.L.R.4th 139 (T ex. App. T yler 1983) (case stating that physicians have a duty to warn patients that medications may impair driving but that physicians do not have a duty to control a patient's behavior). However, the Supreme Court of T exas significantly narrowed physicians' duties to third parties. In Praesel v. Johnson, 967 S.W.2d 391, 396 (T ex. 1998), the court noted that it had "generally limited the scope of the duty owed by physicians in providing medical care to their patients." The court "declined to impose on physicians a duty to third parties to warn an epileptic patient not to drive." Somewhat similarly that court "weighed the risk, foreseeability, and likelihood of injury against the social utility of the actor's conduct, the magnitude of the burden of guarding against the injury, and the consequences of placing the burden on the defendant," and also considered "whether one party would generally have superior knowledge of the risk or a right to control the actor who caused the harm." 967 S.W.2d at 397-98. For a general discussion on this topic, see 43 A.L.R. 4th 153; 35 U. Mem. L.Rev. 173; See Comment: Driving on the center line: Missouri physician' s potential liability to third persons for

failing to warn of medication side effects (46 St. Louis L.J. 873); Wilschinsky v. Medina, 1989- NMSC-047, 108 N.M. 511, 775 P. 2d 713, (N.M. 1989). (New Mexico case stating that the physician owed a duty of care to an individual harmed by the physician's patient, that the patient's duty specifically extended to persons the patient injured by driving a car from the doctor's office after being injected with drugs that were known to affect judgment and driving ability; the medical standards for administering drugs had to define the physician's duties of care). Limited by Lester by & Through Mavrogenis v. Hall, 1998-NMSC-047, 126 N.M. 404, 970 P .2d 590, 38 N.M. B. Bull. 2, 38 N.M. B. Bull. 11 2 (1998) (This Court did not extend the duty articulated in Wilschinsky to prescription cases under the case fact pattern.) See also Brown v. Kellogg, 2015-NMCA-006, 340 P .3d 1274 (N.M. Ct. App. 2014).

10. T arasoff v. Regents of University of California, 17 Cal. 3d 425; 551 P. 2d 334; 131 Cal. Rptr. 14 (Cal. 1976 Cal.); 83 A.L.R.3d 1166, 1976 (rehearing to the California Supreme Court upheld on the duty to warn and protect). In T arasoff, the California Supreme Court held that, under certain circumstances, a therapist had a duty to warn others that a patient under the therapist's care was likely to cause personal injury to a third party. There the court said, "Although...under the common law, as a general rule, one person owed no duty to control the conduct of another, nor to warn those endangered by such conduct, the courts have carved out an exception to this rule in cases in which the defendant stands in some special relationship to either the person whose conduct needs to be controlled or in a relationship to the foreseeable victim of that conduct." (P. 435.) Applying that exception to the facts of T arasoff, the court held that where a therapist knows that his patient is likely to injure another and where the identity of the likely victim is known or readily discoverable by the therapist, he must use reasonable care to prevent his patient from causing the intended injury. Such care includes, at the least, informing the proper authorities and warning the likely victim. However, the court did not hold that such disclosure was required where the danger presented was that of self-inflicted harm or suicide or where the danger consisted of a likelihood of property damage. Instead, the court recognized the importance of the confidential relationship which ordinarily obtains between a therapist and his patient, holding that "... the therapist' s obligations to his patient require that he not disclose a confidence unless such disclosure is necessary to avert danger to others. ..." (T arasoff, supra, p. 441; italics added). The holding in T arasoff was questioned in Mason v. IHS Cedars Treatment Ctr. of Desoto T ex., Inc. (T ex. App. Dallas Aug. 15, 2001); criticized in Gregory v. Kilbride, 150 N.C. App. 601, 565 S.E.2d 685 (N.C. App. 2002) and T edrick v. Cmty. Res. Ctr., Inc., 235 Ill. 2d 155, 920 N.E.2d 220 (Ill. 2009); and superseded in part by Nebraska State statue in Munstermann v. Alegent Health-Immanuel Med. Ctr., 271 Neb. 834, 716 N.W.2d 73, (Neb.2006). It should be noted that the T arasoff ruling per se, upon which the principles of "Duty to Warn" and "Duty to Protect" are based, originally applied only in the State of California and now applies only in certain jurisdictions. The U.S. Supreme Court has not heard a case involving these principles. Many states have adopted statutes to help clarify steps that are considered reasonable when a physician is pre-sentenced with someone making a threat of harm to a third party. T asman, A., Kay, J., Lieberman, J. A., & Fletcher, J. (eds). Psychiatry, 1st

ed. Philadelphia: W.B. Saunders Company; 1997, p. 1815.

11. Brisbane v. Outside in Sch. of Experiential Educ., Inc., 799 A.2d 89 (Pa. Super. Ct. 2002) (defining factors in a Pennsylvania case to determine the existence of a duty: (1) the relationship between the parties, (2) the social utility of the actor's conduct, (3) the nature of the risk imposed and foreseeability of the harm incurred, (4) the consequences of imposing a duty upon the actor, (5) the overall public interest in the proposed solution). Pennsylvania did not expand the duty of a parent to encompass supervision of adult children, see Kazlauskas v. Verrochio (M.D. Pa. Oct. 27, 2014). Case questioned by Bellah v. Greenson, 81 Cal. App. 3d 614, 146 Cal. Rpt., 535, 1978, 17 A.L.R. 4th 1118 (Cal. App. 1st Dist. 1978). Explained by Felty v. Lawton, 1977 OK 109, 578 P .2d 757 (Okla. 1977). For a general discussion on this topic, see A.L.R. 3d 1201; 46 Ca. Jur., Negligence Sections 10 and 212.REFERENCES
12. Gooden v. Tips, supra at FN 5; Kaiser v. Suburban Transp. System, 65 Wn.2d 461, 398 P. 2d 14 (Wash.1965) (Washington case stating that a physician could be held liable due to the fact that a patient took medication completely unaware that it would have any adverse effect on him because the physician failed to warn his patient, whom he knew to be a bus driver, of the dangerous side effects of drowsiness or lassitude that may be caused by taking this particular medication). Superseded on other grounds by statute State v. Fisher (Wash. Ct.App. May 29, 2012).
13. Calwell v. Hassan, 260 Kan. 769, 925 P. 2d 422 (Kan. 1996) (Kansas case stating that the doctor had no duty to protect bicyclists-a third party from his patient's actions because the patient who had a sleep disorder was aware of the problem and admitted to knowing that she should have stopped driving). Adams v. Bd. of Sedgwick County Comm'rs, 289 Kan. 577, 214 P .3d 1173 (Kan. 2009); Wilson v. McDaniel, 327 P.3d 1052, 2014 Kan. App. Unpub. (Kan. Ct. App. 2014) (cited in dissenting opinion). Duvall v.Goldin, 139 Mich. App. 342, 362 N.W.2d 275, (Mich. App. 1984) (Michigan case stating the physician was liable to third persons injured as it was foreseeable that a doctor' s failure to diagnose or properly treat an epileptic condition could have created a risk of harm to a third party and that as a result of the patient's medical condition, caused an automobile accident involving the third persons). Dawe v. Dr. Reuven Bar-Levav & Assocs., P .C., 485 Mich. 20, 780 N.W.2d 272 (Mich. 2010). Distinguished in Singleton v.United States Dep't of Veterans Affairs, 2013 U.S. Dist. (E.D. Mich. Aug. 15, 2013). Myers v. Quesenberry, 144 Cal. App. 3d 888, 193 Cal. Rptr. 733 (Cal. App. 4th Dist. 1983) (California case stating that if a physician knows or should know a patient's condition will impair the patient's mental faculties and motor coordination, a comparable warning is appropriate). Distinguished in Greenberg v. Superior Court, 172 Cal. App. 4th 1339, 92 Cal. Rptr. 3d 96 (Cal. App. 4th Dist.2009) Schuster v. Altenberg, 144 Wis. 2d 223, 424 N.W.2d 159 (Wis. 1988) (Wisconsin case stating that if it was ultimately proven that it could have been foreseeable to a psychiatrist, exercising due care, that by failing to warn a third person or failing to take action to institute detention or commitment proceedings someone would be harmed, negligence could be established). Distinguished by Milwaukee Deputy Sheriff's Association v. City of Wauwatosa, 2010 WI App 95, 327 Wis. 2d 206, 787 N.W.2d438 (Wisc. App.2010) and Hornback v.Archdiocese of Milwaukee,

2008 WI 98, 313 Wis. 2d 294, 752 N.W.2d 862(Wisc. 2008)

14. Joy v. Eastern Maine Medical Center, 581 A.2d 418 (Me. 1990) (appeal after remand affirmed) (Maine case stating that when the doctor knew, or reasonably should have known that his patient's ability to drive has been affected by treatment that the doctor provided, he had a duty to the driving public as well as to the patient to warn his patient of that fact). Distinguished by Flanders v. Cooper, 1998 ME 28, 706 A.2d 589 (Me. 1998).
15. The Restatement (Second) of T orts § 314 (1965).
16. Johnson, R., Persad, G., & Sisti, D. (2014, December). The T arasoff Rule: The Implications of Interstate Variation and Gaps in Professional Training, J Am Acad Psychiatry and the Law Online, 42(4), 469-477. Retrieved from http://jaapl.org/content/42/4/469.long.
17. University of California v. Katherine Rosen Opinion No. S230568. (2018) Retrieved from https://caselaw.findlaw.com/ca-supremecourt/1892230.html.
18. Health Insurance Portability and Accountability Act of 1996 (HIPAA), Public Law 104-191. 45 C. F. R.§ 164.512(a) —Uses and Disclosures Required by Law (2000). Federal Register Vol. 65, No. 250, Thursday, December 28, 2000, Rules and Regulations, p 82811.
19. De Bord, J., Burke, W., & Dudzinski, D. (2013). Ethics in Medicine. Seattle: University of Washington School of Medicine. Retrieved from https://depts.washington.edu/bioethx/topics/confiden.html.
20. American Society of Consultant Pharmacists (2011). Quality Standards and Practice Principles for Senior Care Pharmacists . Retrieved from http://c.ymcdn.com/sites/www.ascp.com/resource/collection/28D69F2D-18D9-4EF8-A086-675AB7E4ECD8/Quality_ Standards_and_Practice_Principles_for_Senior_Care_Pharmacists.pdf.
21. American Nurses Association (2001). American Nurses Association. Code of ethics for nurses with interpretive statements. 2nd Ed. (2015). Retrieved from https://www.nursingworld.org/practice-policy/nursing-excellence/ethics/.
22. Nass, S., Levit, L., & Gostin, L. (2009). Institute of Medicine (US) Committee on Health Research and the Privacy of Health Information: The HIPAA Privacy Rule. Beyond the HIPAA Privacy Rule: Enhancing Privacy, Improving Health Through Research. Washington (DC): National Academies Press (US).
23. Berger, J., Rosner, F., Kark, P., & Bennett, A., for the Committee on Bioethical Issues of the Medical Society of the State of New York. (2000). Reporting by Physicians of Impaired Drivers and Potentially Impaired Drivers. Journal of General Internal Medicine, 15(9), 667672. https://dx.doi.org/10.1046%2Fj.1525-1497.2000.04309.x.
24. Avraham, R., & Meyer, J. (2016). The Optimal Scope of Physicians' Duty to Protect Patients' Privacy, 100 Minn. L. Rev. Headnotes 30.
25. Lambert, K., & Wetheimer, M. (2018). What Is My Duty to Warn? American Psychiatric Association. Retrieved from https://psychnews. psychiatryonline.org/doi/full/10.1176/appi.pn.2016.1b1.
26. Richman, D. (2016). Dealing with Patients Who Have Compromised Driving Ability. Retrieved from

www.nyacp.org/files/District%20 Meetings/Compromised%20Driving%20Ability_final.pdf.

27. Justice, J. (1997). Patient confidentiality and pharmacy practice. Consultant Pharmacist, 12(11).
28. Erickson, J., & Millar, S. (2005, May 31). Caring for Patients While Respecting Their Privacy: Renewing Our Commitment. The Online Journal of Issues in Nursing, 10(2). Manuscript 1. Retrieved from www. nursingworld.org/MainMenuCategories/ANAMarketplace/ ANAPeriodicals/OJIN/T ableofContents/ Volume102005/No2May05/ tpc27_116017.html.
29. T asman, A., Kay, J., Lieberman, J. A., & Fletcher, J. (1997). Psychiatry, 1st ed. p. 1808. Philadelphia: W. B. Saunders Company. See also Quality Standards and Practice Principles for Senior Care Pharmacists Quality Standard 3, Section 8.
30. Shawn, C., Marshall, M., & Gilbert, N. (1999). Saskatchewan physicians' attitudes and knowledge regarding assessment of medical fitness to drive. Canadian Medical Association Journal, 160(12), 1701-1704.
31. Meuser, T. M., Carr, D. B., Ulfarsson, G. F., Berge-Weger, M., Niewoehner, P., Kim, J. K., & Osberg, S. (2008). Medical Fitness to Drive and a Voluntary Reporting Law. Washington, DC: AAA Foundation for Traffic Safety. Retrieved from https://aaafoundation. org/wp-content/uploads/2018/02/ MedicalFitnesstoDriveReport.pdf.
32. West, K., Bledsoe, L., Jenkins, J., & Nora, L. M. (2001-2002). The Mandatory Reporting of Adult Victims of Violence: Perspectives from the Field. 90 Kentucky Law Journal, 1071.
33. Older Californian Traffic Safety T ask Force, Health Services Workgroup and Policy and Legislation Workgroup, p.2. (The six states are California, Delaware, Nevada, New Jersey, Oregon, and Pennsylvania.)
34. Lococo, K. (2003). Summary of Medical Advisory Board Practices in the United States. (T ask Report Prepared Under NHTSA Contract No. DTNH22-02-P-05111). Quakertown, PA: TransAnalytics LLC.
35. Uniform Guidelines for State Highway Safety Programs. Highway Safety Program Guideline No. 13. Older Driver Safety. (2014). Washington, D.C.: National Highway Traffic Safety Administration. Retrieved from https://www.nhtsa.gov/nhtsa/whatsup/tea21/ tea21programs/pages/812007D-HSPG13-OlderDriverSafety.pdf.
36. AAA Foundation for Traffic Safety. (2016). Driver License Policies and Practices. Retrieved from http:// lpp.seniordrivers.org/index. cfm?selection=reportingdrs1.
37. What is the origin of the phrase "Hobson's Choice?"https:// www.theguardian.com/notesandqueries/ query/0,5753,-23563,00.html.
38. Carr, D. (2000). The older adult driver. American Family Physician, 61(1), 141-148. Retrieved from https://www.aafp.org/afp/2000/0101/ p141.html.
39. National Highway Traffic Safety Administration. (n.d.) Driving Safely While Aging Gracefully. Washington, DC: Author. Retrieved from https://one.nhtsa.gov/people/injury/olddrive/driving%20 safely%20 aging%20web/index.html.
40. Getting Around: Other Ways to Get Around. Washington, DC: AAA Foundation for Traffic Safety. (2018).

Retrieved from https:// seniordriving.aaa.com/maintain-mobility-independence/other-waysget-around/.

41. Sterns, L., Aizenberg, R., & Anapole, R. (2001, August). Family and Friends Who are Concerned About an Older Driver Need Resources (Report No. DOT HS 809 307). Washington, DC: National Highway Traffic Safety Administration. Retrieved from https://icsw.nhtsa.gov/ people/outreach/traftech/TT257.htm.
42. American Association for Thoracic Surgery. (2008). Code of Ethics. Retrieved from http://aats.org/ aatsimis/AATS/Association/By-Laws_ and_Policies/Code_of_Ethics/CODE_OF_ETHICS.aspx.
43. Messinger-Rapport, B., & Rader, E. (2000). High risk on the highway: how to identify and treat the impaired older driver. Geriatrics, 55(10), 32-45.
44. Capen, K. (1994). New court ruling on fitness-to-drive issues will likely carry "considerable weight" across country. Canadian Medical Association Journal, 151(5), 667. Retrieved from https://www.ncbi. nlm. nih.gov/pmc/articles/PMC1337209/pdf/cmaj00053-0173.pdf.
45. Tripodis, V. L. (1997). Licensing policies for older drivers: balancing public safety with individual mobility. Boston College Law Review, 38 B. C. L. Rev. 1051. Retrieved from http://lawdigitalcommons. bc.edu/cgi/viewcontent.cgi?article=2083&context=bclr.

第8章　美国各州许可和报告法

关键点：

- 每个州都有自己的许可和许可续期标准。
- 许可和许可续期信息可能会更改，应检查特定州的法规，以了解法律或要求的最新变化。

每个州都有自己的私家车驾驶证和牌照续期标准。此外，某些州还要求医疗保健专业人员向驾驶人驾驶证颁发机构报告不安全的驾驶人或患有特定疾病的驾驶人。州法律对老年驾驶人的限制因驾驶人年龄要求、续签周期的长短、视力要求、驾照限制、医疗保健专业人员的强制性报告水平、民事豁免、匿名保护以及医疗咨询委员会的评估程序而异。驾驶限制在减少涉及老年人的交通事故或死亡人数方面的效果，在各州之间也存在差别。

下面列出了各州许可机构的联系信息，以及用于查询许可证续期标准、报告程序和医疗咨询委员会信息的其他资源。这些材料旨在指导医疗保健专业人员理解他们的法律责任和管理患者的驾驶安全。资源所提供的信息不应被理解为法律建议，也不应被用于解决法律问题。如果需要法律建议，应咨询执业律师（在相关州）。

关于州驾驶许可证更换周期、视觉要求和办事程序的数据库可以在以下机构的网址找到：

- 公路安全保险协会（Insurance Institute for Highway Safety，IIHS），网址略。
- 保险信息研究所（Insurance Information Institute，III），网址略。

网站提供的信息可能会发生变化，使用者应检查特定州的法律法规，以了解法律或要求的最新变化。这在制定临床政策或决定个人报告方法时尤为重要。建议法律顾问就该领域的决策提供建议。

州许可机构（截至 2019 年 4 月）

阿拉巴马州（Alabama）

阿拉巴马执法机构公共安全部（Alabama Law Enforcement Agency Department of Public Safety）

邮政信箱/地址/电话/网址：略

阿拉斯加州（Alaska）

阿拉斯加行政部机动车辆处（Alaska Department of Administration Division of Motor Vehicles）

邮政信箱/地址/电话/网址：略

亚利桑那州（Arizona）

亚利桑那州交通部机动车辆司（Arizona Department of Transportation Motor Vehicle Division）

邮政信箱/地址/电话/网址：略

阿肯色州（Arkansas）

阿肯色州财政和行政管理部（Arkansas Department of Finance and Administration）

阿肯色州驾驶人控制中心（Arkansas Driver Control）

邮政信箱/地址/电话/网址：略

加利福尼亚州（California）

加利福尼亚州机动车辆管理局牌照运营处（California Department of Motor Vehicles Licensing Operations Division）

邮政信箱/地址/电话/网址：略

科罗拉多州（Colorado）

科罗拉多州机动车税务局（Colorado Department of Revenue Division of Motor Vehicles）

邮政信箱/地址/电话/网址：略

康涅狄格州（Connecticut）

康涅狄格州机动车管理局（Connecticut Department of Motor Vehicles），

邮政信箱/地址/电话/网址：略

特拉华州（Delaware）

特拉华州机动车管理局（Delaware Division of Motor Vehicles）

驾照管理医疗组（Driver License Administration Medical Section）

邮政信箱/地址/电话/网址：略

哥伦比亚特区（District of Columbia）

哥伦比亚特区机动车辆管理局（District of Columbia Department of Motor Vehicles）

医疗审查办公室（Medical Review Office）

邮政信箱/地址/电话/网址：略

佛罗里达州（Florida）

佛罗里达高速公路安全和机动车辆（Florida Highway Safety and Motor Vehicles）

医疗审查办公室（Medical Review Office）

邮政信箱/地址/电话/网址：略

佐治亚州（Georgia）

佐治亚州的驾驶人服务部（Georgia Department of Driver Services）

邮政信箱/地址/电话/网址：略

夏威夷州（Hawaii）

夏威夷州医疗咨询委员会（Hawaii's Medical Advisory Board）

邮政信箱/地址/电话/网址：略

爱达荷州（Idaho）

爱达荷州交通运输部机动车辆分部-驾驶人服务（Idaho Transportation Department Division of Motor Vehicles-Driver Services）

邮政信箱/地址/电话/网址：略

伊利诺伊州（Illinois）

伊利诺伊州国务卿办公室驾驶人服务部（Illinois Office of the Secretary of State Driver Services Department）

邮政信箱/地址/电话/网址：略

印第安纳州（Indiana）

印第安纳州机动车辆管理局（Indiana Bureau of Motor Vehicles）

邮政信箱/地址/电话/网址：略

艾奥瓦州（Iowa）

艾奥瓦州交通运输部机动车辆分部（Iowa Department of Transportation Motor Vehicles Division）

邮政信箱/地址/电话/网址：略

堪萨斯州（Kansas）

堪萨斯税务局车辆驾驶证部（Kansas Department of Revenue Division of Vehicles Driver's Licensing）

邮政信箱/地址/电话/网址：略

肯塔基州（Kentucky）

肯塔基州运输局车辆管理部（Kentucky Transportation Cabinet Department of Vehicle Regulation）

邮政信箱/地址/电话/网址：略

路易斯安那州（Louisiana）

路易斯安那州机动车辆办公室（Louisiana Office of Motor Vehicles）

邮政信箱/地址/电话/网址：略

缅因州（Maine）

缅因州机动车辆管理局（Maine Bureau of Motor Vehicles）

邮政信箱/地址/电话/网址：略

马里兰州（Maryland）

马里兰州机动车管理局（Maryland Motor Vehicle Administration）

邮政信箱/地址/电话/网址：略

马萨诸塞州（Massachusetts）

马萨诸塞州机动车辆登记处（Massachusetts Registry of Motor Vehicles）

医疗事务处（Medical Affairs Branch）

邮政信箱/地址/电话/网址：略

密歇根州（Michigan）

密歇根州州驾驶人评估和驾驶证上诉部门（Michigan Department of State Driver Assessment and License Appeal Unit）

邮政信箱/地址/电话/网址：略

明尼苏达州（Minnesota）

明尼苏达州公共安全部驾驶人和车辆服务部（Minnesota Department of Public Safety Driver and Vehicle Services）

邮政信箱/地址/电话/网址：略

密西西比州（Mississippi）

密西西比州公共安全部驾驶人改进部（Mississippi Department of Public Safety Driver Improvement）

邮政信箱/地址/电话/网址：略

密苏里州（Missour）

密苏里州驾照局（Missouri Driver License Bureau）

邮政信箱/地址/电话/网址：略

蒙大拿州（Montana）

蒙大拿州机动车辆部门（Motor Vehicle Division）

邮政信箱/地址/电话/网址：略

内布拉斯加州（Nebraska）

内布拉斯加州机动车辆部驾驶人驾驶证处（Nebraska Department of Motor Vehicles Driver Licensing Division）

邮政信箱/地址/电话/网址：略

内华达（Nevada）

内华达州机动车管理服务部和项目部（Nevada Department of Motor Vehicles Management Services and Programs Division）

邮政信箱/地址/电话/网址：略

新罕布什尔州（New Hampshire）

新罕布什尔州汽车安全部门（New Hampshire Department of Safety Division of Motor Vehicles）

邮政信箱/地址/电话/网址：略

新泽西州（New Jersey）

新泽西州机动车辆委员会（New Jersey Motor Vehicle Commission）

邮政信箱/地址/电话/网址：略

新墨西哥州（New Mexico）

驾驶人服务局机动车辆部（Drivers Services Bureau Motor Vehicle Division）

邮政信箱/地址/电话/网址：略

纽约州（New York）

纽约州机动车辆管理局（New York Department of Motor Vehicles）

医疗审查单位（Medical Review Unit）

邮政信箱/地址/电话/网址：略

北卡罗来纳州（North Carolina）

北卡罗来纳州机动车辆医疗评估和审查部门（North Carolina Division of Motor Vehicles Medical Evaluation & Review）

邮政信箱/地址/电话/网址：略

北达科他州（North Dakota）

北达科他州交通运输部驾驶证处（North Dakota Department of Transportation Drivers License Division）

邮政信箱/地址/电话/网址：略

俄亥俄州（Ohio）

俄亥俄州机动车辆管理局（Ohio Bureau of Motor Vehicles）

驾驶证特殊情况科/医疗单位（Driver License Special Case Section/Medical Unit）

邮政信箱/地址/电话/网址：略

俄克拉何马州（Oklahoma）

公共安全部驾驶人合规部-医疗服务台（Department of Public Safety Driver Compliance Division - Medical Desk）

邮政信箱/地址/电话/网址：略

俄勒冈州（Oregon）

俄勒冈州机动车辆部驾驶人安全小组（Oregon Department of Motor Vehicles Driver Safety Unit）

邮政信箱/地址/电话/网址：略

宾夕法尼亚州（Pennsylvania）

宾夕法尼亚州交通运输局驾驶证部门（Pennsylvania Department of Transportation Bureau of Driver Licensing）

驾驶人资料科（Driver Qualifications Section）

邮政信箱/地址/电话/网址：略

罗得岛州（Rhode Island）

罗得岛州机动车辆税务局（Rhode Island Department of Revenue Division of Motor Vehicles）

裁决办公室（Adjudication Office）

邮政信箱/地址/电话/网址：略

南卡罗来纳州（South Carolina）

南卡罗来纳州机动车辆管理局（South Carolina Department of Motor Vehicles）

邮政信箱/地址/电话/网址：略

南达科他州（South Dakota）

南达科他州公共安全部驾驶证部门（South Dakota Department of Public Safety Driver Licensing）

邮政信箱/地址/电话/网址：略

田纳西州（Tennessee）

田纳西州安全与国土安全部驾照部（Tennessee Department of Safety & Homeland Security Driver License Division）

邮政信箱/地址/电话/网址：略

得克萨斯州（Texas）

得克萨斯州公共安全部驾驶证司（Texas Department of Public Safety Driver License Division）

强制执行和合规服务（Enforcement and Compliance Service）

邮政信箱/地址/电话/网址：略

犹他州（Utah）

犹他州公共安全部驾照科（Utah Department of Public Safety Driver License Division）

邮政信箱/地址/电话/网址：略

佛蒙特州（Vermont）

佛蒙特州机动车辆管理局（Vermont Department of Motor Vehicles）

邮政信箱/地址/电话/网址：略

弗吉尼亚州（Virginia）

弗吉尼亚州机动车辆医疗审查服务部门（Virginia Department of Motor Vehicles Medical Review Services）

邮政信箱/地址/电话/网址：略

华盛顿州（Washington）

华盛顿州驾照记录部（Washington State Department of Licensing Driver Records）

邮政信箱/地址/电话/网址：略

西弗吉尼亚州（West Virginia）

西弗吉尼亚州交通运输部机动车辆部（West Virginia Department of Transportation Division of Motor Vehicles）

医疗审查单位（Medical Review Unit）

邮政信箱/地址/电话/网址：略

威斯康星州（Wisconsin）

威斯康星交通运输部（Wisconsin Department of Transportation）

医疗审查和健身单位（Medical Review & Fitness Unit）

邮政信箱/地址/电话/网址：略

怀俄明州（Wyoming）

怀俄明州交通运输部驾驶人服务项目（Wyoming Department of Transportation Driver Services Program）

驾驶人服务-驾驶人审查部门（Driver Services - Driver Review Section）

邮政信箱/地址/电话/网址：略

额外资源

汽车法律文摘（AAA/CAA Digest of Motor Laws）

网址：略

驾驶人驾驶证政策和实践（Driver Licensing Policies and Practices）

网址：略

公路安全保险协会（Insurance Institute for Highway Safety）

网址：略

保险信息研究所（Insurance Information Institute）

网址：略

第9章　可能影响驾驶安全的医疗健康状况、功能缺陷和药物

关键点：

- 许多医疗健康状况、功能缺陷或药物可能会潜在的损害驾驶能力。
- 处置潜在的医疗健康状况或功能缺陷，以改善病情/损伤或限制其发展。
- 如果功能缺陷是由可识别的药物引起的，如具有潜在驾驶损害（Potentially Driver Impairing，PDI）效应的药物，则尽可能移除有害药物或减少剂量。
- 告知老年人驾驶安全风险，考虑转诊进行驾驶表现评估，根据需要，建议其限制驾驶或终止驾驶，并且将讨论记录在老年人的健康记录中。

本章包含可能影响驾驶技能的医疗健康状况、功能缺陷和药物的参考表，以及相关的共识建议。只要有科学证据支持这些建议，都会包括在内。这些建议仅适用于私人机动车驾驶人，不适用于商业机动车驾驶人。虽然所列的许多医疗健康状况在老年人中更为普遍，但这些建议适用于所有存在健康障碍的驾驶人，无论年龄大小。

本章所选择的医疗健康状况，是因为它们与临床实践的相关性或因为有循证文献表明它们与驾驶人的驾驶障碍有关。感兴趣的临床医生可参考提供个体状况或缺陷详细信息的综述，以及来自其他国家的指南，包括澳大利亚，加拿大，爱尔兰和英国。[1-8]

尽管这些建议尽可能以科学证据为基础，但它们的使用尚未被证明能降低驾驶人交通事故风险*。然而，越来越多的证据表明，对某些医疗健康状况（如治疗阻塞性睡眠呼吸暂停、进行白内障手术、停用苯二氮卓类药物）和功能缺陷（如提高信息处理速度、身体能力）进行干预，结合课堂和道路训练，可能会降低交通事故风险，提高或保持驾驶能力。因此，提供这些建议是作为一种手段，帮助人们提高对哪些驾驶人可能面临更高的风险的认识，建议可用于干预的选择，并指导驾驶人决策的过程。当缺少证据或证据不可用时，这些建议是基于共识的建议和最佳的临床判断。它们并不是想要替代临床医生个人的判断。

*注：尽管有科学证据表明某些疾病和功能损伤程度与交通事故风险有关，但需要更多的研究来证明根据医疗健康状况和功能损伤程度来确定的驾驶限制可以降低交通事故风险。

如何使用本章

临床医生可查阅本章，了解可能影响驾驶安全的特定医疗健康状况、功能缺陷（如视觉、认

知或运动功能缺陷）或药物的问题。如果老年人出现本章描述的任何问题，临床医生可根据本章中的建议对老年人驾驶安全进行进一步评估和干预。

一般性建议

- 处置潜在的医疗健康状况或功能缺陷，以改善病情/损伤或限制其发展。
- 如果功能缺陷是由可识别的药物引起的，如具有潜在驾驶损害（PID）效应的药物，则尽可能移除有害药物或减少剂量。
- 如果功能缺陷可以通过补偿或改进（如使用手动控制、左脚油门）来解决，请参考综合驾驶评估。
- 告知老年人驾驶安全风险，考虑转诊进行驾驶表现评估，根据需要，建议其限制驾驶或终止驾驶，并且将讨论记录在老年人的健康记录中。
- 对于急性或偶发性疾病（如癫痫或伴有低血糖的糖尿病），除了遵循特定的州法规外，推荐参考临床判断和相关专业医生诊断。

如果老年人需要进一步评估，或功能缺陷无法通过医学纠正，应咨询驾驶员康复专家并进行驾驶评估（包括道路评估）。驾驶康复专家可指定自适应设备和如何使用设备的培训（请参阅第5章）。

如果临床医生报告老年人的症状（如视力变化、晕厥或晕厥前兆、眩晕等）是不可逆的，同时没有安全的补偿技术/设备，不符合安全驾驶的要求，临床医生应建议他们不要驾驶。如果这些症状在经过广泛的医学评估和治疗后仍然存在，应强烈敦促这些人寻求替代交通出行方式，包括乘坐出租车、搭乘家人和朋友的车以及接受医疗交通服务。

在医院和急诊科，无论何时，老年人的驾驶问题应在出院前进行常规处理，特别是在老年人出现新的功能缺陷或开新药处方时。即使是对于那些已有症状或治疗明显妨碍驾驶的老年人来说，也不应认为他们已经知道自己不应该再驾驶。临床医生应就驾驶问题向老年人提供咨询服务，讨论未来的计划（如症状消除后恢复驾驶、症状稳定后进行驾驶康复、恢复驾驶前由主要临床医生或相关专家进行重新评估），并将讨论的内容记录在健康记录中。

老年人的驾驶目的很广泛，可以从负责带孙子孙女去日托所到驾驶汽车去度假（如在一个区域内开车的销售人员）。这种差异可能会影响评估的干预措施或建议程度。如，经常在陌生道路上长途驾驶的老年人与在熟悉的短途驾驶的老年人相比，可能会实施更多驾驶限制或基于驾驶表现的道路测试。

可能影响驾驶安全的医疗健康状况、功能缺陷和药物参考表

以下各节将介绍各种医疗健康状况或功能缺陷（附相应表格）。使用具有潜在驾驶损害效应的药物治疗的情况列在讨论的末尾，并交叉参考第13部分（药物治疗）了解更多信息。

第1部分：视觉和听觉损失

第2部分：心血管疾病
第3部分：脑血管疾病
第4部分：神经疾病
第5部分：精神疾病
第6部分：代谢疾病
第7部分：肌肉骨骼疾病
第8部分：外围血管疾病
第9部分：肾脏疾病
第10部分：呼吸和睡眠障碍
第11部分：麻醉和手术的影响
第12部分：癌症
第13部分：药物治疗

第1部分：视觉和听觉损失

视觉（相对与听觉和本体感觉）是驾驶中使用的主要感觉，负责95%与驾驶相关的感觉输入。[9] 与年龄和疾病相关的眼睛变化和大脑变化可能会影响视力、视野、夜视、对比敏感度和视觉的其他方面。外部视野障碍（如眼睑下垂）不应被忽视，因为它可能会显著限制视野。有关眼病的文献表明，驾驶障碍可能是由对比敏感度[10]、视野[11] 或视觉处理速度的损害造成的。

只要有可能，视觉缺陷就应该得到控制和纠正。对常见眼病（如与年龄相关的黄斑变性[12]、青光眼[13] 和白内障[14]）的干预措施有可能改善视觉功能或稳定病情，在某些情况下，这些干预措施可降低交通事故风险。[15] 患有持续性视觉缺陷的老年人可通过限制在低风险区域和特定条件下驾驶（如熟悉的环境、低速区域、非交通高峰时间、白天和良好的天气条件）来降低视觉缺陷对行车安全的影响。这一点已经应用在某些眼病的处置中，如青光眼[16]。尽管要求各不相同，在44个州已经允许驾驶人使用“活检”望远镜驾驶。[17] 活检望远镜是一种安装在人的眼镜上的小型望远镜，用来提高一些视障人士的远视能力，有些驾驶人可能会考虑使用这种方法。以下建议取决于各州的许可要求。有关查找当前各州法律的互联网列表的资源，请参阅第8章。

感觉剥夺（表9.1）

1. 视力
   a. 白内障；
   b. 视网膜病变（糖尿病或高血压）；
   c. 圆锥角膜；
   d. 黄斑变性；

e. 眼球震颤；

f. 望远镜片。

2. 视野

a. 青光眼；

b. 偏盲/象限性偏盲；

c. 单眼视野；

d. 眼睑下垂；

e. 视网膜色素变性。

3. 对比敏感度

4. 色觉不完全

5. 感光不良和眩光视觉恢复

6. 复视

7. 听觉损失

感觉剥夺　　表9.1

视力	许多州要求驾驶人视力达到20/40才能获得许可。政府敦促州驾照机构根据最新数据酌情提出他们的视力要求。建议向眼科医生转诊，以优化屈光度，因为常见原因（如患有白内障，黄斑变性，青光眼）造成的老年人视力障碍可以通过治疗改善或稳定。 视力可根据个人喜好，睁开双眼或睁开最好的一只眼睛进行测量。老年人应佩戴平时开车时佩戴的矫正眼镜测量。 远视视力下降的老年人可能会通过将驾驶限制在低风险区域和特定条件（如熟悉的环境、非高峰交通时间、低速区域、白天和良好的天气条件）来降低视力对驾驶安全的影响。 对于最佳矫正远视力小于20/70的老年人，临床医生应建议由驾驶康复专家（在老年人允许和可以获得的情况下）对老年人在实际驾驶中的表现进行道路评估。 对于最佳矫正远视力低于20/100的老年人，临床医生应建议终止驾驶，除非驾驶康复专家（在老年人允许和可以获得的情况下）进行的道路评估结果能够证明老年人具有安全驾驶能力。另请参阅下面的望远镜片
白内障	无论是否进行白内障摘除手术，只要符合视力和视野标准，驾驶不受限制。 需要驾驶时增加照明或有眩光恢复困难经历的老年人应避免在夜间和弱光条件下驾驶，如恶劣天气
视网膜病变（糖尿病或高血压）	如果符合视力和视野标准者，驾驶不受限制。 建议糖尿病患者每年进行一次眼部检查
圆锥角膜	患有严重圆锥角膜，但可使用硬性角膜塑形镜矫正的人，只有在佩戴好眼镜时才能驾驶。如果不能忍受镜片，患有严重圆锥角膜的人即使达到视力标准也不应该开车，因为他们的视力在中央凹以外的地方会急剧下降，使他们的周边视力变得失效

续表

黄斑变性	如果满足视力和视野标准，则驾驶不受限制。 有眩光恢复困难经历的老年人应避免夜间驾驶。如果是湿性黄斑变性（又称为渗出性的黄斑变性或新生血管性的黄斑变性），由于视力下降比较快，老年人可能需要频繁地评估
眼球震颤	如果满足视力和视野标准，则驾驶不受限制
望远镜片	“活检”望远镜是安装在眼镜镜片上的光学望远镜。在正常使用时，佩戴者可以通过普通镜片观察环境。 当需要额外的放大倍数时，头部稍微向下倾斜，就可以会使感兴趣的物体进入望远镜的范围[18]
	建议老年人使用望远镜片的专家，应确保老年人接受使用望远镜镜片的适当培训。 目前还没有确定使用望远镜片是否能够提高低视力驾驶人的驾驶安全性。美国眼科学会的政策声明《驾驶的视觉要求》（2001年10月由理事会批准）规定： “超过一半的州允许驾驶人使用安装在眼镜上的“活检”望远镜，通过望远镜可以看到交通信号灯和高速公路交通标志。美国估计有2500名使用“活检”望远镜的驾驶人，他们是否使用望远镜驾驶，哪一种方式更安全，目前还没有得到证实。老年人使用“活检”望远镜安全驾驶的能力应该在所有的道路测试中得到证明。” 只有在那些允许在驾驶中使用“活检”望远镜的州，才可以进行道路测试
视野	虽然人们认为足够的视野对安全驾驶很重要，但没有确凿的证据能够被来定义“足够”的含义，也没有关于如何测试视野的一致标准。视野要求因州而异，许多州要求水平面视野为100°或以上，其他州要求较低或根本没有要求。[18] 如果初级保健临床医生有任何理由怀疑老年人存在视野缺损（如通过个人报告、病史记录或对抗测试），他都应该将老年人转介给眼科医生或验光师进行进一步评估。初级保健临床医生和专家都应该了解并遵守所在州的视野要求（如果有的话）。 若双眼视野处于或接近州的最低要求，或在临床判断下有问题，建议由驾驶康复专家进行综合驾驶评估（包括道路评估）。通过驾驶康复，老年人可以学习如何补偿减少的视野，尽管不是偏侧忽略。 此外，驾驶康复专家可根据需要规定放大侧视镜和后视镜，并对老年人进行使用培训
青光眼	如果满足视敏度和视野标准，驾驶不受限制。 建议眼科医生继续随访，并监测视野和眼压
偏盲/象限性偏盲	临床医生可以选择将老年人转到驾驶康复专家进行评估和康复。 无论是否进行康复治疗，老年人只有在驾驶康复专家进行的道路评估中显示出安全驾驶能力时，才可以继续驾驶
单眼视野	单眼视野的老年人可能需要时间来适应深度知觉的缺乏和全视野的缩小。调整需要的时间因人而异，但建议暂停驾驶几周时间是合理的。 调整之后，如果满足视力和视野标准，则驾驶没有限制。当再次开始驾驶后，应该建议他们在进入交通繁忙的区域之前，通过在熟悉的、没有车辆的区域驾驶来评估他们的舒适度。同样，鼓励使用更大的镜子，并由驾驶康复专家进行评估和培训

续表

上睑下垂或眼睑冗余，眼睑痉挛	患有固定上睑下垂或眼睑冗余的人可以不受限制地驾驶，如果他们的眼睑不会模糊任何一只眼睛的视轴，并且他们能够在不将头保持在极端位置的情况下达到视力和视野的标准。眼睑痉挛的情况需要进行控制，以便不会干扰视力
视网膜色素变性	如果满足视敏度和视野标准，驾驶没有限制。 需要增加照明或难以适应光线变化的老年人不应在夜间或弱光条件下驾驶，如暴风雨期间
对比灵敏度	对比敏感度是衡量个体感知不同对比和空间频率的视觉刺激的能力。对比敏感度有随年龄增长而下降，因此老年人的对比敏感度缺陷比他们年轻时大得多。 在老年驾驶人中，双眼对比敏感度测量已被发现是白内障患者发生车辆碰撞事故风险的有效预测因素。[19] 然而，目前没有对比敏感度和安全驾驶的标准分界点，也没有在眼科检查中进行常规测量。 如果老年人的对比敏感度较差，可以让他们了解所需的驾驶条件，避免在光线条件较差的情况下驾驶（如在黎明、黄昏或起雾情况下）
色觉不完全	如果满足视力和视野标准，驾驶没有限制。 色觉不完全很常见（尤其是在男性中），通常很轻微。 色觉不完全和车辆碰撞事故率之间似乎没有相关性。[20] 一些州要求潜在的驾驶人接受色觉筛查，其中许多州只要求对商业车辆驾驶人进行筛查。[18] 尽管有报道称，有色觉障碍的驾驶人在驾驶时色觉辨别存在困难（难以辨别交通信号灯的颜色、将交通信号灯与街灯混淆，以及难以检测刹车灯），但不太可能代表色觉障碍就是一个重大的驾驶危险。[2] 交通信号灯位置的标准化允许有色盲的驾驶人根据位置正确理解交通信号含义。临床医生需要提醒老年人，在信号灯不太常用的水平放置方式中，交通信号灯从左到右的信号顺序是红色、黄色、绿色
感光不良	如果老年人报告夜间能见度低，临床医生应建议进行眼科或验光评估。如果评估没有显示出老年人夜间视力不佳的可治疗原因，临床医生应建议老年人不要在夜间或其他弱光条件下驾驶，如在暴风雨或黄昏时
复视	视力中心部位（上下20°，左右固定）复视者不应驾驶。未矫正的复视者应转介眼科医生或验光师作进一步评估，以确定是否可以用棱镜或贴片矫正缺陷，从而符合驾驶标准。应该有3个月的调整期，在此之后可请专家鉴定是否进行了充分的调整[6]
听觉损失	没有限制。 关于驾驶人听觉损失与发生车辆碰撞事故风险之间关系的研究相对较少。在既有的研究中，没有发现二者之间存在显著相关性。[2] 然而，一项研究表明，听觉和视觉共同存在缺陷可能会增加发生车辆碰撞事故的风险[21]

第2部分：心血管疾病

1. 不稳定型冠状动脉综合征（不稳定型心绞痛或心肌梗死）
2. 心律异常可能导致突然的、不可预测的意识丧失
   a. 心房扑动/心房颤动伴有心动过缓或快速心室反应；
   b. 阵发性室上性心动过速，包括典型预激综合征（Wolff Parkinson White，WPW）；

c. 长时间的，非持续性室性心动过速；

d. 持续性室性心动过速；

e. 心脏骤停；

f. 高级别房室传导阻滞；

g. 病态窦房结综合征/窦性心动过缓/窦出口传导阻滞/窦性停搏。

3. 由结构或功能异常引起的心脏病

a. 充血性心力衰竭伴低输出综合征；

b. 肥厚型梗阻性心肌病；

c. 瓣膜疾病（尤其是主动脉瓣狭窄）。

4. 限时限制：心脏手术

a. 经皮冠状动脉腔内成形术（PTCA）；

b. 起搏器植入或更新；

c. 涉及正中胸骨切开术的心脏外科手术；

d. 冠状动脉旁路搭桥术；

e. 瓣膜修复或置换；

f. 心脏移植。

5. 植入型心脏复律除颤器（ICD）

虽然能够反映交通事故风险与心血管疾病之间存在确切关系的数据仍不清楚，但一项研究注意到，患有心脏病的老年人总的交通事故风险和故障风险略有增加。[22] 对于已知患有心脏病的老年人，临床医生应进行强烈且反复的警告，嘱咐老年人在出现任何可能表明心脏状况不稳定的症状时，包括长期胸部不适、急性气短、晕厥、晕厥前兆、心悸、头晕等，应立即寻求帮助。在任何情况下，老年人都不应该在出现这些症状时开车，即使是为了寻求帮助。

心血管疾病 表9.2

不稳定型冠状动脉综合征（不稳定型心绞痛或心肌梗死）	如果老年人在休息或驾驶时出现症状，则不应驾驶。 根据心脏病专家的确定，在接受了基础冠状动脉疾病治疗后，当老年人病情稳定且无症状1~4周后，可能会恢复驾驶。驾驶通常可在经皮冠状动脉腔内成形术成功后1周内和冠状动脉搭桥术（Coronary Artery Bypass Graft，CABG）后4周内恢复。[23] 另请参阅下面关于CABG的建议（本节4.c）[23]
心律异常可能导致突然的、不可预测的意识丧失	在确定患有心脏病的老年人是否适合驾驶时，一个主要的考虑因素是由于缓慢或快速的心律异常而导致的晕厥前或晕厥的风险。[24] 对于已知患有心律失常的老年人，如果可能，临床医生应尽可能确定心律失常的潜在原因并进行治疗，建议老年人暂停驾驶，直到症状得到控制
心房扑动/心房颤动伴有心动过缓或快速心室反应	一旦心率和症状得到控制，就不必再限制驾驶

续表

阵发性室上性心动过速，包括典型预激综合征	如果老年人在记录的发作期间没有症状，则没有限制。 有症状性心动过速病史的老年人在接受抗心律失常治疗6个月后可恢复驾驶。如果症状没有复发，接受射频消融术的患者可以在6个月后恢复驾驶，若在重复电生理测试中没有预激或心律失常，则可更快恢复驾驶
长时间的，非持续性室性心动过速	如果老年人在记录的发作期间没有症状，则没有限制。 如果有症状的室性心动过速患者在有创电生理测试的指导下进行抗心律失常治疗（有或没有ICD），并且在重复电生理测试时室性心动过速是不可诱发的，他们可以在3个月后恢复驾驶。如果他们接受经验性抗心律失常治疗（有或没有ICD），或仅接受ICD治疗而没有额外的抗心律失常治疗，并且此后再无心律失常事件，他们可以在6个月后恢复驾驶[25]
持续性室性心动过速	老年人如果在有创电生理测试的指导下进行抗心律失常治疗（有或没有ICD），并且在重复电生理测试时室性心动过速是不可诱发的，他们可以在3个月后恢复驾驶。 如果老年人正在接受经验性抗心律失常治疗（有或没有ICD），或仅接受ICD治疗而没有额外的抗心律失常治疗，并且此后再无心律失常事件，则他们可以在6个月后恢复驾驶。[25] 不建议进行长途或持续高速驾驶。并且患有心动过速的老年人应避免使用巡航控制系统[25]
心脏骤停后	请参阅持续性室性心动过速的建议（上面）。 对于在心脏骤停的情况下有癫痫发作经历的个体，请参阅本章第4部分神经疾病中关于癫痫发作的建议。 如果在老年人身体恢复后，临床上显著的认知变化持续存在，则建议在允许老年人恢复驾驶前进行认知测试。此外，由驾驶康复专家进行的道路测试可能有助于评估老年人的驾驶健康状况
高级别房室传导阻滞	对于起搏器植入治疗的症状性阻滞，请参阅本节中的起搏器建议。 对于在没有起搏器的情况下纠正的症状性阻滞（如通过停用导致阻滞的药物），老年人可以在无症状4周后恢复驾驶，心电图记录显示阻滞消失
病态窦房结综合征/窦性心动过缓/窦出口传导阻滞/窦性停搏	如果老年人没有症状，没有驾驶限制。建议定期进行医疗复查，以监测病情进展。 对于通过起搏器植入治疗的症状性疾病，请参阅本节中的起搏器建议。 临床医生应警惕慢性脑缺血可能导致的认知障碍。临床医生可能会将具有临床显著认知变化的老年人转介到驾驶康复专家进行驾驶人安全性评估，包括道路评估
由结构或功能异常引起的心脏病	在确定心脏结构或功能异常的老年人是否适合驾驶时，主要考虑的是由低心排血量引起的晕厥前兆或晕厥的风险，以及由慢性脑缺血引起的认知障碍。 老年人如果在休息或开车时出现晕厥前兆、晕厥、极度疲劳或呼吸困难，应停止驾驶。 对于那些有可能损害驾驶能力的认知障碍史的老年人，建议进行认知测试。临床医生可能会将具有临床显著认知变化的老年人转介到驾驶康复专家进行驾驶人安全性评估，包括道路评估[1]

续表

充血性心力衰竭伴低输出综合征	如果老年人在休息或开车时出现症状，则不应驾驶。 临床医生应根据临床病程和症状控制情况，根据需要每6个月至2年对老年人驾驶健康状况进行重新评估。患有功能性三级充血性心力衰竭［活动明显受限，但休息时无症状，工作能力为2~4代谢当量（Metabolice Quivalents，METS）］的老年人应至少每6个月进行一次重新评估
肥厚型梗阻性心肌病	经历晕厥或晕厥前兆症状的老年人在治疗成功前不应驾驶
瓣膜疾病（尤其是主动脉瓣狭窄）	经历晕厥、晕厥前兆或不稳定型心绞痛的老年人在基础疾病在治疗好之前不应驾驶
限时限制：心脏手术	以下心脏手术的驾驶限制是基于老年人从手术本身和手术所针对的潜在疾病中恢复的过程
经皮冠状动脉腔内成形术（PTCA）	老年人可以在成功的PTCA或支架植入手术后48小时至1周内恢复驾驶，这取决于他们的基线状况、手术恢复过程以及潜在的冠心病[25,26]
起搏器植入或更新	如果不再出现晕厥前兆或晕厥，老年人可在起搏器植入1周后恢复驾驶： （1）心电图显示正常的感知和捕获。 （2）起搏器在制造商的规格范围内运行[26]
涉及正中胸骨切开术的心脏外科手术	根据心脏症状的缓解和个人的恢复过程，通常在冠状动脉搭桥术或瓣膜置换术后4周，以及心脏移植后8周内恢复驾驶。在手术期间或手术后没有并发症的情况下，驾驶的主要限制是正中胸骨切开术后胸骨破裂的风险。 如果在老年人身体恢复后认知变化持续存在，建议在允许恢复驾驶前进行认知测试。此外，由驾驶康复专家进行道路测试可能有助于评估老年人的驾驶健康状况
植入型心脏复律除颤器（ICD）	请参阅非持续性和持续性室性心动过速的建议（本节中为2.c和2.d）。如果该装置用于初级预防，而不是二级预防，如果老年人随后出现症状，驾驶可在1周内恢复[27]

第3部分：脑血管疾病

1. 颅内手术后
2. 中风
3. 短暂性脑缺血发作
4. 蛛网膜下腔出血
5. 血管畸形
6. 晕厥

中风和其他对脑血管系统的损伤可导致多种症状，包括感觉缺陷（如麻木或失去感觉）、运动缺陷（如虚弱）和认知障碍（如记忆、偏侧注意力不集中）。这些症状从轻微到严重不等，有些可以立即缓解，有些则会持续数年。由于每个人都受到不同的影响，临床医生在提出驾驶建议时，必须考虑到每个老年人的综合症状、症状的严重程度、恢复过程和基线功能。研究表明，大量居住在社区的中风老年人在继续驾驶。[28] 然而，大多数中风老年人可能没有接受任何形式的正式驾驶评估，而只是简单地恢复驾驶。[29]，同向视野缺损如果存在且缺损越大，则老年人失去驾照的可能性越大。不幸的是，许多人可能并没有意识到这种缺陷。[30]

在老年人离开医院或康复中心之前应讨论驾驶问题，并将讨论情况记录在健康记录中。

有残留神经功能缺陷的老年人如果希望恢复驾驶，应尽可能转诊到驾驶康复专家。虽然评估的时间范围取决于缺陷的严重程度和范围，但许多认知和运动缺陷的评估时间是3~6个月。一旦老年人的症状稳定下来，驾驶康复专家应通过综合驾驶评估来评估老年人是否适合驾驶，包括临床评估和道路表现评估。评估后，驾驶康复专家可推荐补偿技术或自适应装置（如宽后视镜、方向盘旋转旋钮、左脚油门），并提供使用培训。如果可能的话，即使是轻度缺陷的人也应该在恢复驾驶前接受驾驶人评估。研究表明，仅在医学基础上对中风后老年人的驾驶安全性做出确定可能是不够的。[31] 研究指出，老年人在道路测试中反应出的障碍与感知、视觉选择性注意、思维速度、工作记忆、执行功能与复杂的视觉感知/注意信息的测量有关。[32-34]

对于症状明显妨碍驾驶的老年人，不应假定他们知道自己不应该继续驾驶。在这种情况下，临床医生应该建议老年人终止驾驶，并在健康记录中记录讨论情况。中风恢复可能需要长达一年的时间，即使老年人可能无法在前3~6个月内开车，但他的功能可能会在1年后有所改善，有继续开车的可能。[35-37]

脑血管疾病　　　　表9.3

颅内手术后	在疾病或手术症状稳定或消除之前，老年人不应开车。请参阅关于中风老年人的建议（本表中的“中风”）
中风	患有急性、严重运动、感觉或认知缺陷的老年人不应开车。根据残留症状的严重程度和恢复程度，这种限制可能是永久性的，也可能是暂时性的。 当患者从医院或康复中心出院时，临床医生可能会建议暂停驾驶，直到神经系统进一步恢复。一旦神经症状稳定，临床医生应该将有残余感觉丧失、认知障碍、视野缺损或运动缺陷的老年人转介到驾驶康复专家进行驾驶人评估和康复。驾驶康复专家可能会指定车辆自适应装置，并培训老年人使用这些装置。 应建议忽视或注意力不集中的老年人不要驾驶，直到症状缓解或通过驾驶康复专家评估证明其具有安全驾驶能力。所有中度至重度残余偏瘫的人应在恢复驾驶前接受驾驶人评估。即使老年人的症状改善到轻微或完全缓解的程度，仍应接受综合驾驶评估（如果可以获得），因为反应时间可能会继续受到影响，其他并发症情况可能会进一步增加驾驶风险。 表现出安全驾驶能力的失语症患者可能会因为笔试有困难而无法更新驾照。在这些情况下，临床医生应该敦促许可机构为老年人的语言缺陷做出合理的调整。驾驶康复专家可能能够确定该缺陷是否在本质上具有表达性，从而可能允许老年人通过书写（如交通标志）刺激物进行解释。然而，交通标志仍然可以根据颜色、形状和符号识别来解释。 有残余认知缺陷的老年人应按照第4部分关于痴呆症的描述进行评估和治疗。建议定期对这些人进行重新评估，因为有些人可能会随着时间的推移充分恢复，或在适当的干预下可以安全驾驶

续表

短暂性脑缺血发作	经历短暂性脑缺血发作或复发性短暂性脑缺血发作的老年人在接受医学评估和适当治疗之前不应开车
蛛网膜下腔出血	在症状稳定或解决之前，老年人不应开车。医疗评估后可恢复驾驶，如果临床医生认为有必要，由驾驶康复专家进行驾驶人评估，包括道路评估
血管畸形	如果发现脑动脉瘤或动静脉畸形，老年人在神经外科医生评估之前不应开车。如果出血风险小、栓塞治疗已成功完成或老年人没有其他驾驶医学禁忌症（如癫痫发作失控或严重的知觉或认知障碍），则可以恢复驾驶
晕厥	虽然晕厥的原因通常不确定，但神经心脏性晕厥（或神经介导性晕厥）、直立性和心律失常是最常见的原因。[38,39] 在对晕厥患者进行的病例对照研究中，神经介导的和心律失常是最常见的原因。开车时晕厥的人与没有晕厥的人的长期生存率和复发可能性相似。[40] 心脏性晕厥的原因见第2部分。 神经介导性晕厥的驾驶限制应基于当前症状的严重程度和预期的复发可能性。对于伴有警告和明显诱因的罕见晕厥患者，不需要限制驾驶。患有严重晕厥的老年人可以在心律失常得到充分控制或起搏器使用标准得到满足后恢复驾驶（见第2部分中的“4．限时限制：心脏手术”）。[41] 对于在药物治疗和起搏器植入后继续出现不可预测症状的老年人，建议终止驾驶

第4部分：神经疾病

1. 脑肿瘤
2. 闭合性颅脑受伤
3. 痴呆症
4. 偏头痛和其他复发性头痛综合征
5. 运动障碍
6. 多发性硬化
7. 截瘫和四肢瘫痪
8. 帕金森症
9. 周围神经病变
10. 癫痫症
    a. 单次无端发作
    b. 抗惊厥类药物治疗的停用或变更
11. 睡眠障碍
    a. 嗜眠病
    b. 睡眠呼吸暂停

12. 中风

13. 抽动秽语综合征（Tourette Syndrome，TS）

14. 眩晕

痴呆症值得特别强调，因为它对驾驶安全提出了重大挑战。随着疾病的发展，个人最终将失去安全驾驶的能力。此外，患有痴呆症的老年人通常对自己的缺陷缺乏洞察力，因此，即使在不安全的情况下，他们比有视觉或运动缺陷的驾驶人（他们倾向于自我限制驾驶以适应能力下降）更有可能驾驶。在这种情况下，家庭成员和其他护理人员有责任在必要时强制停止其驾驶，以保护患有痴呆症的老年驾驶人的安全。

关于这个主题的一些综述可能会引起临床医生的兴趣。[42-45] 对患有痴呆症的老年人进行的适应性驾驶研究表明，90%的人可能能够在疾病非常轻微的阶段（临床痴呆症评分为0.5）通过道路测试，而40%的人可能在轻度认知障碍（临床痴呆症评分为1.0）时不能通过道路测试。[46] 此外，大多数患有阿尔茨海默病的老年人在纵向跟踪时失败，最终无法通过随后的道路测试，这表明应强烈考虑患有痴呆症的老年人在6~12个月时进行重复测试。[47] 但是，至少在短期内，预期风险尚不确定。在一项纵向研究中，一些患有轻度痴呆症的驾驶人不仅通过了基于表现的道路测试，而且具有可接受的车辆碰撞风险前瞻性。[48]

最近的一项系统综述发现，少量文献对患有痴呆症的驾驶人发生车辆碰撞事故的风险的研究结果不一致。但都一致地表明，随着驾驶人认知障碍的增加，驾驶表现会更差。[49] 尽管办公室评估可能无法取代道路评估[50]，但随着相关认知和其他能力的证据越来越多，分类率可能会提高。[51-52] 此外，以本书早期版本为参考的痴呆症和驾驶课程已被证明可以改善处理老年痴呆症患者的卫生专业人员的知识、态度、信心和行为。[53]

尽管在驾驶变得不安全之前与老年人和护理人员讨论驾驶安全是最佳的，但痴呆症可能在疾病晚期才被发现和诊断。最初，护理人员和临床医生可能会认为老年人认知功能的下降是“正常”衰老过程的一部分。临床医生也可能对痴呆症筛查和诊断犹豫不决，因为他们认为这是徒劳的，而且无法改善老年人的状况或减缓疾病的进展。此外，临床医生可能会担心有效诊断痴呆症和教育老年人和护理人员所需的时间。[54] 然而，一些人能够通过胆碱酯酶抑制剂或N-甲基-D-天冬氨酸（NMDA）受体拮抗剂实现认知稳定性，至少在一段时间内是这样。此外，现在很早就可以诊断出老年人处于疾病的“萌芽期”。痴呆症的诊断本身不应排除驾驶，而应促使就满足交通需求和最终终止驾驶进行讨论。

临床医生不愿意筛查痴呆症是不幸的，因为早期诊断是促进老年人驾驶安全的第一步，并允许他们无论驾驶状况如何，都能保持外出活动。第二步是干预，包括减缓或稳定疾病进程的药物治疗，为老年人和护理人员最终停止驾驶做好准备，以及对老年人驾驶能力进行一系列评估。第三步，当评估显示驾驶可能对老年人构成重大安全风险时，终止驾驶是必要的，同时考虑允许老年人保持外出活动的其他交通出行方式选择。通过早期规划，老年人及其护理人员可以从驾驶状态到非驾驶状态实现更加无缝的过渡。

脑肿瘤	驾驶建议应基于肿瘤的类型、位置和生长速度、治疗类型、是否有癫痫发作以及是否存在认知或感知障碍。由于某些肿瘤具有渐进性，可能需要对个体的驾驶适宜性进行系列评估。 另请参阅本章第3部分中3.2关于中风的建议。 如果老年人经历癫痫发作，请参阅下面关于癫痫发作的建议（本表中的“癫痫症”）
闭合性颅脑损伤	老年人在症状、体征稳定或缓解之前，不应开车。 对于症状或体征缓解的个人，可在医学评估后恢复驾驶，如果临床医生认为有必要，可由驾驶康复专家进行综合驾驶评估（临床和道路驾驶）。 有残余神经或认知缺陷的老年人，应按照第3部分内容进行诊治。 如果老年人经历癫痫发作，请参阅下面关于癫痫发作的建议（本表中的“癫痫症”）
痴呆症	以下建议改编自加拿大痴呆症诊断与治疗共识会议（Canadian Consensus Conference on Dementia，CCCD）和阿尔茨海默病协会关于驾驶和痴呆症的政策声明（2011年9月批准）: ● 痴呆症的诊断本身并不能成为剥夺驾驶权力的充分理由。大量患有痴呆症的驾驶人在疾病的早期阶段是有能力驾驶的。[55] 因此，取消驾驶权力的决定性因素应该是个人的驾驶能力。当个人驾驶对自己或他人构成更高的风险时，必须剥夺驾驶权利。 ● 临床医生应考虑所有痴呆症患者的驾驶风险。应该鼓励临床医生尽早与这些老年人及其护理人员探讨和解决驾驶安全问题。在适当的时候，应该将老年人纳入关于当前或未来限制驾驶和终止驾驶的决策当中；对于决策能力受损的老年人，临床医生和护理人员必须从患者的最大利益出发做出决定。 ● 建议临床医生进行有针对性的医学评估，包括从家庭成员或护理人员处获知的任何新的缺陷驾驶行为的历史记录（如新的机动车辆碰撞、驾驶违规记录）和认知能力的评估，包括注意力、执行功能、信息处理速度、判断力、记忆和视觉空间能力。临床医生应意识到，患有渐进性痴呆症的老年人最初被认为是可以安全驾驶的，需要进行一系列评估，他们应熟悉所在州与痴呆症相关的法律和程序（如果有的话）（请参阅第8章了解州法律的资源）。 ● 如果担心患有痴呆症的老年人驾驶能力受损，并且该人希望继续驾驶，则应进行正式的驾驶技能评估。一种评估的类型是由驾驶康复专家进行的综合驾驶评估（临床和道路驾驶）。临床医生应鼓励患有渐进性痴呆症的老年人及其护理人员在临床过程的早期开始规划，通过探索其他交通出行方式选择，并制定如何保持外出和窜与活动的计划，最终终止驾驶
偏头痛和其他复发性头痛综合症	当出现神经系统症状（如视觉障碍或头晕）、因疼痛而分心以及正在服用任何PDI药物时，应告诫复发性严重头痛患者不要驾驶。急性发作前没有典型前兆的个体可能风险更高。 PDI药物：巴比妥类药物、麻醉药、麻醉性镇痛药（请参阅本章第13部分）
运动障碍（如帕金森症、运动障碍）	如果临床医生引起了干扰老年人驾驶任务的投诉，或者担心老年人的症状危及其驾驶安全，建议转诊至驾驶康复专家进行综合驾驶评估（临床和道路驾驶）
多发性硬化	驾驶建议应基于症状的类型和程度。临床医生应警惕可能是很轻微的缺陷（如肌肉无力、感觉丧失、疲劳、认知或感知缺陷、视神经炎症状），但很可能会损害驾驶性能。由驾驶康复专家执行的综合驾驶评估（临床和道路驾驶）可能有助于确定老年人安全驾驶的能力。此外，驾驶康复专家可以建议对车辆进行改进（如增加手动控制、助力转向），从而延长持续驾驶的时间，尽管症状仍存在。随着个人症状的演变或进展，可能需要重新进行系列评估

续表

截瘫和四肢瘫痪	如果老年人希望恢复驾驶或需要改装车辆以适应他们作为乘客的需求，转介给驾驶康复专家是必要的。驾驶康复专家可以推荐合适的车辆，指定车辆自适应装置（如低阻力动力转向和手控装置），并训练个人使用这些装置。此外，通过车辆改装和培训，驾驶康复专家可以帮助老年人获得进入车辆的能力，包括打开和关闭车门、转移到汽车座椅和独立轮椅存放。对于脊髓损伤，转诊应在过程的早期进行，以便护理人员有时间准备合适的车辆，因为并非所有的车辆都适合这种程度的损伤。[56] 在个人在适合的车辆中表现出安全驾驶能力之前，应该限制驾驶
帕金森症	患有帕金森症的老年人可能会因运动、视觉和认知功能障碍而面临更高的驾驶风险。[57]临床医生应该根据老年人的运动、视觉和认知症状的程度、对治疗的反应以及服用任何药物可能存在的不良反应和程度来提出驾驶建议（关于抗帕金森症药物的具体建议，请参阅本章第13部分）由于疾病的进展性，建议每6~12个月进行一次系列身体和认知评估。 如果临床医生担心痴呆症、视力缺陷或运动障碍可能会影响老年人的驾驶技能，由驾驶康复专家进行的综合驾驶评估（临床和道路驾驶）可能有助于确定个人的驾驶适宜性。在美国职业治疗协会/国家公路交通安全管理局（NHTSA）专家峰会（2012年3月）针对帕金森症，确认了以下的建议[58]： 1．患有帕金森症的驾驶人，如果在统一帕金森症评分量表（Unified Parkinson Disease Rating Scale，UPDRS）第3部分中得分较低，并且没有或只有少量风险因素（抗帕金森症药物，年龄大于75岁），则可能适合驾驶。符合此特征的个人和新诊断为帕金森症的个人建议： ● 由经过医学培训的驾驶康复专家进行基线综合驾驶评估。 ● 由于疾病的渐进性，个人还应： -考虑年度综合驾驶评估。 -开始为最终终止驾驶制定计划。 -寻求咨询，以制定使用替代交通出行方式选择的计划。 -开始与家人讨论终止驾驶的问题。 2．患有严重运动障碍和疾病程度严重，统一帕金森症评分量表第3部分得分较高，表现出多种风险因素（如信息处理速度降低、有效视野测试中的最高风险分数、控制连线测试B部分时间达到180秒或更长时间分数、对比敏感度受损以及快步走测试中的分数大于7秒）的患者，建议包括： ● 终止驾驶。 ● 按照管辖区的要求/允许向许可机构报告。 ● 通过咨询或支持服务解决个人和护理人员的交通出行选择。 3．正在进行研究，以便为中间群体（即轻度至中度运动障碍和表现出少数几个风险因素的个体）提供更好的指导方针。对此群体的建议包括： ● 强烈建议由经过医学培训的驾驶康复专家进行综合驾驶评估，以提供恢复驾驶的机会（如驾驶培训、补偿策略、适应性装置、驾驶限制/自我调节）。 ● 提供向终止驾驶过渡的策略（如开始关于终止驾驶的对话、护理人员参与终止驾驶、咨询和/或转介咨询）。 ● 制定终止驾驶的行动计划
周围神经病变	下肢感觉和本体感觉的缺陷对驾驶可能是极其危险的，因为驾驶人可能无法控制脚踏板。如果感觉和本体感觉的缺陷被确定，建议转诊到驾驶康复专家。驾驶康复专家可以指定车辆自适应装置（如用手控制代替脚踏板），并训练个人使用这些装置

续表

癫痫症	以下建议（仅在本节中）改编自美国神经病学学会（American Academy of Neurology，AAN）、美国癫痫学会（American Epilepsy Society，AES）和美国癫痫基金会（Epilepsy Foundation of America, EFA）于1992年3月制定并达成一致的“癫痫症驾驶人许可共识声明”（Consensus Statements on Driver Licensing in Epilepsy）。[59] 这些建议应受各州许可要求和报告法律的约束。 癫痫发作障碍患者应在3个月内无癫痫发作后方可驾驶。这一建议似乎与现有数据一致。[60] 这3个月的间隔可能会根据以下有利和不利的因素而延长或缩短。 *有利的因素：* ● 癫痫发作发生在医学指导的药物更换过程中。 ● 患者仅经历癫痫单纯型部分发作，不影响意识或运动控制。 ● 癫痫发作有持续和长期的前兆，给予足够的警告以终止驾驶。 ● 有一种确定的纯夜间癫痫发作模式。 ● 癫痫发作继发于急性代谢或中毒状态，不太可能复发。 ● 癫痫发作是由睡眠不足引起的，睡眠不足不太可能再次发生。 ● 癫痫发作与可逆的急性疾病有关。 *不利的因素：* ● 不遵守药物治疗或就医并且缺乏可信度。 ● 过去3个月内酗酒或滥用药物。 ● 过去一年癫痫发作次数增加。 ● 驾驶受损记录。 ● 结构性脑损伤。 ● 不可纠正的脑功能或代谢状况。 ● 无癫痫发作期后癫痫频繁发作。 ● 过去5年中因癫痫发作而导致交通事故。 ● 单次无端发作。 ● 迷走神经刺激术植入物可控制癫痫发作，延长调整期。 ● 控制癫痫发作需三种或三种以上抗癫痫药物
单次无端发作	患者应在3个月无癫痫发作后才能驾驶。 如果得到临床医生的批准，这段时间可能会缩短。可能阻止缩短这一时间段缩短，期间可能反复发作的预测因素包括： ● 癫痫发作是局灶性的。 ● 癫痫发作前有局灶性或神经功能障碍。 ● 癫痫发作与慢性弥漫性脑功能障碍有关。 ● 该患者有阳性癫痫家族史。 在脑电图记录上存在广泛性尖波或局灶性尖波
抗惊厥类药物治疗的停用或变更	停药或换药期间患者应暂停驾驶，因为有复发性癫痫发作和药物PDI效应的风险。如果停药或换药期间癫痫复发的风险显著，患者应在此期间及之后至少3个月内停止驾驶。如果患者在停药或更换药物后出现癫痫发作，在恢复先前有效的药物治疗方案后的1个月内，应不要开车。或者，如果患者拒绝恢复药物疗法，但在此期间没有癫痫发作，则在6个月内，应不要开车
睡眠障碍	

续表

嗜睡病	老年人一旦确诊，应终止驾驶，但在治疗后，当他不再白天过度嗜睡或昏厥时，可以恢复驾驶。临床医生可以考虑使用评分工具，如爱泼沃斯思睡量表（Epworth Sleepiness Scale, ESS），评估个人白天的嗜睡程度[61]
睡眠呼吸暂停	请参阅本章第10部分
中风	请参阅本章第3部分
抽动秽语综合征	在评估老年人的驾驶能力时，除了个体的运动性抽搐外，临床医生还应考虑任何并发症障碍，包括注意缺陷障碍、学习障碍和焦虑障碍，关于这些疾病的具体建议，请参阅本章第5部分，精神疾病。 如果临床医生担心老年人的症状会危及其驾驶安全，建议转诊到驾驶康复专家进行综合驾驶评估（临床和道路驾驶）。 PDI药物：抗精神病类药物（关于药物副作用的更多信息，请参阅本章第13部分）
眩晕	患有急性眩晕的老年人在症状完全缓解之前不应开车。在任何情况下，个人都不应该开车去寻求医疗服务。 强烈建议患有慢性眩晕障碍的老年人在恢复驾驶前接受驾驶康复专家进行的道路评估。 PDI药物：抗眩晕药物（抗胆碱能药物）

第5部分：精神疾病

1. 情感障碍
   a. 抑郁症
   b. 双相情感障碍（躁郁症）
2. 焦虑症
3. 精神病
   a. 急性发作
   b. 慢性病
4. 人格障碍
5. 药物滥用
6. 注意力缺乏症/注意力缺失过动症
7. 抽动秽语综合征

处于精神疾病急性期的老年人需要意识到驾驶技能可能会受到影响。

一般来说，当老年人情况稳定时，驾驶是安全的，尽管临床医生可能需要考虑药物的副作用和老年人对药物治疗方案的依从性。关于药物治疗和驾驶的建议，请参阅本章第13部分药物治疗。

精神病医生可能希望查阅美国精神病学协会的立场声明，以了解精神病医生在评估驾驶能力中的角色定位。[62]

精神疾病 **表9.5**

情感障碍	临床医生应该建议老年人在疾病的急性期不要开车。 PDI药物：抗抑郁类药物（关于抗抑郁类药物差异的信息请参阅本章第13部分）
抑郁症	如果老年人的病情状况是温和稳定，没有限制。临床医生应该总是专门询问意念、认知和运动症状。 如果老年人有极端的异常表现或正在经历明显的精神或身体迟钝、焦虑、精神错乱、注意力缺乏或注意力不集中，则不应驾驶。应该建议个人不要自己开车去就医
双相情感障碍（躁郁症）	如果老年人的病情状况稳定，没有限制。 如果老年人有极端的异常表现，如1.a（请参阅上文）所述的抑郁或处于躁狂的急性期，则不应驾驶。应该建议个人不要自己开车去就医
焦虑症	老年人不应该在严重焦虑的时候开车。在另一方面，如果老年人的病情状况稳定，则没有任何限制。 PDI药物：苯二氮卓类药物（请参阅本章第13部分）
精神病	临床医生应该建议老年人在疾病的急性期不要开车。 PDI药物：抗精神病类药物、苯二氮卓类药物。 *急性发作：* 老年人在精神病急性发作期间不应开车。应建议患有急性精神病的人不要自己开车去寻求医疗救助。 *慢性病：* 病情稳定无限制
人格障碍	没有限制，除非老年人有违规驾驶的历史，并且他的精神病学检查结果是不利的。包括但不限于不受控制的、不稳定的、暴力的、攻击性的或不负责任的行为。 由于药物滥用与人格障碍的高度共病性，我们敦促临床医生对这些患者的药物滥用保持警惕，并给予相应的建议（关于药物滥用的建议请参阅下文）
药物滥用	醉酒驾驶是违法的，对驾驶人、乘客和其他道路使用者来说都是非常危险的。驾驶障碍是美国最常见的犯罪，每年造成数千起交通死亡事故。 酒精不是驾驶障碍的唯一原因。包括但不限于可卡因、安非他明（包括安非他明类似物）、阿片类药物和苯二氮卓类药物也可能损害驾驶技能。临床医生应询问处方或非处方药物滥用情况。 临床医生应通过适当的干预措施对所有药物的阳性筛查结果进行跟进，包括短暂的干预或转诊到支持小组、咨询服务中心或药物滥用治疗中心。临床医生应强烈敦促药物滥用者在寻求治疗时暂停驾驶，并避免在受致醉物质影响下驾驶。不带偏见和支持性的态度和频繁的随访可能有助于药物滥用者努力达到和保持清醒。 临床医生还应熟悉各州法律或法规，这些法律或法规是关于拘留开车到医院或诊所的醉酒者，直到他们在法律上不受损害
注意力缺乏症/注意力缺失过动症	一项研究指出驾驶行为风险的增加和兴奋剂药物对驾驶表现的积极影响。[63] 临床医生应教育老年人与疾病相关的风险增加和治疗的潜在益处
抽动秽语综合征	请参阅本章第4部分

第6部分：代谢疾病

1. 糖尿病
   a. 胰岛素依赖型糖尿病（IDDM）
   b. 非胰岛素依赖型糖尿病（NIDDM）
2. 甲状腺功能减退症
3. 甲状腺功能亢进症

处于代谢紊乱急性期的老年人（如糖尿病、库欣病、爱迪生氏病、肾上腺髓质功能亢进、甲状腺疾病）可能会出现不符合安全驾驶的体征和症状。临床医生应建议这些人在症状减轻之前不要开车（包括开车寻求医疗救助）。

数据表明，患有糖尿病的老年人可能会面临驾驶障碍风险的增加，但这方面的文献结论并不一致。有人担心医疗行业的趋势是更严格地控制血糖水平，但这可能导致老年人出现低血糖症状，并增加车辆碰撞事故风险。

代谢疾病　　表9.6

糖尿病	
胰岛素依赖型糖尿病（IDDM）	如果老年人表现出对其糖尿病的控制令人满意，认识到低血糖的警告症状，并符合要求的视觉标准，则没有限制。 主要的问题是对低血糖缺乏认识。 几项研究表明，I型胰岛素依赖型糖尿病患者在低血糖发作期间的驾驶表现受损，并且在驾驶评估时不知道自己低血糖。[64,65] 从这些研究中可以明显看出，许多驾驶人甚至在认识到低血糖症状时也没有采取适当的措施。使用胰岛素的糖尿病患者应接受低血糖评估，并考虑在开车或长途旅行前检查血糖。特别是对于表现出低血糖意识不足的个体（如记录的血糖低于60mg/dL而无症状）。 应建议老年人在急性低血糖或高血糖发作期间不要开车。此外，建议老年人始终将糖果或葡萄糖片放在车内伸手可及的地方，以防低血糖发作。 2012年，美国糖尿病协会的一份立场声明强调了在识别和管理具有潜在驾驶困难风险的糖尿病患者时的重要考虑因素。[66] 关于周围神经病变，请参阅本章第4部分。 经历反复低血糖或高血糖发作的老年人不应开车，直到他们已经3个月没有明显的低血糖或高血糖发作
非胰岛素依赖型糖尿病（NIDDM）	通过改变生活方式或口服药物治疗的老年人，驾驶没有限制，除非他们出现相关疾病（如糖尿病视网膜病变）。 如果临床医生开出的口服药物极有可能导致低血糖，应按照上文关于胰岛素依赖型糖尿病的内容对该患者做出建议。口服药物也可能增加低血糖的风险，应按照第6部分1.a中的方法进行管理
甲状腺功能减退	老年人如果出现危及安全驾驶的症状（如认知障碍、嗜睡、疲劳），应建议他们在甲状腺功能减退症得到满意治疗之前不要开车。如果在接受治疗后仍有明显的认知缺陷，由驾驶康复专家进行的综合驾驶评估（临床和道路驾驶）可能有助于确定个人的安全驾驶能力

续表

甲状腺机能亢进	应建议出现症状（如焦虑、心动过速、心悸）的老年人在甲状腺机能亢进得到满意治疗且症状消失之前不要开车

第7部分：肌肉骨骼疾病

1. 关节炎
2. 足部异常
3. 颈椎活动受限
4. 胸椎或腰椎受限
5. 四肢缺损或失去功能
6. 肌肉疾病
7. 骨科手术/外科手术
   a. 截肢
   b. 前交叉韧带（Anterior Cruciate Ligament，ACL）重建
   c. 肢体骨折及涉及夹板和石膏的治疗
   d. 肩袖修补术（开放或关节镜下）
   e. 肩部重建
   f. 全髋关节置换
   g. 全膝关节置换术（Total Knee Arthroplasty，TKA）

与肌肉骨骼疾病相关的疼痛、运动强度下降和活动范围受损都会影响个人的驾驶能力。临床医生应该鼓励患有肌肉骨骼疾病的老年人驾驶带有动力转向和自动变速器的车辆。在所有标准车辆中，这种车辆的操作需要的力量最小。如果临床医生担心患者的肌肉骨骼疾病会影响其驾驶表现，也建议转诊至驾驶康复专家进行综合驾驶评估（临床和道路驾驶）。除了评估老年人的驾驶技能之外，驾驶康复专家还可以指定补偿技术和自适应装置，并对个人进行使用培训。

患有肌肉骨骼疾病的老年人通常在使用安全带和点火钥匙、调整后视镜和座椅、转向、进出汽车、倒车以及使用脚踏板等控制装置方面存在问题。[67] 驾驶障碍与无法到达肩膀以上有关。[68] 身体虚弱或残疾的老年人可能会增加车辆碰撞事故的风险[69,70]，更有可能受伤。研究表明，足部异常、每天行走不到一个街区以及左膝屈曲受损都与不良的驾驶事件有关。[71] 在一项研究中，与对照组相比，卷入车辆碰撞事故的老年人更容易在行走距离在1/4英里以内时遇到困难。也注意到，有跌倒史的驾驶人发生车辆碰撞事故的风险增加。[72] 最近的一项系统回顾和综合分析发现，驾驶人的跌倒史和发生车辆碰撞事故的风险之间存在关联。[73]

一项对犹他州身体受损的驾驶人的检查发现，患有肌肉骨骼疾病的驾驶人发生车辆碰撞事故的风险增加，但患有肌肉/运动无力的驾驶人的风险却没有增加。[74] 在加拿大的一项纵向研究中，自我报告的关节炎/风湿病和背痛与机动车辆事故有关。[75]

相反，在一项研究中，确诊患有骨关节炎的人与对照组相比，交通事故风险并没有高于对照组。[76] 同样令人欣慰的是，一项研究指出，驾驶人使用适合肌肉骨骼的汽车发生车辆碰撞事故的风险并没有增加。[77] 通过身体调节计划，相关身体能力和驾驶表现有所改善。[78]

老年驾驶人在车祸中死亡和重伤的风险增加，部分原因是与年龄相关的脆弱性。[79-81] 因此，临床医生应建议老年人避免在有潜在危险的情况下驾驶，如无信号灯保护情况下左转，以及在陌生地区或郊区高速公路上驾驶。[82]

总之，临床医生可以在诊断、管理和转诊患有肌肉骨骼疾病的老年人时发挥作用，从而帮助维护老年人的驾驶权利、改善交通安全。

康复疗法，如物理治疗、职业疗法或持续的身体活动方案，可以提高老年人的驾驶能力和身体素质。

只要有可能，对于那些希望继续驾驶的肌肉骨骼疾病患者，应避免或尽量减少使用麻醉剂、巴比妥类药物和肌肉松弛剂。有关特定类别药物的建议，请参阅本章第13部分。

肌肉骨骼疾病　　表9.7

关节炎	如果关节炎的症状危及老年人的驾驶安全，建议转介给物理或职业治疗师进行康复治疗，或转介给驾驶康复专家进行综合驾驶评估（临床和道路驾驶）。 驾驶康复专家可以指定车辆自适应装置，并对个人进行使用培训。关于颈椎活动受限、胸椎或腰椎受限的具体建议，请参阅下文
足部异常	如有可能，应对影响老年人的足背屈、跖屈或影响与车辆脚踏板接触的足部异常（如脚趾囊肿、锤状趾、长趾甲、老茧）进行处理和治疗。应该考虑转介给足科医生。老年人也可以转介给驾驶康复专家进行综合驾驶评估（临床和道路驾驶）。驾驶康复专家可以指定车辆自适应装置，并对个人进行使用培训
颈椎活动受限	如果老年人有足够的运动，结合旋转和周边视觉来安全地完成驾驶任务（如转弯、过交叉路口、停车、倒车），一些头部和颈部的损失是可以接受的。临床医生还可以将老年人转介给物理或职业治疗师进行康复治疗，或转介给驾驶康复专家，驾驶康复专家可以开出广角镜的处方并训练个人使用
胸椎或腰椎受限	患有明显残疾的老年人，佩戴支架或石膏，或胸部或腰部活动受限疼痛的老年人，应咨询驾驶康复专家。驾驶康复专家可指定车辆自适应装置，如升高的座椅和广角镜，并对个人的使用进行培训。驾驶康复专家还可以根据需要调整安全带，以提高老年人的安全性和舒适性，并确保个人坐在距离车辆气囊至少10英寸的位置。 患有急性脊柱骨折（包括压缩性骨折）的老年人，在骨折稳定且疼痛症状不再影响对机动车辆的控制之前，不应驾驶车辆。这些类型的骨折会非常疼痛，可能需要大剂量的麻醉剂来控制疼痛，这也会增加风险。 截瘫和四肢瘫痪，请参阅本章第4部分
四肢缺损或失去功能	对于失去（或无法使用）一条或多条肢体的老年人，强烈建议转诊到驾驶康复专家。驾驶康复专家可以指定车辆自适应装置或假肢的自适应装置，并培训个人使用它们。如那些失去右下肢的人可以使用左脚加速器。 对于那些手臂缺失、截肢或无功能的驾驶人，可以建议使用旋钮。 由于缺乏感觉反馈（即压力和本体感受），在车辆脚踏板上使用假肢是不安全的。对于这些人来说，需要专门的手动控制代替踏板。 应该限制驾驶，直到老年人表现出安全驾驶能力（根据需要使用自适应装置）

续表

肌肉疾病	如果临床医生担心老年人的症状会危及其驾驶安全，建议转诊到驾驶康复专家进行综合驾驶评估（临床和道路驾驶）。如果需要，驾驶康复专家可以指定车辆自适应装置，并对个人进行使用培训
骨科手术/外科手术	
截肢	请参阅本表中的“四肢缺损或失去功能”
前交叉韧带（ACL）重建	右前交叉韧带重建后4周内不得驾车。如果没有重建韧带成年人驾驶手动变速器的车辆，他在右或左前交叉韧带（ACL）重建后的4周内不应驾驶[83]
肢体骨折和涉及夹板和石膏的治疗	如果骨折或夹板/石膏不妨碍驾驶行为，则没有限制。 如果骨折或夹板/石膏由于任何原因干扰驾驶任务，如缺乏感觉反馈（即压力和本体感觉），老年人可能会在骨折愈合或夹板/石膏移除后，在展示必要的力量和活动范围后恢复驾驶
肩袖修补术（开放或关节镜下）	肩袖修补术后4~6周内，不得驾驶车辆。如果老年人的车辆没有动力转向，等待时间可能会长得多。 临床医生应该建议个人无论何时作为驾驶人或乘客在车上都要正确佩戴安全带（在肩膀上方，而不是手臂下方）
肩部重建	肩部重建后的4~6周内，不得驾驶车辆。如果老年人的车辆没有动力转向，等待时间可能会长得多。 临床医生应该建议个人无论何时作为驾驶人或乘客在车上都要正确佩戴安全带（在肩膀上方，而不是手臂下方）
全髋关节置换	老年人在右全髋置换术后至少4周内不应开车。 如果老年人驾驶手动变速器的车辆，他在右或左全髋置换术后至少4周内不应驾驶。 临床医生应建议老年人在转移到车辆中并将其安置在斗式座椅或低矮车辆中时要特别小心，这两种情况都可能导致髋关节弯曲超过90°。临床医生还应告知患者，手术后8周内驾驶人的反应时间可能不会恢复到基线水平，在此期间驾驶时应格外小心。[84] 最近的一项研究发现，反应时间可以在2~4周内恢复，并推测新技术可能有助于改善[85]
全膝关节置换术（TKA）	老年人在进行TKA后的3~4周内不应该开车。如果老年人驾驶手动变速器的车辆，他在右或左TKA后的3~4周内不应驾驶。临床医生还应告知患者，手术后8周内驾驶人的反应时间可能不会恢复到基线水平，在此期间驾驶时应格外小心[86-91]

第8部分：外周血管疾病

1. 主动脉瘤
2. 深静脉血栓
3. 外周动脉瘤

外周血管疾病	表9.8
主动脉瘤	除非出现其他取消驾驶资格的情况，否则不限制驾驶。 根据动脉瘤的大小、位置或最近的变化，动脉瘤似乎处于即将破裂阶段的个体，如果可能的话，在动脉瘤修复之前不应驾车
深静脉血栓（DVT）	患有急性深静脉血栓（DVT）的老年人可以在他们的国际标准化比值（International Normalized Ratio，INR）具有治疗作用（或者栓塞的风险得到适当治疗），并且可以表现出足够的踝关节背屈时恢复驾驶，临床医生应该建议有深静脉血栓病史的人在长途驾驶时经常进行“活动休息”
周围动脉动脉瘤	除非出现其他取消驾驶资格的情况，否则不限制驾驶。 根据动脉瘤的大小、位置或最近的变化，动脉瘤似乎处于即将破裂阶段的个体，如果可能的话，在动脉瘤修复之前不应驾车

第9部分：肾脏疾病

1. 慢性肾功能衰竭
2. 时限限制：肾移植

肾脏疾病	表9.9
慢性肾功能衰竭	除非老年人出现与安全驾驶不相容的症状（如认知障碍、精神运动功能受损、癫痫发作、贫血导致的极度疲劳），否则不受限制。如果临床医生担心患者的症状会危及其驾驶安全，建议转诊至驾驶康复专家进行综合驾驶评估（临床和道路驾驶）。 许多患有肾功能衰竭需要血液透析的老年人可以不受限制地驾驶。然而，处理肾功能衰竭要求老年人遵守大量的营养和液体限制，经常进行医疗评估，并定期进行血液透析治疗。应该建议有不遵守规定的个人不要驾驶。此外，用于治疗血液透析不良反应的某些药物可能有很大的损害（如治疗透析瘙痒的苯海拉明），而且透析本身可能会导致许多人的低血压、精神错乱或烦躁不安。这些影响可能会要求老年人避免在透析后立即开车
肾移植	根据医生的建议，老年人可以在肾移植成功后4周恢复驾驶

第10部分：呼吸和睡眠障碍

1. 哮喘
2. 慢阻肺（Chronic Obstructive Pulmonary Disease，COPD）
3. 睡眠呼吸暂停

“昏昏欲睡的驾驶”、疲劳或困倦驾驶是交通事故的常见原因，据估计每年有超过10万起事故可能与此有关。

睡眠不足会增加车祸事故风险。[92] 因睡眠障碍导致的交通事故风险可能会因睡眠药物使用而进一步增加，如麻醉药或抗组胺类药物。[93] 根据研究发现，与对照组相比，睡眠呼吸暂停患者的交通事故风险增加了7倍。[94] 患有这些疾病的患者也可能有更高的发生伤亡事故的风险。[95] 这一主题已在很多文献中提及。[1] 阻塞性睡眠呼吸暂停是少数已被证明可将发生车辆碰撞事故的风险恢复到基线水平的医疗健康状况之一。[96] 此外，最近的研究表明，老年人和糖尿病患者有很高的睡眠障碍或日间嗜睡[97] 的发病率。[98] 然而，对于老年人来说，这对驾驶安全的影响尚不清楚。[99]

呼吸和睡眠障碍 **表9.10**

哮喘	没有限制。 应该建议老年人在急性哮喘发作期间或遭受哮喘药物的短暂副作用（如果有的话）时不要开车
慢阻肺（COPD）	如果症状得到很好的控制，并且老年人没有经历任何由疾病或药物治疗引起的显著不良反应，则没有限制。 如果老年人在休息或驾驶时，呼吸困难（即使使用了补充氧气）、过度疲劳或严重认知障碍，则不应驾驶。如果老年人需要补充氧气来保持血红蛋白饱和度≥90%，应建议他在驾驶时始终使用氧气。由于这些人的氧合状态通常很弱，当他们有其他可能表明伴随疾病或COPD加重的呼吸道症状（如新的咳嗽或痰生成增加、痰颜色变化、发烧）时，也应该建议他们避免驾驶。 在美国职业治疗协会/国家公路交通安全管理局专家峰会（2012年3月），针对慢阻肺病，确认了以下建议[56]： ● 当一个人患有慢阻肺时，如果出现以下任何一种情况，就需要转介进行驾驶评估： （1）通过心理测试或在进行其他日常生活活动能力测试时，认知能力明显下降（如注意力不集中、疲劳、嗜睡）； （2）通过直接观察、家庭成员关注或驾驶事故引起对驾驶安全的担忧； （3）个体在休息时难以保持至少90%的氧饱和度； （4）当个体在休息时或在驾驶时经历呼吸困难时； （5）当个人的机动车辆需要改装以装载动力移动装置（轮椅或滑板车）或氧气瓶时，需要将其固定在车辆中。 ● 当一个人患有慢阻肺时，驾驶康复专家应在驾驶时监测血氧饱和度，以测量驾驶任务对血液中氧水平的影响。这些信息可以用来验证患者是否需要在开车时使用氧气来改善认知以及心脏和其他器官功能。脉搏血氧仪是一个有效的工具，可以用来证明改善措施的节能效果（车辆特征、手臂位置等）和驾驶时的呼吸技巧的应用效果。 ● 当一个人患有慢阻肺时，驾驶康复专家可以提供关于整体驾驶技能和安全方面的指导，包括驾驶限制和补偿技术，以及对患者所需动力移动装置和氧气存储设备的装载装置提供帮助。 ● 应将每个职业治疗患者的社区移动性作为初步评估的一部分，最重要的是作为出院计划的一部分。 因为慢阻肺通常是渐进性的，建议定期对症状和氧合状态进行重新评估。 如果临床医生担心老年人的症状会危及其驾驶安全，建议转诊到驾驶康复专家进行综合驾驶评估（临床和道路驾驶）。可以在道路评估过程中测量个人的氧饱和度，以便为管理提供额外的信息

续表

睡眠呼吸暂停	老年人白天过度嗜睡、鼾声如雷（特别是如果伴有呼吸暂停情况）、颈围过大（女性≥16英寸，男性≥17英寸）、体重指数增加（>35千克/平方米）或高血压需要两种或两种以上药物治疗，应被视为有阻塞性睡眠呼吸暂停的风险，并应考虑正式的睡眠研究评估，尤其是对任何被报告在驾驶车辆时睡着的人。对于被诊断患有睡眠呼吸暂停（呼吸暂停/呼吸不足指数≥5）并在驾驶时睡着的人，或患有严重阻塞性睡眠呼吸暂停（呼吸暂停/呼吸不足指数≥30）的人，应建议其在正式睡眠研究后确认诊断并接受有效治疗（通过气道正压通气设备）之前不要驾驶。如果这些患者接受其他治疗（手术、口腔矫治器），应建议他们进行治疗后的睡眠研究以确认治疗的有效性。临床医生应建议老年人使用气道正压通气设备，如果他们不使用该设备，则不应驾驶，除非正式的睡眠研究证实他们的阻塞性睡眠呼吸暂停已得到解决（如在体重大幅下降后）

第11部分：麻醉和手术的影响

1. 腹部，背部和胸部手术
2. 麻醉
   a. 全身;
   b. 局部;
   c. 硬膜外;
   d. 脊柱。
3. 神经外科
4. 骨科外科

临床医生应警惕围手术期和术后的风险因素可能影响老年人术后认知功能，或限制肢体运动或关节活动范围，这些可能会使个人面临驾驶功能受损的风险。这些风险因素包括:

- 先前存在的认知障碍;
- 手术持续时间;
- 年龄（>60岁）;
- 手术后精神状态改变;
- 存在多种合并症;
- 紧急手术。

如果临床医生担心手术后残留的视觉、认知或运动缺陷可能会损害老年人的驾驶表现，强烈建议转诊到驾驶康复专家进行综合驾驶评估（临床和道路驾驶）。

临床医生应该建议接受手术的老年人，包括住院和门诊，手术后不要开车回家。尽管他们可能觉得自己有能力开车，但他们的驾驶技能可能会受到疼痛、身体限制、麻醉、认知障碍和/或止痛药的影响（有关肌肉骨骼限制和麻醉性止痛药的具体建议，请分别请参阅本章7部分和第13部分）。

在咨询老年人手术后恢复驾驶时，临床医生可能会发现询问个人的汽车是否有动力转向和自动变速器是有用的。然后，建议老年人可以相应地进行调整。

随着老年人恢复驾驶，应该建议他们在繁忙交通中驾驶之前，在熟悉的、无交通的区域评估驾驶的舒适度。在某些情况下感到驾驶不舒服的人应该避免驾驶，直到他们的信心水平恢复。

老年人在做好准备并得到临床医生批准之前，不应该恢复驾驶。

麻醉和手术的影响 表9.11

腹部、背部、胸部外科	老年人在展示了所需的力量和活动范围后，可以恢复驾驶。 关于涉及正中胸骨切开术的建议，请参阅本章第2部分
麻醉	因为麻醉剂和辅助化合物（如苯二氮卓类药物）可以联合使用，所以在所有麻醉剂对运动和认知的影响消退之前，老年人不应恢复驾驶
全身	外科医生和麻醉师都应该建议老年人在全身麻醉后24小时内不要开车。根据手术类别和存在的并发症，可能建议更长时间
局部	如果局部麻醉区域与完成驾驶任务有关，老年人在完全恢复力量和感觉（除了疼痛）之前不应该开车
硬膜外	老年人在受影响区域恢复全部力量和感觉（除疼痛外）后，可以恢复驾驶
脊柱	老年人在受影响区域恢复全部力量和感觉（除疼痛外）后，可以恢复驾驶
神经外科	请参阅本章第3部分关于颅内手术后的建议
骨科外科	请参阅本章第7部分关于骨科手术后的建议

第12部分：癌症

癌症 表9.12

癌症	老年人由于癌症本身、转移、恶病质、贫血、放疗或化疗而导致的严重运动无力或认知障碍，可导致认知功能障碍或神经性病变，应该暂停驾驶，直到他们的情况改善和稳定为止。 许多用来缓解癌症治疗副作用的药物（如治疗恶心的止吐药）可能会损害驾驶能力。临床医生应该相应地向老年人提供建议。（有关特定药物的建议，请参阅本章第13部分）

第13部分：药物治疗

1. 抗胆碱能类药物
2. 抗惊厥类药物
3. 抗抑郁类药物

4. 止吐类药物
5. 抗组胺类药物
6. 抗帕金森症药物
7. 抗精神病类药物
8. 苯二氮卓类和非苯二氮卓类药物
9. 肌肉松弛药
10. 麻醉镇痛类药物

如本章前面几个部分所述，使用药物可以对老年人的医疗健康状况进行有效管理、改善身体机能，促进安全驾驶。然而，许多常用的处方药和非处方药可能会对老年人安全驾驶所需的认知、视觉或运动能力产生不利影响，从而损害驾驶。一般来说，任何对中枢神经系统（Central Nervous System，CNS）有显著影响的药物都有可能损害个人驾驶机动车的能力。损伤程度因人而异，在同一治疗类别的不同药物之间也有所不同。

由国家公路交通安全管理局召集的专家小组制定了一份关于驾驶的安全及不安全药物清单，但未能制定出结论性清单，只能对各种药物的潜在影响进行评论。[100] 这一困难源于研究结果不一致，缺乏评估潜力的药物损害驾驶的标准化方案，以及很难将医疗健康状况的影响与用于治疗医疗健康状况的药物本身对驾驶安全的影响区分开来。[100] 对于既考虑了医疗健康状况又考虑了用于治疗该状况的药物的研究来说，医疗健康状况对交通事故风险的影响比药物的影响要大得多。[100] 因此，本部分讨论了基于检查交通事故风险的观察性研究而获得信息的PDI药物；来自评估驾驶性能的实验研究，例如在不同的实际驾驶测试或驾驶模拟器测试中测试的驾驶表现；或从药物的已知不良反应概况来判断的驾驶表现。一些PDI药物仅基于不良反应而被包括在内，因为没有研究证据来描述药物相关的交通事故风险。

最常见的PDI药物包括抗胆碱能类药物、抗惊厥类药物、抗抑郁类药物、止吐类药物、抗组胺类药物、抗精神病类药物、巴比妥类药物、苯二氮卓类药物、肌肉松弛药和麻醉镇痛类药物。[101-103] 在这些药物类别中，镇静/安眠类药物（如苯二氮卓类药物、唑吡坦）受到了最严格的审查，研究一致发现老年人使用这些药物发生交通事故的风险更高。[102-105] 当新开始使用药物时，交通事故的风险的增加尤其显著。[104-106]

老年人经常同时服用多种药物，约36%的人使用5种或5种以上的处方药。[107] 此外，老年人经常服用多种中枢神经系统活性药物，25%的人服用2种或2种以上的此类药物。[108] 使用多种PDI药物[109]或与酒精同时使用，发生车辆碰撞事故的风险可能会增加。表9.13总结了常见的PDI药物和可能导致驾驶障碍的特定副作用（认知、视觉和运动能力）。对认知的不利影响包括疲劳、镇静/嗜睡、头晕、眩晕或整体认知障碍（如判断能力、注意力、精神运动速度受损）。导致震颤、运动障碍或锥体外系症状的药物可能会损害驾驶所需的运动能力。跌倒史与发生车辆碰撞事故的风险增加有关，而有中枢神经系统影响的药物是跌倒的已知风险因素。引起嗜睡、兴奋或顺行性遗忘的药物也可能降低洞察力，老年人可能会在不知情的情况下遭受损伤（如苯二氮卓类、麻醉药、抗组胺类药物）。[110-113]

这份药物清单并不详尽。其他药物类别，如口服降血糖药和抗高血压药，如果患者低血糖或血压过低，可能会分别导致头晕或认知障碍。此外，任何分散驾驶注意力的药物不良反应（如恶心）都有可能损害驾驶。

潜在危害驾驶人的（PDI）药物　　　　表9.13

药物类	PDI症状
抗胆碱能类药物	镇静，视力模糊，认知障碍
抗痉挛类药物	镇静，认知障碍
抗抑郁类药物 三环化合物（三级比二级更具破坏性） 选择性5-羟色胺再摄取抑制剂（Selective Serotonin Reuptake Inhibitors, SSRIs）	镇静、视力模糊、认知障碍、震颤、心悸； 注意力不集中、头晕、震颤
其他药物 度洛西汀 米氮平 安非他酮	镇静； 失眠（导致第二天嗜睡）
抗组胺类药物（第一代和西替利嗪）	镇静，视力模糊，认知障碍
抗帕金森症药物	所有类别都可能导致镇静
多巴胺激动剂，左旋多巴，抗胆碱能类药物	药物特有的不良事件：睡眠发作（最有可能是多巴胺激动剂）、运动障碍（最有可能使用左旋多巴）
抗精神病类药物	镇静、视力模糊、认知障碍、锥体外系症状（不同药物之间程度不同）
苯二氮平类药物/镇静剂	镇静、笨拙、头晕、视力受损、认知受损
肌肉松弛药	镇静，视力模糊，认知障碍
麻醉镇痛类药物	镇静，头晕，视力受损
其他药剂	
抗高血压类	头晕（低血压）； 中枢神经系统效应（胍法辛、利血平、甲基多巴、可乐定）
低血糖类	低血糖症状（颤抖、注意力不集中、头晕）
消炎类	中枢神经系统效应

临床医生应意识到PDI风险，并尽可能使用最安全的药物。很难知道驾驶障碍风险的增加是否与药物（如抗抑郁类药物）、疾病本身（如抑郁症，它可能独立地损害注意力和判断力）或药物与药物的相互作用有关。[102] 由于药物动力学（pharmacokinetics，PK）（如肾功能下降）与药效学（pharmacodynemics，PD）的年龄相关变化，老年人可能开始对他们多年来耐受良好的药物产生不良反应，这可能是难以确定新PDI症状的原因。

酒精和药物的相互作用

对于许多人来说，只要1份酒精（1.25盎司，40度的烈性酒、12盎司的啤酒、5盎司的葡萄酒）就有可能损害驾驶能力。由于与年龄有关的身体成分变化（如体脂增加和肌肉减少），同样的体重调整量的酒精（亲水性）很可能导致老年人血液中酒精水平升高和功能障碍。在许多情况下，老年人可能在意识不到的情况下受到损害。此外，酒精可以增强PDI药物对中枢神经系统的影响，使损害变得严重而危险。临床医生应该始终提醒老年人不要酒后开车，也不要同时使用酒精和中枢神经系统活性药物。

一般处方原则

老年人可能无法避免使用PDI药物，然而可以考虑几个一般的处方原则来最小化风险。

1. 只要有可能，临床医生应该选择无损害的药物。

2. 开新药处方时，临床医生应始终考虑个体现有的处方药和非处方药方案，并考虑附加PDI药物的风险。药物组合可能会影响药物代谢和排泄，并产生相加或协同作用，从而损害驾驶能力。

3. 临床医生应以尽可能低剂量添加新药物，建议老年人警惕任何造成损害的影响，并根据需要调整剂量，以达到治疗效果，同时最大限度地减少驾驶功能损害。对于服用多种PDI药物的老年人，明智的做法是从每种药物的低剂量开始，逐渐增加每种药物的剂量，以最大限度地减少不良反应。

4. 在随访期间，应定期评估老年人的PDI症状。

5. 如果在老年人住院期间开始药物治疗，应在出院前讨论对驾驶表现的不利影响。

6. 这些预防措施和讨论应记录在健康记录中。

7. 如果有认知或运动障碍的问题，无论是否由于药物治疗，临床医生都应考虑转诊到驾驶康复专家进行驾驶人评估（可能包括道路评估）。

咨询注意事项

当开始使用新的PDI药物或增加现有PDI药物的剂量时，以下咨询要点非常重要。

1. 告知老年人和护理人员药物的具体效果，以便他们知道会发生什么，并能够自我监控可能影响驾驶的不良反应。

2. 建议老年人和护理人员在安全的环境中服用前几剂，以确定任何不利影响的存在和程度。如果老年人出现嗜睡、头晕或其他可能损害驾驶表现的不良影响，应建议其在PDI剂量调整的初始阶段不要驾驶。

3. 告知老年人和护理人员，一些导致困倦、兴奋或顺行性遗忘的药物也可能会降低洞察力（苯二氮卓类、抗组胺类药物、麻醉剂），并且患者可能会在没有意识到的情况下经历损伤。

4. 不要在开车时饮酒，并告知老年人和护理人员某些药物与酒精同时使用可能会加剧PDI效应。

药物治疗 **表9.14**

（请参阅表9.13，了解下面讨论的每个药物类别的PDI症状的完整列表）

抗胆碱能类药物	许多处方药和非处方药都具有抗胆碱能作用（请参阅完整列表参考资料）。[114]包括几种药物类别，如抗抑郁类药物（如三环类抗抑郁类药物和帕罗西汀），治疗膀胱过度活动症类药物（如奥昔布宁、托特罗定、曲司氯铵、达非那新），用于治疗过敏、失眠或眩晕的第一代抗组胺类药物（如扑尔敏、茶苯海明、苯海拉明、多西拉敏），骨骼肌松弛剂（如环苯扎林），胃肠道抗痉挛药物（如颠茄生物碱、阿托品、羟色胺），某些抗精神病类药物（如氯丙嗪、氯氮平、奥氮平）和抗帕金森症药物（如三乙苯基）。在大多数情况下，抗胆碱能类药物的治疗替代品是可用的。 治疗剂量的抗胆碱能类药物在没有明显毒性迹象的情况下，可能会出现注意力、记忆力和推理方面的细微缺陷。精神错乱也可能发生在老年人身上
抗痉挛类药物	老年人应在服药开始、停药或改变剂量期间暂停驾驶，因为有反复发作的风险和/或可能影响驾驶表现的潜在药物效应。如果在停药或换药期间有反复发作的重大风险，老年人在此期间及之后至少3个月内不应开车。 许多抗惊厥类药物（如丙戊酸、卡马西平、加巴喷丁、拉莫三嗪、托吡酯）也可用作情绪稳定剂，用于治疗双相情感障碍（躁郁症）、痴呆症、镇静焦虑和治疗疼痛综合征。这些药物可用作抗抑郁类药物、抗精神病类药物和/或抗焦虑类药物的辅助药物。 抗惊厥类药物本身可能有轻微的损害，但当与其他PDI药物联合使用时，对精神运动能力的影响可能会增强。此外，一些抗惊厥类药物主要通过肾脏消除，并且在肾脏受损的情况下可能会观察到中枢神经系统不良反应的增加。因此，当普瑞巴林和加巴喷丁的估计肌酐清除率小于60毫升/分钟，左乙拉西坦小于80毫升/分钟时，建议减少剂量[114]

续表

抗抑郁类药物	总体而言，尽管PDI不良反应的程度各不相同，但许多抗抑郁类药物都与发生车辆碰撞事故的风险增加有关。一般来说，选择性5-羟色胺再摄取抑制剂（SSRIs）是治疗抑郁症和焦虑症的一线药物，因为它们具有良好的耐受性，包括降低中枢神经系统抑制剂不良反应的风险。对于那些希望继续驾驶的人，不建议使用具有高抗胆碱能作用的三环类抗抑郁类药物。米氮平，是一种更镇静的抗抑郁类药物，通常只在晚上服用，以避免白天过度镇静。度洛西汀，一种用于治疗抑郁症、慢性疼痛、纤维肌痛和焦虑症的5-羟色胺-去甲肾上腺素再摄取抑制剂，也可能导致镇静和其他中枢神经系统（CNS）效应
选择性5-羟色胺再摄取抑制剂（SSRIs）	SSRIs是治疗抑郁症和焦虑症的常用处方药。帕罗西汀的独特之处在于它具有抗胆碱能作用，因此可能比其他SSRIs（如舍曲林、西酞普兰）更容易损害驾驶。虽然不良反应往往是轻微的，并且耐受性良好，但临床医生应该建议老年人警惕潜在的严重影响驾驶表现的不良反应。特别提到了血清素综合征，其中由于过量的药物、服用多种增加血清素的药物或药物与药物相互作用，可观察到精神状态改变、自主神经亢进和神经肌肉的不良反应
三环类抗抑郁类药物（Tricyclic ntidepressants，TCAs）	耐受性更好的药物已经取代了TCAs治疗抑郁症；然而，它们仍然用于治疗睡眠、更年期症状、神经性疼痛、大小便失禁和偏头痛。三环类抗抑郁类药物（阿米替林、多塞平、丙咪嗪）有很强的抗胆碱能作用，可能会影响驾驶。如果需要TCAs，去甲替林和地昔帕明的抗胆碱能作用较低，是首选药物，但仍不推荐用于老年人。[114] 请参阅本部分中的抗胆碱类药物
止吐类药物	许多种类的药物（其中一些包括抗胆碱能类药物、抗组胺类药物、抗精神病类药物和苯二氮卓类）因其止吐作用而被使用。更多信息，请参阅本部分中的抗胆碱能类药物、抗组胺类药物和苯二氮卓类药物
抗组胺类药物	第一代抗组胺类药物（如苯海拉明、扑尔敏）具有明显的中枢神经系统效应，并会损害精神运动能力、模拟驾驶和道路驾驶。[102] 相比之下，除西替利嗪除外，大多数第二代抗组胺药（即非镇静剂）在按推荐剂量服用时不会产生这些类型的损害。如果过敏治疗需要抗组胺类药物，则首选非镇静类抗组胺类药物（如氯雷他定、非索非那定）；然而，即使是这些药物，如果服用超过推荐剂量也可能造成损害。请参阅本节中的抗胆碱类药物
抗帕金森症药物	治疗帕金森症的主要药物是左旋多巴、多巴胺激动剂（如普拉克索、罗匹尼罗）、金刚烷胺和抗胆碱能类药物（如苯海索）。帕金森症患者有白天过度嗜睡的风险，使用这些药物治疗会进一步加剧这种症状。服用抗帕金森症药物的人报告说，他们突然、意想不到地注意力不集中、睡着了，这被称为“睡眠发作”。使用多巴胺激动剂的睡眠发作风险似乎最大，但任何疗法都可能发生[115,116]
抗精神病类药物	大多数（如果不是全部的话）抗精神病类药物具有通过认知、视觉和运动方面的影响损害驾驶表现的强大潜力。门诊使用的大多数抗精神病类药物是第二代（非典型）抗精神病类药物。第二代抗精神病类药物具有不同程度的抗胆碱能和镇静作用，氯氮平的作用最明显。这些药物还会引起不同程度的锥体外系效应，可能会损害精神运动功能，其中利培酮、鲁拉西酮和齐拉西酮的作用最为显著

续表

苯二氮卓类和非苯二氮卓类药物	研究表明，使用苯二氮卓类药物会损害视力、注意力、运动协调性和驾驶表现。晚间服用长效苯二氮卓类药物（如氟西泮）明显损害第二天的精神运动功能，而同等剂量的短效苯二氮卓类药物的损害较小。[102] 唑吡坦、催眠药艾司佐匹克隆和扎来普隆均为非苯二氮类催眠药。唑吡坦与夜间驾车时第二天早上记忆不清和发生车辆碰撞事故的风险增加有关。[104] 妇女和老年人的唑吡坦血液浓度较高，因此这些患者组的最大剂量较低（5毫克常规释放唑吡坦）。关于催眠药艾司佐匹克隆的信息较少，但它的作用持续时间与唑吡坦相似，因此应适用相同的注意事项。扎莱普隆的半衰期很短，用于治疗睡眠障碍，不太可能影响第二天的驾驶。曲唑酮，一种经常用作镇静剂的抗抑郁类药物，可导致发生车辆碰撞事故的风险增加。[104] 一般而言，建议老年人避免服用苯二氮卓类和非苯二氮卓类催眠药，因为这会导致几种不良健康后果，包括增加交通事故风险。[114] 然而，如果需要催眠药，最好在晚上服用短效催眠药，并定期尝试停止服用。服用催眠药的人应该在服药后（大约8小时）在开车前留出足够的睡眠时间。即使在没有主观症状的情况下，白天服用苯二氮卓类药物（用于治疗焦虑症）的老年人也应该被告知存在损害的可能性
肌肉松弛剂	大多数骨骼肌松弛剂（如异丙基甲丁双脲和环苯扎平）具有显著的中枢神经系统效应。应避免长期使用
麻醉镇痛剂	耐受性可能发展为麻醉性镇痛剂的许多中枢神经系统效应，但对视觉的损害可能持续存在。使用麻醉剂的驾驶障碍可能在最初的治疗或随着剂量的增加而更为突出。与其他麻醉药相比，杜冷丁可能有更高的神经毒性风险，一般来说，老年人应该避免使用杜冷丁。[114] 应监测个体的使用频率、耐受性和依赖性。 临床医生应该时刻警惕滥用的迹象（有关更多信息，请参阅本章第5部分中关于药物滥用的建议）

参考文献

1. Charlton, J., Koppel, S., Odell, M., Devlin, A., Langford, J., O'Hare, M., & Scully, M. (2010, November). Influence of chronic illness on crash involvement of motor vehicle drivers (Report No. 300). Victoria, AU: Monash University Accident Research Centre. Retrieved from https://www.monash.edu/__data/assets/pdf_file/0008/216386/Influence-ofchronic-illness-on-crash-involvement-of-motor-vehicle-drivers-2ndedition.pdf.
2. Dobbs, B. M. (2005, September). Medical conditions and driving: A review of the literature (1960-2000) (Report No. DOT HS 809 690). Washington DC: National Highway Traffic Safety Administration. Retrieved from https://www.nhtsa.gov/people/injury/research/ Medical_Condition_Driving/Medical%20 Cond%20809%20690-8-04_ Medical%20Cond%20809%20690-8-04.pdf.
3. Staplin, L., Lococo, K. H., Martell, C., & Stutts, J. (2012, February). T axonomy of Older Driver Behaviors and Crash Risk (Report No. DOT HS 811 468A). Washington, DC: National Highway Traffic Safety Administration. Retrieved from www.nhtsa.gov/staticfiles/nti/ pdf/811468a.pdf.
4. National Highway Traffic Safety Administration. (2009, September). Driver fitness medical guidelines (Report No. DOT HS 811 210). Washington, DC.
5. Austroads. (2017). Assessing Fitness to Drive for Commercial and Private Vehicle Drivers. Medical Standards for Licensing and Clinical Management Guidelines. Sydney, Australia: Austroads Ltd. Retrieved from https://austroads.com.au/__data/assets/pdf_file/0022/104197/APG56-17_Assessing_fitness_to_drive_2016_amended_Aug2017.pdf.
6. Canadian Medical Association. (2017). CMA Driver's Guide: Determining Medical Fitness to Operate Motor Vehicles, 9th ed. Ottawa, Ontario: Canadian Medical Association.
7. Road Safety Authority. (2017). Medical Fitness to Drive Guidelines, 6th ed. Dublin, Ireland: Road Safety Authority. Retrieved from https://www.icgp.ie/go/library/catalogue/item/FDCB3357-CB34-9720E345C3C08AB27F0A/.
8. Drivers Medical Group DVLA. (2018). Assessing Fitness to Drive-A Guide for Medical Professionals. Swansea, UK: Driver & Vehicle Licensing Agency. Retrieved from https://assets.publishing.service.gov.uk/government/uploads/system/uploads/attachment_data/file/783444/ assessing-fitness-to-drive-a-guide-for-medical-professionals.pdf.
9. Shinar, D., & Schieber F. (1991). Visual requirements for safety and mobility of older drivers. Human Factors, 33(5), 507-519. https://doi. org/10.1177/001872089103300503.
10. Mabtyjari. M., & Tuppurainen, K. (1999). Cataracts in traffic. Graefe's Archive for Clinical and Experimental Ophthalmology, 237, 278-282.
11. Kwon, M., Huisingh, C., Rhodes, L. A., McGwin, G., Wood, J. M., & Owsley, C. (2016). Association between glaucoma and at-fault motor vehicle collision involvement among older drivers. Ophthalmology, 123, 109-116. https://doi.org/10.1016/j.ophtha.2015.08.043.

12. Smith, B. T., Joseph D. P., & Grand, M. G. (2007). Treatment of neovascular age-related macular degeneration: past, present, and future directions. Current Opinion in Ophthalmology, 18, 240-244. http://dx.doi.org/10.1097/ICU.0b013e32810c8e05.
13. Leske, M. C., Hejl, A., Hussein, M., Bengtsson, B., Hyman, L., & Komaroff, E. (2003). Factors for glaucoma progression and the effect of treatment: the Early Manifest Glaucoma Trial. Archives of Ophthamology [now JAMA Ophthalmology], 121(1), 48-56.
14. Van Den Berg, T. J., Van Rijn, L. J., Rene, M., Heine, C., Coeckelbergh, T., Nischler, C., & Franssen, L. (2007). Straylight effects with aging and lens extraction. American Journal of Ophthalmology, 144(3), 358-363. https://doi.org/10.1016/j.ajo.2007.05.037.
15. Owsley, C., McGwin, G. Jr., Sloane, M., Wells, J., Stalvey, B. T., & Gauthreaux, S. (2002). Impact of cataract surgery on motor vehicle crash involvement by older adults. Journal of the American Medical Association, 288, 841-849.
16. Adler, G., Bauer, M. J., Rottunda, S., & Kuskowski, M. (2005). Driving habits and patterns in older men with glaucoma. Social Work Health Care, 40(3), 75-87. https://doi.org/10.1300/J010v40n03_05.
17. Low Vision Centers of Indiana. (n.d.) Bioptic Driving State Laws. Retrieved from http://www.biopticdrivingusa.com/state-laws.
18. Peli, E., & Peli, D. (2002). Driving With Confidence: A Practical Guide to Driving With Low Vision. Singapore: World Scientific Publishing Co. Pte. Ltd., pp 20-22, 25, 100-101.
19. Owsley, C., Stalvey, B. T., Wells, J., Sloane, M. E., & McGwin, G. Jr. (2001). Visual risk factors for crash involvement in older drivers with cataract. Archives of Ophthalmology, 119(6), 881-887.
20. Owsley, C., & McGwin, G. (2010). Vision and driving. Vision Research, 50, 2348-2361. https://dx.doi.org/10.1016%2Fj.visres.2010.05.021.
21. Green, K. A., McGwin, G., & Owsley C. (2013). Associations between visual, hearing, and dual sensory impairments and history of motor vehicle collision involvement of older drivers. Journal of American Geriatrics Society, 61, 252-257. https://dx.doi. org/10.1111%2Fjgs.12091.
22. McGwin, G., Sims R. V., Pulley, L., & Roseman, J. M. (2000). Relations among chronic medical conditions, medications, and automobile crashes in the elderly: a population-based case-control study. American Journal of Epidemiology, 152(5), 424-431. https://doi. org/10.1093/aje/152.5.424.
23. Petch, M. C. (1998). European Society of Cardiology T ask Force Report: Driving and Heart Disease. European Heart Journal, 19(8), 1165-1177. Retrieved from https://academic.oup.com/eurheartj/ article-pdf/19/8/1165/17882014/1165.pdf.
24. Binns, H., & Camm J. (2002). Driving and arrhythmias. British Medical Journal, 324, 927-928. Retrieved from https://www.ncbi.nlm.nih.gov/ pmc/articles/PMC1122888/.
25. Epstein, A. I., Miles, W. M., Benditt, D. G., Camm, A. J., Darling, E. J., Friedman, P.L., & Wilkoff, B. L. (1996). Personal and public safety issues related to arrhythmias that may affect consciousness: implications for regulation and physician recommendations. Circulation, 94, 1147-1166.

26. Consensus Conference, Canadian Cardiovascular Society. (1992). Assessment of the cardiac patient for fitness to drive. (1992). Can Journal of Cardiology, 8, 406-412.

27. Epstein, A. E., Baessler, C. A., Curtis, A. B., Estes, N. A. 3rd, Gersh, B. J., Grubb, B., & Mitchell, L. B.; American Heart Association, & Heart Rhythm Society. (2007). Addendum to Personal and public safety issues related to arrhythmias that may affect consciousness: Implications for regulation and physician recommendations. Circulation, 115, 1170-1176.

28. Legh-Smith, J., Wade D. T., & Langton Hewer, R. L. (1986). Driving after a stroke. Journal of the Royal Society of Medicine, 79, 200-203. https://doi.org/10.1177%2F014107688607900404.

29. Fisk, G. D., Owsley, C., & Vonne Pulley, L. (1997). Driving after stroke: driving exposure, advice, and evaluations. Archives of Physical Medicine and Rehabilitation, 78, 1338-1345.

30. Poole, D., Chaudry, F., & Jay, W.M. (2008). Stroke and driving. T opics in Stroke Rehabilitation, 15, 37-41. https://doi.org/10.1310/tsr150137.

31. Wilson, T., & Smith T. (1983). Driving after stroke. International Rehabilitation Medicine, 5(4), 170-177. https://doi. org/10.3109/03790798309167041.

32. Engrum, E. S., Lambert, E. W., & Scott, K. (1990). Criterion-related validity of the cognitive behavioral driver' s inventory: brain injured patients versus normal controls. Cognitive Rehabilitation, 8, 20-26.

33. Lundberg, C., Caneman, G., Samuelson, S., Halamies-Blomqvist, L., & Almqvist, O. (2003). The assessment of fitness to drive after stroke: the Nordic stroke driver screening assessment. Scandanavian Journal of Psychology, 44, 23-30.

34. Nouri, F. M., & Lincoln, N. B. Predicting driving performance after stroke. (1993). British Medical Journal, 307, 482-483. https://doi. org/10.1136/bmj.307.6902.482.

35. Devos, H., Akinwuntan, A. E., Nieuwboer, A., Ringoot, I, Van Berghen, K., T ant, M., & De Weerdt, W. (2010). Effect of simulator training on fitness-to-drive after stroke: a 5-year follow-up of a randomized controlled trial. Neurorehabilitation Neural Repair, 24(9), 843-850. https://doi. org/10.1177/1545968310368687.

36. Kewman, D. G., Seigerman, C., Kintner, H., Chu, S., Henson, D., & Reeder, C. (1985). Simulation training of psychomotor skills: teaching the brain-injured to drive. Rehabilitation Psychology, 30(1), 11-27. http:// dx.doi.org/10.1037/h0091025.

37. Lundqvist, A., Gerdle, B., & Rönnberg, J. (2000). Neuropsychological aspects of driving after a stroke—the simulator and on the road. Applied Cognitive Psychology, 14(2), 135-150. https://doi.org/10.1002/ (SICI)1099-0720(200003/04)14:2%3C135::AIDACP628%3E3.0.CO;2-S.

38. Kapoor, W. N. (2002). Current evaluation and management of syncope. Circulation, 106, 1606-1609. https://doi.org/10.1161/01. CIR.0000031168.96232.BA.

39. Sakaguchi, S., & Li, H. (2013). Syncope and driving, flying and vocational concerns. Progress in Cardiovascular Diseases, 55, 454463. https://doi.org/10.1016/j.pcad.2012.11.010.

40. Sorajja, D., Nesbitt, G. C., Hodge, D. O., Low, P. A., Hammill, S. C., Gersh, B. J., & Shen, W-K. (2009).

Syncope while driving: clinical characteristics, causes, and prognosis. Circulation, 120, 928-934. https://doi.org/10.1161/CIRCULATIONAHA.108.827626.

41. Epstein, A. E., Miles, W. M., Benditt, D. G., Camm, A. J., Darling, E. J., Friedman, P. L., & Wilkoff, B. L. (1996, September 1). Personal and public safety issues related to arrhythmias that may affect consciousness: implications for regulation and physician recommendations (Part 3 of 4). Circulation, 94(5): 1147-1166.
42. Dobbs, B., Carr, D. B., & Morris, J. C. (2002). Evaluation and management of the driver with dementia. Neurologist, 8(2), 61-70.
43. Brown, L. B., & Ott, B. R. (2004). Driving and dementia: a review of the literature. Journal of Geriatric Psychiatry and Neurology, 17, 232240. https://doi.org/10.1177%2F0891988704269825.
44. Carr, D. B., & Ott, B. R. (2010). The older adult driver with cognitive impairment: "It' s a very frustrating life." Journal of the American Medical Association, 303(16), 1632-1641. https://doi.org/10.1001/jama.2010.481.
45. Iverson, D. J., Gronseth, G. S., Reger, M. A., Classen, S., Dubinsky, R. M, & Rizzo, M. (2010). Practice parameter update: evaluation and management of driving risk in dementia. (Report of the quality standards subcommittee of the American Academy of Neurology). Neurology, 74, 1316-1324. https://dx.doi. org/10.1212%2FWNL.0b013e3181da3b0f.
46. Hunt, L., Murphy, C., Carr, D., Duchek, J. M., Buckles, V., & Morris, J.C. (1997). The reliability of the Washington University Road T est. Archives of Neurology, 54, 707-712.
47. Duchek, J. M., Carr, D. B., Hunt, L., Roe, C. M., Xiong, C., Shah, K., & Morris, J. C. (2003). Longitudinal driving performance in early stage dementia of the Alzheimer type. Journal of the American Geriatrics Society, 51, 1342-1347. https://doi.org/10.1046/j.15325415.2003.51481.x.
48. Ott, B. R., Heindel, W. C., Papandonatos, G. D., Festa, E. K., Davis, J. D., Daiello, L. A., & Morris, J. C. (2008). A longitudinal study of drivers with Alzheimer's disease. Neurology, 70, 1171-1178. https:// doi. org/10.1212/01.wnl.0000294469.27156.30.
49. Chee, J.N., Rapoport, M. J., Molnar, F., et al. (2017). Update on the risk of motor vehicle collision or driving impairment with dementia: a collaborative international systematic review and meta-analysis. American Journal of Geriatric Psychiatry, 25(12), 1376-1390. https:// doi.org/10.1016/j.jagp.2017.05.007.
50. Ott, B. R., Anthony, D., Papandonatos, G. D., D'Abreu, A., Burock, J., Curtin, A., & Morris, J. C. (2005). Clinician assessment of the driving competence of patients with dementia. Journal of the American Geriatrics Society, 53(5), 829-833. https://doi.org/10.1111/j.15325415.2005.53265.x.
51. Grace, J., Amick, M. M., D'Abreu, A., Festa, E. K., Heindel, W. C., & Ott, B. R. (2005). Neuropsychological deficits associated with driving performance in Parkinson's and Alzheimer's disease. Journal of the International Neuropsychology Society, 11(6), 766-775. https://doi. org/10.1017/S1355617705050848.
52. Brown, L. B., Stern, R. A., Cahn-Weiner, D. A., Rogers, B., Messer, M. A., Lannon, M. C., & Ott,

B. R. (2005). Driving scenes test of the Neuropsychological Assessment Battery and on-road driving performance in aging and very mild dementia. Archives of Clinical Neuropsychology, 20, 209-221. https://dx.doi.org/10.1016%2Fj. acn.2004.06.003.

53. Meuser, T. M., Carr, D. B., Berg-Weger, M., Niewoehner, P., & Morris, J. C. (2006). Driving and dementia in older adults: implementation and evaluation of a continuing education project. Gerontologist, 46(5), 680-687. https://doi.org/10.1093/geront/46.5.680.
54. Valcour, V. G., Masaki, K. H., Curb, J. D., & Blanchette, P. L. (2000). The detection of dementia in the primary care setting. Archives of Internal Medicine, 160(19), 2964-2968.
55. Carr, D. B., Duchek, J., & Morris, J. C. (2000). Characteristics of motor vehicle crashes with dementia of the Alzheimer type. Journal of the American Geriatrics Society, 48(1), 18-22.
56. Stressel, D., Hegberg, A., & Dickerson, A. E. (2014). Driving for adults with acquired physical disabilities. Occupational Therapy Health Care, 28(2), 148-153. https://doi.org/10.3109/07380577.2014.8994 15.
57. Crizzle, A. M., Classen, S., & Uc, E. Y. (2012). Parkinson disease and driving: an evidence-based review. Neurology, 79, 2067-2074. https://doi.org/10.1212/WNL.0b013e3182749e95.
58. Classen, S. (2014). Consensus statements on driving with people with Parkinson's disease. Occupational Therapy Health Care, 28(2), 140147. https://doi.org/10.3109/07380577.2014.890307.
59. American Academy of Neurology, American Epilepsy Society, and Epilepsy Foundation of America. (1994). Consensus statements, sample statutory provisions, and model regulations regarding driver licensing and epilepsy. Epilepsia, 35(3), 696-705.
60. Drazkowski, J. F., Fisher, R. S., Sirven, J. I., Demaerschalk, B. M., Uber-Zak, L., Hentz, J. G., & Labiner, D. (2003). Seizure-related motor vehicle crashes in Arizona before and after reducing the driving restriction from 12 to 3 months. Mayo Clinic Proceedings, 78, 819825. https://doi.org/10.4065/78.7.819.
61. Johns, M. W. (1991). A new method for measuring daytime sleepiness: the Epworth Sleepiness Scale. Sleep, 14, 540-545.
62. American Psychiatric Association. (2016). Position Statement on the Role of Psychiatrists in Assessing Driving Ability. Retrieved from https://www.psychiatry.org/File%20Library/About-APA/OrganizationDocuments-Policies/Policies/Position-2016-Assessing-Driving-Ability. pdf.
63. Barkley, R. A., & Cox, D. (2007). A review of driving risks and impairments associated with attention-deficit/hyperactivity disorder and the effects of stimulant medication on driving performance. Journal of Safety Research, 38(1), 113-128. https://doi.org/10.1016/j. jsr.2006.09.004.
64. Weinger, I., Kinsley, B. T., Levy, C. J., Bajaj, M., Simonson, D. C., Cox, D. J., & Jacobson, A. M. (1999). The perception of safe driving ability during hypoglycemia in patients with type I diabetes. American Journal of Medicine, 107, 246-253.
65. Cox, D. J., Gonder-Frederick, L. A., Kovatchev, B. P., Julian, D. M., & Clarke, W. L. (2000). Progressive hypoglycemia's impact on driving simulation performance: occurrence, awareness, and correction. Diabetes Care, 23, 163-170.

66. American Diabetes Association. (2014). Diabetes and driving. Diabetes Care, 37 (Suppl), S97-S103.
67. Jones, J. G., McCann, J., & Lassere, M. N. (1991). Driving and arthritis. British Journal of Rheumatology, 30, 361-364.
68. Hu, P. S., Trumble, D. A., Foley, D. J., Eberhard, J. W., & Wallace, R. B. (1998). Crash risks of older drivers: a panel data analysis. Accident Analysis & Prevention, 30, 569-581.
69. Sims, R. V., McGwin, G., Allman, R. M., Ball, K., & Owsley, C. (2000). Exploratory study of incident vehicle crashes among older drivers. Journal of Gerontology, Series A: Biological Sciences and Medical Sciences, 55, M22-M27.
70. Marottoli, R. A., Wagner, D. R., Cooney, L. M., Doucette, J., & Tinetti, M. E. (1994). Predictors of crashes and moving violations among elderly drivers. Annals of Internal Medicine, 121, 842-846.
71. Kent, R., Funk, J., & Crandall, J. (2003). How future trends in societal aging, air bag availability, seat belt use, and fleet composition will affect serious injury risk and occurrence in the United States. Traffic Injury Prevention, 4(1), 24-32. https://doi. org/10.1080/15389580309854.
72. Sims, R. V., McGwin, G., Pulley, L., & Roseman, J. M. (2001). Mobility impairments in crash-involved drivers. Journal of Aging Health, 13(3), 430-438. https://doi.org/10.1177/089826430101300306.
73. Scott, K. A., Rogers, E., Betz, M. E., Hoffecker, L., Li, G., DiGuiseppi. C. (2017). Association between falls and driving outcomes in older adults: systematic review and meta-analysis. Journal of the American Geriatrics Society, 65, 2596-2602. https://doi.org/10.1111/jgs.15047.
74. Vernon, D. D., Diller, E. M., Cook, L. J., Reading, J. C., Suruda, A. J., & Dean, J. M. (2002). Evaluating the crash and citations rates of Utah drivers licensed with medical conditions, 1992-1996. Accident Analysis & Prevention, 34, 237-246.
75. Vingilis, E., & Wilk, P. (2012). Medical conditions, medication use, and their relationship with subsequent motor vehicle injuries: Examination of the Canadian National Population Health Survey. Traffic Injury Prevention, 13, 327-336. https://doi.org/10.1080/15389588.2012.6 54411.
76. Koepsell, T., Wolf, M. M., & McCloskey, L. (1994). Medical conditions and motor vehicle collision injuries in older adults. Journal of the American Geriatrics Society, 42, 695-700.
77. Henriskkson, P. (2001). Drivers with disabilities: a survey of adapted cars, driving habits and safety. (VTI report 466). Linkoping, Sweden: Swedish National Road and Transport Research Institute.
78. Marottoli, R. A., Allore, H., Araujo, K. L. B., Iannone, L. P., Acampora, D., Gottschalk, M., & Peduzzi, P . (2007). A randomized trial of a physical conditioning program to enhance the driving performance of older persons. Journal of General Internal Medicine, 22, 590-597. https://dx.doi.org/10.1007%2 Fs11606-007-0134-3.
79. Bédard, M., Guyatt, G. H., Stones, M. J., & Hirdes, J. P. (2002). The independent contribution of driver, crash, and vehicle characteristics to driver fatalities. Accident Analysis & Prevention, 34, 717-727. https:// doi.org/10.1016/S0001-4575(01)00072-0.
80. Massie, D. L., & Campbell, K. L. (1993). Analysis of accident rates by age, gender, and time of day based

on the 1990 Nationwide Personal Transportation Survey (Report No. UMTRI-93-7). Ann Arbor, MI: University of Michigan Transportation Research Institute. Retrieved from https://deepblue.lib.umich.edu/ bitstream/ handle/2027.42/1007/83596.0001.001.pdf?sequence=2.

81. Li, G., Braver, E. R., & Chen, L. H. (2003). Fragility versus excessive crash involvement as determinants of high death rates per vehicle mile of travel among older drivers. Accident Analysis & Prevention, 35(2), 227-235. https://doi.org/10.1016/S0001-4575(01)00107-5.
82. Staplin, L., Mastromatto, T., Lococo, K. H., Kenneth W. Gish, K. W., & Brooks, J. O. (2017, August). The effects of medical conditions on driving performance (Report No. DOT HS 812 439). Washington, DC: National Highway Traffic Safety Administration. Retrieved from https://rosap.ntl.bts.gov/view/dot/34990.
83. Gotlin, R. S., Sherman, A. L., Sierra, N., Kelly, M. A., Pappas, Z., & Scott, W. N. (2000). Measurement of brake response time after right anterior cruciate ligament reconstruction. Archives of Physical and Medical Rehabilitation, 81(2), 201-204.
84. MacDonald, W., & Owen, J. W. (1988). The effect of total hip replacement on driving reactions. Journal of Bone Joint Surgery, 70B(2), 202-205. Retrieved from https://pdfs.semanticscholar. org/5066/74684ceee0e 5346b578c7e17ddb97a28b25b.pdf.
85. Hernandez, V.H., Ong, A. Orozco, F., Madden, A.M., & Post, Z. (2015). When is it safe for patients to drive after total hip arthroplasty? Journal of Arthroplasty, 30(4), 627-630. https://doi. org/10.1016/ j.arth.2014.11.015.
86. Liebensteiner, M. C., Kern, M., Haid, C., Kobel, C., Niederseer, D., & Krismer, M. (2010). Brake response time before and after total knee arthroplasty: a prospective cohort study. BMC Musculoskeletal Disorders, 11, 267. https://dx.doi. org/10.1186%2F1471-2474-11-267.
87. Dalury, D. F., Tucker, K. K., & Kelley, T. C. (2011). When can I drive? Brake response times after contemporary total knee arthroplasty. Clinical Orthopaedics and Related Research, 469(1), 82-86. https:// doi.org/10.1007/s11999-010-1507-1.
88. Marques, C. J., Barreiros, J., Cabri, J., Carita, A. I., Friesecke, C., & Loehr, J. F. (2008). Does the brake response time of the right leg change after left total knee arthroplasty? A prospective study. Knee, 15, 295-298. https://doi.org/10.1016/j.knee.2008.02.008.
89. Pierson, J. L., Earles, D. R., & Wood, K. (2003). Brake response time after total knee arthroplasty: When is it safe for patients to drive? Journal of Arthroplasty, 18(7), 840-843.
90. Marecek, G. S., & Schafer, M. F. (2013). Driving after orthopaedic surgery. Journal of the American Academy of Orthopedic Surgery, 21, 696-706.
91. Spalding, T. J., Kiss, J., Kyberd, P., Turner-Smith, A., Simpson, A.H. (1994). Driver reaction times after total knee replacement. The Journal of Bone & Joint Surgery (British Volume) [now The Bone & Joint Journal], 76(5), 754-756.
92. Garbarino, S., Nohili, L., Beelke, M., De Carli, F., & Ferrillo, F. (2001). The contributing role of sleepiness in highway vehicle accidents. Sleep, 24(2), 203-206.

93. Howard, M. E., Desal, A. V., Grunstein R. R., Hukins, C., Armstrong, J. G., Joffe, D., & Pierce, R. J. (2004). Sleepiness, sleep-disordered breathing and accident risk factors in commercial vehicle drivers. American Journal of Respiratory and Critical Care Medicine, 170, 1014-1021. https://doi.org/10.1164/rccm.200312-1782OC.
94. Teran-Santos, J., Jimenez-Gomez, A., Cordero-Guevara, J., and the Cooperative Group Burgos-Santander. (1999). The association between sleep apnea and the risk of traffic accidents. New England Journal of Medicine, 340(11), 847-851. https://doi.org/10.1056/ NEJM199903183401104.
95. Mulgrew, A. T., Nasvadi, G., Butt, A., Cheema, R., Fox, N, Fleetham, J. A., & Ayas, N. T. (2008). Risk and severity of motor vehicle crashes in patients with obstructive sleep apnoea/hypopnea. Thorax, 63, 536-541. https://doi.org/10.1136/thx.2007.085464.
96. George, C. F. (2001). Reduction in motor vehicle collisions following treatment of sleep apnea with nasal CPAP. Thorax, 56(7), 508-512.
97. Vaz Fragoso, C.A., Arauio, K. L., Van Ness, P.H., & Marottoli, R. A. (2008). Prevalence of sleep disturbances in a cohort of older drivers. Journal of Gerontology Series A: Biological Sciences and Medical Sciences, 63, 715-723. Retrieved from https://www.ncbi.nlm.nih.gov/ pmc/articles/PMC3719852/.
98. Hayashino, Y., Yamazaki, S., Nakayama, T., Sokejima, S, & Fukuhara, S. (2008) Relationship between diabetes mellitus and excessive sleepiness during driving. Experimental and Clinical Endocrinology & Diabetes, 116(1), 1-5. https://doi.org/10.1055/s-2007-984442.
99. Vaz Fragoso, C. A., Araujo, K., Van Ness, P., & Marottoli, R. A. (2010). Sleep disturbances and adverse driving events in a predominantly male cohort of active older drivers. Journal of the American Geriatrics Society, 58, 1878-1884. https://doi.org/10.1111/j.15325415.2010.03083.x.
100. Rosenbloom, S., & Santos R. (2014, April). Understanding older drivers: an examination of medical conditions, medication use and travel behavior. Washington, DC: AAA Foundation for Traffic Safety. Retrieved from https://aaafoundation.org/wp-content/ uploads/2018/01/ MedicationTravelBehaviorsReport.pdf.
101. Bramness, J. G., Skurtvelt, S., Neutel, C. L., Mørland, J, & Engeland, A. (2008). Minor increase in traffic accidents after prescriptions of antidepressants: a study of population registry data in Norway. Journal of Clinical Psychiatry, 69, 1099-1103. https://doi. org/10.4088/JCP.v69n0709.
102. Hetland, A., & Carr, D. B. (2014). Medications and impaired driving: a review of the literature. Annals of Pharmacotherapy, 48(4), 494506. https://dx.doi.org/10.1177%2F1060028014520882.
103. Dassanayake, T. (2011). Effects of benzodiazepines, antidepressants and opioids on driving: a systematic review and meta-analysis of epidemiological and experimental evidence. Drug Safety, 34, 125156. https://doi.org/10.2165/11539050-000000000-00000.
104. Hansen, R. N., Boudreau, D. M., Ebel, B. E., Grossman, D. C., & Sullivan, S. D. (2015). Sedative hypnotic medication use and the risk of motor vehicle crash. American Journal of Public Health, 105, e64-e69. https://doi.org/10.2105/AJPH.2015.302723.

105. Nevriana, A., Möller, J., Laflamme. L., & Monárrez-Espino, J. (2017). New, occasional, and frequent use of zolpidem or zopiclone (alone and in combination) and the risk of injurious road traffic crashes in older adult drivers: a population-based case-control and case-crossover study. CNS Drugs, 31(8):711-722. https://doi. org/10.1007/s40263-017-0445-9.

106. Monárrez-Espino, J., Laflamme, L., Rausch, C., Elling, B., & Möller, J. (2016). New opioid analgesic use and the risk of injurious singlevehicle crashes in drivers aged 50-80 years: a population-based matched case-control study. Age Ageing, 45(5), 628-634. https:// doi.org/10.1093/ageing/afw115.

107. Qato, D. M., Wilder, J., Schumm, L.P., Gillet, V., & Alexander, G.C. (2016). Changes in prescription and over-the-counter medication and dietary supplement use among older adults in the United States, 2005 vs 2011. JAMA Internal Medicine, 176(4), 473-482. https://doi.org/10.1001/jamainternmed.2015.8581.

108. Musich, S., Wang, S.S., Ruiz, J., Hawkins, K., & Wicker, E. (2017). Falls-related drug use and risk of falls among older adults: a study in a US Medicare population. Drugs Aging, 34(7), 555-565. https://doi. org/10.1007/s40266-017-0470-x.

109. LeRoy, A. A., & Morse, M. L. (2008, May). Multiple medications and vehicle crashes: analysis of databases (Report No. DOT HS 810 858). Washington, DC: National Highway Traffic Safety Administration. Retrieved from https://www.nhtsa.gov/DOT/ NHTSA/Traffic%20Injury%20Control/ Articles/Associated%20 Files/810858.pdf.

110. Weiler, J. M., Bloomfield, J. R., Woodworth, G. G., Grant, A. R., Layton, T. A., Brown, T.L. & Watson, G. S. (2000). Effects of fexofenadine, diphenhydramine, and alcohol on driving performance. a randomized placebo-controlled trial in the Iowa Driving Simulator. Annals of Internal Medicine, 132(5), 354-363.

111. Tashiro, M., Horikawa, E., Mochizuki, H., Sakurada, Y., Kato, M., Inokuchi, T., & Yanai, K. (2005). Effects of fexofenadine and hydroxyzine on brake reaction time during car driving with cellular phone use. Human Psychopharmacology, 20, 501-509. https://doi. org/10.1002/hup.713.

112. Mattila, M. (1988). Acute and subacute effects of diazepam on human performance: comparison of plain tablet and controlled release capsule. Pharmacological T oxicology, 63(5), 369-374. https://doi. org/10.1111/j.1600-0773.1988.tb00970.x.

113. Aranko, K., Mattila, M. J., & Bordignon, D. (1985). Psychomotor effects of alprazolam and diazepam during acute and subacute treatment, and during the follow-up phase. Acta Pharmacologica T oxicologica, 56(5), 364-372. https://doi. org/10.1111/j.1600-0773 .1985.tb01305.x.

114. The 2019 American Geriatrics Society Beers Criteria® Update Expert Panel. (2019) The 2019 American Geriatrics Society Beers Criteria® for potentially inappropriate medication use in older adults. Journal of the American Geriatrics Society. Published online January 31, 2019. https://doi.org/10.1111/jgs.15767.

115. Avorn, J., Schneeweiss, S., Sudarsky, L. R., Benner, J., Kiyota, Y., Levin, R., & Glynn, R. J. (2005). Sudden uncontrollable somnolence and medication use in Parkinson disease. Archives of Neurology, 62(8), 1242-1248. https://doi.org/10.1001/archneur.62.8.1242.

116. Hobson, D. E., Lang, A. E., Martin, W. R., Razmy, A., Rivest, J., & Fleming, J. (2002). Excessive

daytime sleepiness and sudden-onset sleep in Parkinson disease: a survey by the Canadian Movement Disorders Group. Journal of the American Medical Association, 287(4), 455-463. https://doi.org/10.1001/jama.287.4.455.

第10章　满足老年驾驶人的未来交通需求

关键点：

- 交通规划的讨论应该尽早开始，并经常回顾。
- 鼓励采用综合评估和干预的整体方法，并在必要时促进向限制驾驶或终止驾驶的过渡。
- 分层评估策略为临床办公室和许可机构的风险评估提供了潜在优势，尽管目前还需要更多关于内容、效率和有效性的证据。
- 临床医生应该了解并使用他们所在区域的驾驶评估资源，包括驾驶康复专家。
- 随着新技术的发展，应该评估它们在提高老年驾驶人、乘客和行人安全方面的作用。
- 临床医生参与，以及与驾照颁发相关机构的沟通应得到鼓励和促进。
- 鼓励临床医生、许可机构和相关州/地方/社区机构/组织之间的协调，以帮助老年驾驶人及其护理人员了解并能够获得其社区的交通资源。

前面的章节为临床团队提供了增强老年人驾驶安全性的建议和工具。然而，正如在病人护理的其他方面一样，进一步的研究将促进更有效的护理，对在以下方面取得进一步进展将是有益的：

- 有助于预测发生车辆碰撞事故的风险或确定驾驶适宜性的评估型工具。
- 改善获得驾驶人评估和康复的服务。
- 随着先进技术的发展，在车辆中适当使用这些先进技术的培训。
- 更安全的道路。
- 交通出行方式选择的扩展。
- 提高车辆的耐撞性。
- 降低风险、维持驾驶预期寿命或提高驾驶安全性的干预试验。

为了实现这些目标，需要卫生保健和社区交通管理部门、政策制定者、社区规划者、汽车行业和政府机构之间的协调努力，以实现老年驾驶人安全交通的共同目标。随着人口的持续增长和寿命的延长，面临的挑战在于如何满足交通需求。尽管许多替代交通工具正在开发中（如全自动车辆、高尔夫球车社区、私家车拼车项目），但对老年驾驶人使用这些工具的综述超出了本章的范围。

本章讨论了被认为对改善老年人驾驶安全至关重要的研究、倡议、应用和系统变化。

优化老年驾驶人和乘客安全的车辆设计

与年龄相关的视觉、认知和运动能力的变化可能会影响个人轻松进出机动车辆、评估关键驾驶信息和安全处理交通中机动车复杂性的能力。老年驾驶人也很难从车祸中恢复过来。鼓励车辆制造商探索和实施车辆设计方面的改进，以解决和补偿老年人的生理变化，例如：

- 基于老年驾驶人人体测量参数（即身体尺寸、力量、脆弱度和活动范围）的设计可能更适合进出；座椅安全性和舒适性；安全带/约束系统；以及显示器、镜子和控制器的放置和配置。
- 前照灯设计改进，提高夜间能见度并减少眩光。
- 车载显示的高对比度的清晰字体和符号，有助于补偿与年龄相关的视觉变化。[1]
- 比小型数字设备更容易看到和解释得更清晰的模拟仪表。[2]
- 计算机的持续使用，通过管理安全气囊系统、防抱死制动系统和导航系统，使汽车工业发生革命性的变化。
- 用于评估高危情况的车载工具正在进入市场（如驾驶人监控系统，可监控驾驶人的注视位置和眼睑闭合率，以评估分心和疲劳，并可提供警告）。
- 为脆弱的乘客提供增强的碰撞保护和约束系统的车辆设计，在发生碰撞时可以增强老年驾驶人和乘客的安全。
- 附加功能可能使目前的车辆设计更安全，更便于老年人驾驶。如门框上的扶手和支架可以方便驾驶人和乘客进出，带衬垫的方向盘和座椅调节器手柄（而不是旋钮）可能有利于力量减少的老年人，可调方向盘和脚踏板有助于活动范围有限或身材较小的驾驶人。[3]

尽管老年驾驶人的脆弱性增加，但近年来涉及老年驾驶人的交通事故和死亡率有所下降。通过更好地了解老年驾驶人选择车辆的因素，并将上述问题纳入这一过程，可能会提高这方面的收益。[4] 美国汽车协会网站上有一项旨在促进更适合老年驾驶人选购车辆的工作。[5] 其他可调节的车辆控制和显示可能允许老年人根据不断变化的驾驶能力和需求定制车辆。可能有益于老年驾驶人的安全功能包括智能前照灯、紧急制动响应系统、倒车监控、盲点/车道偏离警告、稳定性控制、辅助停车、语音激活控制、碰撞缓解系统和瞌睡驾驶人警报。[6] 电子稳定性控制现在是所有新车的标准设备，随着它在车辆中变得越来越普遍，可能会进一步提高安全性。[7]

车辆技术正在飞速发展和实施。全自动汽车已经引起了媒体和公众的关注，以及对其安全性和责任问题的审查。尽管如此，许多单独的技术在现有车辆上变得可用。[8] 虽然这些技术在开发中可能不经常考虑年龄或功能限制，但它们将被具有各种能力的驾驶人使用，这些驾驶人对此类技术有不同的需求、期望和偏好。[9,10] 因此，人们可能会担心这些技术对老年驾驶人的利弊。最近的几项研究显示了一些技术的潜在好处，突出了老年驾驶人恰当使用这些技术的知识和培训的重要性。[11-13]

改进用于评估驾驶安全的临床工具

临床医生需要一种评估方法，能够可靠地识别出发生车祸风险增加的老年驾驶人。在临床环境中，可以考虑采用分层评估策略，对老年驾驶人进行常规筛查（基于特定的风险标准），或者对他们的驾驶产生担忧（下文讨论了许可机构的类似策略）。根据筛选结果，将安排驾驶人进行更详细的评估或道路驾驶评估。在不同的临床环境中全面实施这样的策略会带来后勤方面的挑战。[14] 理想的测试将评估与驾驶相关的主要功能，并为纠正或改善任何已识别的状况或功能缺陷的干预措施提供基础。[15] 此外，该工具应简单、便宜、易于管理，并经过验证的，能够预测交通事故风险或驾驶人是否具有通过以表现为基础的、标准化的、可靠而有效的道路测试的能力。

目前，没有一个综合工具可用，部分原因是驾驶能力的多因素性质以及潜在措施的局限性。全局认知测试易于管理和评分，但不足以解决安全驾驶所必需的复杂能力。全局认知测试预测不良驾驶事件的能力有限，越来越多地导致人们关注解决相关认知领域的其他测试，如执行功能、注意力、信息处理速度或视觉空间能力的测试。同样，没有一个单一的衡量标准脱颖而出，部分原因是驾驶风险的多因素性质，以及研究涉及不同的驾驶人群体，他们可能有迥然不同的风险因素。一种方法是将测试范围缩小到患有特定病症或特定疾病（如青光眼、痴呆症）的个体；然而，这显然不能广泛适用。另一种方法是观察捕捉常见风险因素的测试组合。最近的一项研究展示了一种结合测试以优化预测能力的分析方法。随着几项大型纵向研究（如Candrive、LongRoad）的继续，他们的发现可能会在不久的将来继续促进我们对这些问题的理解。

临床团队希望有一种快速、经济、广泛可用的综合工具来确定驾驶建议。在这种工具可用之前，考虑到驾驶的多种复杂性，临床团队可以通过针对每个老年驾驶人的特定优势和限制进行评估和干预，以便更好地提供服务。临床医生可以通过评估与驾驶相关的功能（请参阅第3章）、审查重要医疗健康状况的存在或严重性、功能缺陷和潜在损害驾驶的药物的使用（请参阅第9章）来评估老年驾驶人的潜在驾驶风险。考虑到痴呆症患病率的预计增加，临床医生还应努力确定护理人员的顾虑，并将这些因素纳入评估和干预过程。[16] 临床医生应在病程早期讨论交通规划，并随着病情的进展经常重新讨论该主题。[17]

提高驾驶人康复服务的可用性和可负担性

当临床医生的评估结果不明确，或者无法通过临床团队管理进一步纠正老年人的功能缺陷时，驾驶康复专家是一个很好的资源。驾驶康复专家可以进行综合评估，在实际驾驶任务中观察老年驾驶人，并训练他使用适应性技术或设备补偿自身的医疗健康状况或功能缺陷（请参阅第5章）。

不幸的是，驾驶康复专家的数量仍然是老年驾驶人和临床医生选择的主要障碍。并非所有社区都有驾驶康复专家，而且专家数量太少，无法为所有有需要的老年驾驶人提供服务。另一个常见的障碍是驾驶康复的费用，因为驾驶人评估和康复的费用通常不在医疗保险和私人保险公司的覆盖范围内。

美国职业治疗协会正通过一系列倡议解决这两个问题。美国职业治疗协会设计了一个框架，以增加职业治疗（Occupational Therapy，OT）专业的驾驶康复专家的数量，包括在当前的职业治疗从业者中推广老年驾驶人专业知识的战略、继续教育项目的课程内容以及初级职业治疗教育项目的培训模块。美国职业治疗协会还在继续积极游说，要求对由职业治疗执行的驾驶人评估和康复提供一致的医疗保险和保险覆盖，前提是这些服务属于职业治疗的范围，并且驾驶是日常生活的一项工具性活动。

"OT-DRIVE"，一种新的职业治疗模型，已经被开发出来，以帮助评估老年人潜在的功能能力，以及确定何时需要转给驾驶康复专家。[18] 其他计划正在解决何时纳入非职业治疗的驾驶评估者。[19] 在合理的情况下，为了保持老年驾驶人在道路上的安全行驶，增加对老年人评估和康复的可及性和可负担性至关重要。临床医生需要了解所在地区的驾驶康复专家服务和项目，并尽可能使用这些资源。鼓励该领域的进一步研究，以证明驾驶康复专家服务的有效性和成本效益，并创建标准化的越野和公路驾驶测试，这些测试具有相当高的可靠性、有效性和测试稳定性。将道路试验结果与预期的交通碰撞事故数据相关联仍然是未来研究的一个重要领域。

增加对模拟器综合评估方法和技术应用的研究

经过验证的驾驶人评估技术可以帮助老年人更广泛地获得驾驶人评估。与道路测试相比，模拟驾驶评估提供了许多潜在优势，包括驾驶环境和场景的标准化、时间效率以及测试高危人群的安全性。然而，同样存在许多挑战，包括系统的保真度、真实性与成本/复杂性之间的权衡、老年人群体的耐受性和晕动病，以及评分结果的复杂性。模拟器测试是否仍被看作是评估过程的辅助手段，或者是否能可靠地替代道路评估，还有待观察，尤其是在不太熟悉模拟器使用的人群中。这将有助于确定老龄化人群对计算机和电子游戏的熟悉程度是否会影响模拟器性能或减少崩溃的结果。随着干预措施的发展，确定模拟器培训在课堂和道路培训中的作用将是有益的。随着仪器技术和数据分析能力的进步和更加普及，利用安装在驾驶人车辆上的仪器或车辆技术进行自然驾驶评估，可以提供更接近真实世界驾驶体验。最近的一本教科书回顾了驾驶模拟的潜在用途。[20]

应该继续努力，更好地理解中枢神经系统在驾驶机动车过程中所起到的复杂作用。[21,22] 随着新的诊断工具的开发，可以更好地描述不同的疾病，这将有助于确定这些因素在评判驾驶人风险方面能够发挥的作用。鼓励州许可机构和驾驶人康复项目调查研究模拟驾驶和自然驾驶的使用，以增加公众对可靠驾驶人评估服务的可获得性。这种方法如果整合到当前的实践中或与当前的实践相一致，可以帮助形成临床医生评估和驾驶人康复之间的中间步骤，或者提高许可机构为高危驾驶人提供驾驶人评估的能力。

加强州驾驶证机构在促进老年驾驶人安全方面的作用

作为最终颁发、更新、限制和撤销驾照的机构，每个州的驾驶证机构都有区分不安全驾驶人和安全驾驶人的责任。虽然每个州都有自己的程序，但潜在的不安全驾驶人通常通过以下四种方式之一来识别：个人未能满足驾驶证或驾驶证续期标准；来自个人或家庭的报告；来自临床医生、驾驶康复专家、执法人员和其他人的报告；司法报告。

为了达到驾驶证的标准，驾驶人驾驶证机构最初要求个人通过知识、视力和驾驶技能的评估。许可证续期往往不那么严格，许多州允许通过邮件方式更新。近年来，某些州加大了努力，根据不同的标准规定了特殊的续期程序，以确定识别有风险的驾驶人。这些程序包括缩短更新间隔、面对面更新以及强制重新评估知识、视力或驾驶技能。

许多研究检查了老年驾驶人的安全混杂因素，并假设了最有益的方法。对这一领域的研究综述总结的证据表明，进行现场更新驾驶证与较低的致命交通碰撞事故风险相关，许可证限制与投诉减少相关，更多的更新要求或医疗报告与违法行为相关。[23] 后一项的发现是否被视为积极的结果，取决于个人观点。如果那些针对限制或更严格的更新要求的人，确实面临更大的安全风险，那么公共安全可能会受益。如果没有，这些人的移动性可能受到不利影响，而公共安全却没有明显受益。

这个领域值得进一步调查研究。鼓励各州维持或采用更新程序，以便最有效地识别有风险的驾驶人（请参阅下文加强医疗咨询委员会的作用）。还鼓励各州根据当前的科学数据制定许可标准。如基于过时研究的视力标准可能不必要地限制所有驾驶人，尤其是老年驾驶人。除了目前使用的视觉筛查之外，驾照机构可能还希望使用更新的工具（如对比敏感度和有效视野测试），这些工具已被证明与车辆碰撞事故风险相关。[24,25] 其中一些工具，以及其他功能和驾驶技能的测试，已经由加利福尼亚州机动车辆部作为其三级评估系统的一部分进行了现场测试。虽然这种方法有许多概念上的优势，但经过测试，其有效性仍存在局限性。我们可以从这个大规模的、实际的实验中吸取许多经验教训，所有司法管辖区都将受益于更好地理解什么有效，什么无效，以及如何改进方法和实施。[26,27] 在马里兰州，有一种分层的方法被用来识别和评估患者的医疗健康状况，这些患者的认知功能下降是在提交给许可机构的材料中提出的。这个群体中的大多数驾驶人都是老年驾驶人。免费的五要素筛查测试通常被用于评估这些个体。[28,29]

驾驶证机构也可以为老年驾驶人建立一个更可靠的系统。如该机构可以与有风险驾驶人的临床团队或医疗咨询委员会更密切地合作，通过治疗纠正功能缺陷。有很大康复潜力的驾驶人可以由许可机构推荐给驾驶康复专家学习适应性技术和设备。许可机构也可以考虑老年驾驶人的驾驶需求，只要有可能就发放限制（如地理或时间）驾驶证，以帮助驾驶人保持驾驶能力，同时保护他的安全。对于必须放弃驾照的老年驾驶人，该机构可以提供寻找替代交通工具的指导，并与其他机构联系，这可能有助于老年人确定可用的资源。

有风险驾驶人也可以通过临床医生的介绍引起驾驶证机构的注意。然而，许多临床医生不知道所在州的转诊程序，其他人担心违反保密的法律责任。[30] 随着《健康保险流通与责任法案》（HIPAA）的出现，临床医生可能对他们应该或可以在转诊中提供的患者信息的范围和细节有疑问。驾驶证机构可以通过建立明确的指南和简单的转诊程序（如可以在线访问的综合转诊表格）以及提高临床医生对这些指南和转诊程序的认识来鼓励临床医生转诊。2012年的一项审查对北美52个司法管辖区使用的表格提出了批评，并就最佳做法提出了一些建议。[31] 在许多州，将老年驾驶人转介到其所在州的驾驶证机构的临床医生没有获得针对违反患者保密义务的法律保护。事实上，几个州鼓励或要求临床医生报告受损驾驶人，但没有具体提供法律保护。大多数规定善意报告豁免权的法规仅适用于医生。

临床医生应加入所在州的倡导团体，通过公平的法律，保护善意报告的临床医生，并确保匿名报告。提供豁免的法规应包括所有参与护理和评估驾驶人的临床团队成员，这些驾驶人对驾驶的健康状况有所担忧（如医师、执业护士、医师助理、驾驶康复专家、社会工作者、药剂师、职业治疗师、护士、心理学家等）。鼓励州立法机构建立或维护善意举报法律，为临床医生和其他向州许可机构报告潜在受损驾驶人的人提供免于违反保密诉讼的豁免权。

州许可机构应参与面向临床医生、执法人员、驾驶人及其护理人员的外联教育，以提高他们对向该机构报告医疗健康状况的义务的认识，这可以促进早期干预。一个拥有信息和资源的易于访问的网站是必不可少的。理想情况下，医疗审查单位的工作人员或医疗咨询委员会的成员应能参与外联教育工作，并应与适当的机构和团体（如老龄问题部门、医疗保健专业协会等）合作，促进外联教育。

未来的老年驾驶人将面临越来越复杂的驾驶能力问题。如姑息治疗提供者可能会面临一个老年驾驶人继续在超过医疗健康状况的时间驾驶。此类案例将对医学理解、道德和法律咨询提出挑战。[32] 医疗保健团队和许可机构应该为未来几年的不同驾驶能力情况做好准备。

加强医疗咨询委员会的作用

医疗咨询委员会（MAB）通常由获得州驾驶证的临床医生组成，他们与驾驶证机构合作，确定精神或身体状况是否会损害个人的安全驾驶能力。医疗咨询委员会的规模、作用和参与程度因各个州而异。[33] 如马里兰州机动车辆管理局的医疗咨询委员会审查个人安全驾驶的适宜性，而加利福尼亚州的医疗咨询委员会向驾驶证机构的工作人员提供建议，用于制定影响医学上和功能上受损的驾驶人的政策。

鼓励各州驾驶证机构加强其医疗咨询委员会的作用，以提高为老年驾驶人评估、康复和支持的能力。还鼓励缺乏医疗咨询委员会的州成立一个多学科医疗专家小组，以制定和实施关于本州持证驾驶人医疗健康状况的建议。此类建议应基于最新的科学数据，并在高效的审查过程中实施。

美国国家公路交通安全管理局和美国机动车管理协会完成了一项对各州医疗咨询委员会的研究。该项目详细说明了各州医疗咨询委员会的功能、监管指南以及实施筛查、咨询和转诊活动的障碍。[34] 这项研究的执行摘要为那些给医学上受损的驾驶人颁发驾驶证的州提供了许多重要的建议，包括：

- 每个州都应该有一个积极的委员会来制定标准和指导方针，并参与驾驶适宜性评估。

- 委员会成员应该得到足够的报酬。
- 临床医生应该享有报告豁免权。
- 应考虑国家标准和形式，以及转诊移动性咨询或驾驶康复专家。

提高公众对可能影响驾驶的药物副作用的认识

许多处方药和非处方药都有可能损害驾驶人的表现。尽管有药物标签上警告和临床医生的咨询，但许多老年驾驶人及其护理人员没有意识到这些风险。

为了解决这个问题，国家运输安全委员会（National Transportation Safety Board，NTSB）建议美国食品和药物管理局（Food and Drug Administration，FDA）为所有可能影响车辆操作能力的处方药和非处方药建立一个清晰、一致且易于识别的警告标签。该建议是2001年11月举行的FDA和NTSB联合公开会议的焦点。[35] 该会议介绍了关于镇静药物效果和发生车辆碰撞事故的风险的流行病学和控制数据的演示，以及旨在测试药物可能损害驾驶程度的设备创新者的演示。会议的结果是，FDA和NTSB得出结论，必须采取措施更好地教育公众，并给临床医生关于潜在的驾驶人损害药物的不良影响。鼓励努力增加老年驾驶人、护理人员和临床医生的教育，并为消费者提供澄清标签。

目前，药物制造商没有定期测试其产品对驾驶的影响，也不要求他们非要这样做。鼓励识别和常规使用有效的测试参数，识别可能影响安全驾驶能力的药物。类似地，这些参数可以用于识别按照指示使用时通常不会损害驾驶人的药物。

自我意识提升和适当的自我调节

一般来说，老年驾驶人通过自我调节改变他们的驾驶习惯。一些驾驶人参与教育项目或职业治疗干预，通过提高对可疑驾驶习惯的认识、学习适应性策略，降低发生车辆碰撞事故的风险。职业治疗干预帮助老年驾驶人在他们自己和他们的驾驶环境中提高客观性。[36] 在晚年，女性和男性都会对其健康和驾驶能力的个体变化进行补偿，但最近的一项研究发现，随着时间的推移，年长的女性比年长的男性更有可能终止或限制驾驶，与这些变化相关的因素因性别而异。[37] 最近的另一项使用自然驾驶数据的研究发现，与年轻驾驶人和中年驾驶人相比，年长的女性在驾驶频率方面存在许多年龄和性别的差异。[38]

适合老年驾驶人和行人的最佳环境

为了促进就地老化，鼓励临床团队对老年驾驶人必需的环境特征持现实态度。最近的一项审查指出，老年驾驶人在做出行动选择时应优先考虑安全因素。其他可取的因素包括美学（干净的环境）、土地使用（商业/住宅可用性）、街道网络的形式，以及老年驾驶人对利用其环境的这些特征的认知和身体能力。[39] 许多老年驾驶人在道路和公路上处于不利地位，这些道路和公路是年轻人最常用的，传统上是为年轻人设计的。在对2422名50岁及以上的人进行的电话调查中，近1/5的参与者认为不体贴的驾驶人是一个主要问题。其他常见的问题包括交通拥堵、犯罪和快速交通。[40]

这些问题可以通过交通执法、更好的道路和交通控制设计得到改善。参加了艾奥瓦州老年驾驶人论坛的近200名艾奥瓦州人（老年驾驶人、交通专业人员和高级相关专业人员）的主要要求之一是加强限速和攻击性驾驶法律的实施。[41] 在道路和交通工程方面，联邦公路管理局在其《老年人道路设计手册》（*Handbook for Designing Roadways for the Aging Population*）中认识并解决了老年驾驶人的需求，该手册是对公路几何、操作和交通控制设备领域现有标准和指南的补充。[42] 这些设计特点可用于新建筑、现有结构的翻新和维护，以及在存在或预计存在安全问题的某些地点进行“现场”处理。联邦公路管理局手册定期更新，纳入关于设计和工程改进效果的最新研究，以适应老年驾驶人。

更好的驾驶替代方案

驾驶的替代方案往往不理想或不存在。当面临不安全驾驶或失去机动性的选择时，老年驾驶人可能会冒着对自己和其他道路使用者的安全风险继续驾驶。

一项系统回顾和综合分析研究证实了终止驾驶的潜在负面影响。[43] 一项研究表明，由生活空间直径定义的外出活动能力随着年龄的增长而逐渐减少，但随着驾驶能力的停止而显著减少。[44] 科尔和同事发现，终止驾驶不仅对老年驾驶人有负面影响，对他们的配偶也有负面影响。[45] 从积极的方面来看，拉波波特回顾了关于终止驾驶干预的文献，发现虽然研究相对较少，方法各不相同，但它们确实显示出了益处。[46] 虽然获得和使用技术的能力可能是一个限制因素，但几项研究表明，提供技术获取和培训的项目可能是有益的。[47,48]瑞尔森描述了美国退休人员协会基金会和几个组织正在进行的合作，以确定获得和协助搭车服务是否有利于健康。[49]

现有的交通方式显然需要优化，以便老年驾驶人使用。在一项对2422名50岁及以上人群的电话调查中，拼车出行是第二常见的交通方式（仅次于开车）。然而，近1/4的调查参与者表示，依赖感和对强制使用的担忧是使用过程中的障碍。只有不到5%的调查参与者认为公共交通是常用的交通方式，许多人认为抵达目的地不方便、交通不便和害怕犯罪是使用的障碍。由于成本高，只有不到5%的人将出租车作为常用交通方式。[40] 在解决障碍之前，这些交通方式对许多老年驾驶人来说仍然是次优的。

在某些社区也有专门为老年驾驶人设计的交通项目，如老年班车和面包车。许多地方已经采用了独立的交通网络模式。[50] 这些计划解决了老年驾驶人友好型交通方式的五个A：可用性

（Availability）、可获得性（Accessibility）、可接受性（Acceptability）、可负担性（Affortability）和适应性（Adaptability），具体内容见下文。[51] 随着老年驾驶人口数量的持续增长，鼓励创建新项目或扩大现有项目以跟上乘客的需求，并加强社区推广，提高老年人对这些项目的认识。

老年驾驶人友好型交通的五个A[1]包括：

- 可用性（Availability）：交通工具是存在的，并在需要时可用（如晚上、工作日和周末）。
- 可获得性（Accessibility）：交通工具可以到达和使用（如公共汽车座位足够高，车辆可以到达门口，公交车站可以到达）。
- 可接受性（Acceptability）：处理标准，包括清洁和安全（如运输车辆是干净的，中转站在安全的区域，驾驶人是礼貌和乐于助人的）。
- 可负担性（Affortability）：处理成本（如费用是可负担的，优惠券或优惠券可用于支付自付费用）。
- 适应性（Adaptability）：交通工具可以修改或调整，以满足特殊需求（如车辆可以容纳轮椅，可形成行程链，可以提供护送）。

职业治疗学科一直处于驾驶和社区移动性问题的前沿。这项工作提醒临床团队在咨询老年驾驶人时要保持以客户为中心的方法，避免一刀切的观点。大多数临床团队成员，尤其是职业治疗师都认为，通常没有单一的身体和认知能力因素足以要求老年人终止驾驶，而是需要一种多维的方法。[52] 不同的驾驶适宜性评估工具和模拟器评估技术的数量反映了这些策略旨在评估的老年驾驶人的异质性。

为了解决这些问题，需要更好地定义、描述和传播流程中涉及的所有各方的角色和责任。驾驶人、护理人员、临床医生、驾驶康复专家、其他卫生专业人员、许可机构和其他社区/州/国家机构和组织都可以发挥作用。整个社会都需要参与对可接受的风险阈值的讨论。在确定潜在驾驶安全困难风险增加的驾驶人的过程中，需要对风险进行公平和适当的评估，识别可能影响风险的因素，考虑降低风险的干预措施，并确定如果驾驶人愿意或如果干预措施不可能或成功，促进向限制驾驶或终止驾驶过渡的方法。需要在所涉各方之间进行更多的沟通和协调，并展示进程中不同步骤的有效性，以及更多关于可行性和可持续性的信息。需要对这一过程采取全面的方法，不仅要考虑驾驶，还要考虑广义上的机动性。[53] 理想的系统还应考虑相互竞争的风险（如跌倒、行人安全）以及可能对这些风险有利的干预措施。最近的一项研究强调了这一领域的进展以及仍需解决的问题。[54] 在过去10~15年中出现的证据允许一个现实地考虑，从同意驾驶还是禁止驾驶、许可还是吊销许可的决定扩展到包括干预的讨论。已开发的干预措施可增强相关功能，提高驾驶人对缺陷的意识、临床医生和护理人员对如何解决该问题的意识，以及促进老年驾驶人向终止驾驶的过渡。[55-64] 许多研究都是初步的或小规模的，需要更多关于如何扩大其适用性和确定辅助效果的研究信息。

虽然这些问题和其他问题需要答案，但好消息是现在比过去任何时候都有更多的初步信息。因此，我们可以从整体上考虑一种更全面、综合的驾驶安全和机动性方法成为现实，这种方法可

1 资料来源："为老年人提供的补充交通项目"（Supplemental Transportation Programs for Seniors），贝弗利基金会。

以更好地平衡个人自主性、机动性以及公共健康和安全。这种整体方法反映了当前许多国家、州和地方的努力，更广泛地考虑了交通、健康、住房和环境因素的相互关系和一体化。这种倡议的例子包括由美国交通运输部、环境保护局以及住房和城市发展部建立的可持续社区机构间伙伴关系。美国退休人员协会、疾病控制中心和美国公共卫生协会等机构倡导并调查了许多主题相似或重叠的其他倡议，如就地老龄化、完整街道和宜居社区。其他倡议，如由美国交通部联邦运输管理局管理的无障碍和移动伙伴关系赠款项目（以前称为乘车健康项目），直接解决了运输和健康因素之间的联系。诸如此类的项目应得到鼓励和研究，目的是提高和优化其有效性、使用效率和可持续性。

参考文献

1. Schieber, F. (1994). High-priority research and development needs for maintaining the safety and mobility of older drivers. Experimental Aging Research, 20, 35-43. https://doi.org/10.1080/03610739408253952.
2. Koonce, J. M., Gold, M., & Moroze, M. (1986). Comparison of novice and experienced pilots using analog and digital flight displays. Aviation and Space Environmental Medicine, 57(12 pt. 1), 1181-1184.
3. Organization for Economic Co-Operation and Development. (2001). Ageing and Transport: Mobility Needs and Safety Issues. Paris, pp. 60, 69-71.
4. Cicchino, J. B., & McCartt, A. T. (2014). Trends in older driver crash involvement rates and survivability in the United States: an update. Accident Analysis & Prevention, 72, 44-54. https://doi.org/10.1016/j.aap.2014.06.011.
5. AAA Senior Driving. (2015). Find the Right Vehicle for You. Retrieved from https://seniordriving.aaa.com/maintain-mobility-independence/car-buying-maintenance-assistive-accessories/smartfeatures/.
6. The Hartford Financial Services Group, Inc. (2012). T op T echnologies for Mature Drivers. Hartford, CT. Retrieved from https://s0.hfdstatic.com/sites/the_hartford/files/top-technology-mature-drivers.pdf.
7. Ferguson, S. A. (2007). The effectiveness of electronic stability control in reducing real-world crashes: a literature review. Traffic Injury Prevention, 8, 329-338. https://doi.org/10.1080/15389580701588949.
8. Nunes, A., Reimer, B., & Coughlin, J. F. (2018). People must retain control of autonomous vehicles. Nature, 556, 169-171. Retrieved from https://www.nature.com/articles/d41586-018-04158-5.
9. Eby, D. W., Molnar, L. J., Zhang. L., St. Louis, R. M., & Stanciu, S. (2016). Use, perceptions, and benefits of automotive technologies among aging drivers. Injury Epidemiology, 3(1), 28. https://doi.org/10.1186/s40621-016-0093-4.
10. Young, K. L., Koppel, S., & Charlton, J. L. (2017). T oward best practice in Human Machine Interface design for older drivers: a review of current design guidelines. Accident Analysis & Prevention, 106, 460-467. https://doi.org/10.1016/j.aap.2016.06.010.
11. Aksan, N., Sager, L., Hacker, S., Lester, B., & Foley, J. (2017). Individual differences in cognitive functioning predict effectiveness of a heads-up land departure warning for younger and older drivers. Accident Analysis & Prevention, 99(Part A), 171-183. https://doi.org/10.1016/j.aap.2016.11.003.
12. Cicchino, J. B. (2017). Effectiveness of forward collision warning and autonomous emergency braking systems in reducing front-to-rear crash rates. Accident Analysis & Prevention, 99, 142-152. https://doi.org/10.1016/j.aap.2016.11.009.
13. Keall, M. D., Fildes, B., & Newstead, S. (2017). Real-world evaluation of the effectiveness of reversing camera and parking sensor technologies in preventing backover pedestrian injuries. Accident Analysis & Prevention, 99(Part A), 39-43. https://doi.org/10.1016/j.aap.2016.11.007.
14. Bennet, J. A., Chekaluk, E., & Batchelor, J. (2016). Cognitive tests and determining fitness to drive in dementia: a systematic review. Journal of the American Geriatrics Society, 64, 1904-1917. https://doi.

org/10.1111/jgs.14180.

15. Gibbons, C., Smith, N., Middleton, R., Clack, J., Weaver, B., Dubois, D., & Bedard, M. (2017). Using serial trichotomization with common cognitive tests to screen for fitness to drive. American Journal of Occupational Therapy, 71(2), 7102260010. https://doi.org/10.5014/ajot.2017.019695.
16. Meuser, T. M., Carr, D. B., Unger, E. A., & Ulfarsson, G. F. (2015). Family reports of medically impaired drivers in Missouri: cognitive concerns and licensing outcomes. Accident Analysis & Prevention, 74, 17-23. https://doi.org/10.1016/j.aap.2014.10.002.
17. Wheatley, C. J., Carr, D. B., & Marottoli, R. A. (2014). Consensus statement on driving for persons with dementia. Occupational Therapy in Health Care, 28(2), 132-139. https://doi.org/10.3109/07380577.2014.903583.
18. Schold Davis, E. & Dickerson, A. E. (2017). OT -DRIVE: Integrating the IADL of driving and community mobility into routine practice. OT Practice, 22, 8-14.
19. Dickerson, A. E., Schold-Davis, E., Stutts, J., & Wilkins, J. (2018). Development and pilot testing of the driving check-up: expanding the continuum of services available to assist older drivers. AAA Foundation for Traffic Safety, Washington, D.C. Retrieved from https://aaafoundation.org/wp-content/uploads/2018/05/AAAFTS-Driving-Check-Up-Final-Report-text-and-appendices-FINAL.pdf.
20. Classen, S. (2017). Driving simulation for assessment, intervention, and training: a guide for occupational therapy and healthcare professionals. 1st edition.
21. Walter, H., Vetter, S. C., Grothe, J., Wunderlich, A. P., Hahn, S., & Spitzer, M. (2001). The neural correlates of driving. Neuroreport, 12(8), 1763-1767.
22. Ott, B. R., Heindel, W. C., Whelihan, W. M., Caron, M.D., Piatt, A. L., & Noto, R. B. (2000). A single-photon emission computed tomography imaging study of driving impairment in patients with Alzheimer's disease. Dementia and Geriatric Cognitive Disorders, 11(3), 153-160. https://doi.org/10.1159/000017229.
23. Dugan, E., Barton, K. N., Coyle, C., & Lee, C. M. (2013). U.S. policies to enhance older driver safety: a systematic review of the literature. Journal of Aging & Social Policy, 25, 335-352. https://doi.org/10.1080/08959420.2013.816163.
24. Owsley, C., Stalvey, B. T., Wells, J., Sloane, M. E., & McGwin, G. Jr. (2001). Visual risk factors for crash involvement in older drivers with cataracts. Archives of Ophthalmology, 119, 881-887.
25. Owsley, C., Ball, K., & McGwin, G. (1998). Visual processing impairment and risk of motor vehicle crash among older adults. Journal of the American Medical Association, 279, 1083-1088.
26. Hennessy, D. F., & Janke, M. K. (2009). Clearing a Road to Being Driving Fit by Better Assessing Driving Wellness: Development of California's prospective three tier driving-centered assessment system. (Report No. RSS-OS-216). Sacramento: California Department of Motor Vehicles. Retrieved from https://www.dmv.ca.gov/portal/wcm/connect/e0828d7f-59db-4118-acc3-0272510127a3/S2-216.pdf?MOD=AJPERES&CONVERT_TO=url&CACHEID=e0828d7f-59db-4118-acc3-0272510127a3.
27. Camp, B. J. (2014). The overall program effects of California' s 3-tier assessment system pilot on

crashes and mobility among senior drivers. Journal of Safety Research, 47, 1-8. https://doi.org/10.1016/j.jsr.2013.06.002.

28. Ball, K., Roenker, D. L., Wadley, V. G., Edwards, J. D., Roth, D. L., McGwin, G. Jr, & Dube, T. (2006) Can high-risk older drivers be identified through performance-based measures in a department of motor vehicles setting. Journal of American Geriatrics Society, 54(1), 77-84. https://doi.org/10.1111/j.1532-5415.2005.00568.x.
29. Soderstrom, C. A., & Joyce, J. J. (2008). Medical review of fitness to drive in older drivers: the Maryland experience. Traffic Injury Prevention, 9, 342-349. https://doi.org/10.1080/15389580801895301.
30. Cable, G., Reisner, M., Gerges, S., & Thirumavalavan, V. (2000). Knowledge, attitudes, and practices of geriatricians regarding patients with dementia who are potentially dangerous automobile drivers: a national survey. Journal of the American Geriatrics Society, 48(1), 14-17.
31. Meuser, T. M., Berg-Weger, M., Niewoehner, P. M., Harmon, A. C., Kuenzie, J. C., Carr, D. B., & Barco, P. D. (2012). Physician input and licensing of at-risk drivers: a review of all-inclusive medical evaluation forms in the US and Canada. Accident Analysis & Prevention, 46, 8-17. https://doi.org/10.1016/j.aap.2011.12.009.
32. Gaertner, J., Vent, J., Greinwald, R., Rothschild, M. A., Ostgathe, C., Kessel, R., & Voltz, R. (2011). Denying a patient's final will: public safety vs. medical confidentiality and patient autonomy. Journal of Pain Symptom Management, 42, 961-966. https://doi.org/10.1016/j.jpainsymman.2011.08.004.
33. Raleigh, R., & Janke, M. (2001). The role of the medical advisory board in DMVs: protecting the safety of older adult drivers. Maximizing Human Potential: Newsletter of the Network on Environments, Services and T echnologies for Maximizing Independence. American Society on Aging, 9(2), 4-5.
34. Lococo, K. H, & Staplin, L. (2005, July). Strategies for medical advisory boards and licensing review (Report No. DOT HS 809 874). Washington, DC: National Highway Traffic Safety Administration. Retrieved from https://one.nhtsa.gov/people/injury/research/MedicalAdvisory/index.html.
35. National Transportation Safety Board. (2000, January 13). Safety Recommendation I-00-5.
36. Golisz, K. (2014). Occupational therapy interventions to improve driving performance in older adults: a systematic review. American Journal of Occupational Therapy, 68, 662-669. https://doi.org/10.5014/ajot.2014.011247.
37. Marie Dit Asse, L., Fabrigoule, C., Helmer, C., Laumon, B., & Lafont, S. (2014). Automobile driving in older adults: factors affecting driving restriction in men and women. Journal of American Geriatrics Society, 62, 2071-2078. https://doi.org/10.1111/jgs.13077.
38. Molnar, L. J., Eby, D. W., Bogard, S. E., LeBlanc, D. J., & Zakrajsek, J. S. (2018). Using naturalistic driving data to better understand the driving exposure and patterns of older drivers. Traffic Injury Prevention, 19, S83-S88. https://doi.org/10.1080/15389588.2017.1379601.
39. Yen, I. H., Flood, J. F., Thompson, H., Anderson, L. A., & Wong, G. (2014). How design of places promotes or inhibits mobility of older adults: realist synthesis of 20 years of research. Journal of Aging

Health, 26, 1340-1372. https://dx.doi.org/10.1177%2F0898264314527610.

40. Ritter, A. S., Straight, A., & Evans, E. (2002). Understanding Senior Transportation: Report and Analysis of a Survey of Consumers Age 50+. Washington, DC: American Association for Retired Persons. Retrieved from https://assets.aarp.org/rgcenter/il/2002_04_transport.pdf.
41. Iowa Safety Management System: Safe Mobility Decisions for Older Drivers Forum. June 19-20, 2002; Ames, IA. The Forum Outlined.
42. Brewer, M., Murillo, D., & Pate, A. (2014). Handbook for designing roadways for the aging population. (Report No. FHWA-SA-14-015). Washington, DC: Federal Highway Administration. Retrieved from https://safety.fhwa.dot.gov/older_users/handbook/aging_driver_handbook_2014_final%20.pdf.
43. Chihuri, S., Mielenz, T. J., DiMaggio, C. J., Betz, M. E., & Li, G. (2016). Driving cessation and health outcomes in older adults. Journal of the American Geriatrics Society, 64,332-341. https://doi.org/10.1111/jgs.13931.
44. Huisingh, C., Levitan, E. B., Sawyer, P., Kennedy, R., Brown, C. J., & McGwin, G. (2017). Impact of driving cessation on trajectories of life-space scores among community-dwelling older adults. Journal of Applied Gerontology, 36(12), 1433-1452. https://doi.org/10.1177/0733464816630637.
45. Curl, A. L., Proulx, C. M., Stowe, J. D., & Cooney, L. M. (2015). Productive and social engagement following driving cessation: a couple-based analysis. Research on Aging, 37(2), 171-199. https://doi.org/10.1177%2F0164027514527624.
46. Rapoport, M. J., Cameron, D. H., Sanford, S., & Naglie, G. (2017). A systematic review of intervention approaches for driving cessation in older adults. International Journal of Geriatric Psychiatry, 32, 484-491. https://doi.org/10.1002/gps.4681.
47. Czaja, S. J., Boot, W. R., Charness, N., Rogers, W. D., & Sharit, J. (2017). Improving social support for older adults through technology: findings from the PRISM randomized controlled trial. The Gerontologist, 58(3), 467-477. https://doi.org/10.1093/geront/gnw249.
48. Gardner, P. J., Netherland, J., & Kamber, T. (2012). Getting turned on: using ICT training to promote active aging in New York City. The Journal of Community Informatics, 8(1). Retrieved from http://ci-journal.net/index.php/ciej/article/view/809.
49. Ryerson, L.M. (2017). Innovations in social connectedness. Public Policy & Aging Report, 27(4), 124-126. https://doi.org/10.1093/ppar/prx031.
50. ITNAmerica. (2015). What We Do. Retrieved from https://www.itnamerica.org/what-we-do.
51. Beverly Foundation. (2011, June). Supplemental Transportation Programs for Seniors. Washington, DC: AAA Foundation for Traffic Safety.
52. Dickerson, A. E., Meuel, D. B., Ridenour, C. D., & Cooper, K. (2014). Assessment tools predicting fitness to drive in older adults: a systematic review. American Journal of Occupational Therapy, 68(6), 670-680. https://doi.org/10.5014/ajot.2014.011833.
53. Satariano, W. A., Guralnik, J. M., Jackson, R. J., Marottoli, R. A., Phelan, E. A., & Prohaska, T. R. (2012).

Mobility and aging: new directions for public health action. American Journal of Public Health, 102, 1508-1515. https://doi.org/10.2105/AJPH.2011.300631.

54. Dickerson, A. E., Molnar, L. J., Bedard, M., Eby, D. W., Berg-Weger, M., & Silverstein, N.M. (2019). Transportation and aging: an updated research agenda to advance safe mobility among older adults transitioning from driving to non-driving. The Gerontologist, 59(2), 215-221. https://doi.org/10.1093/geront/gnx120.
55. Owsley, C., McGwin, G., Sloane, M., Wells, J., Stalvey, B. T., & Gauthreaux, S. (2002). Impact of cataract surgery on motor vehicle crash involvement by older adults. Journal of the American Medical Association, 288, 841-849. https://doi:10.1001/jama.288.7.841.
56. Owsley, C., Stalvey, B. T., & Phillips, J. (2003). The efficacy of an educational intervention in promoting self-regulation among high risk-older drivers. Accident Analysis & Prevention, 35, 393-400. https://doi.org/10.1016/S0001-4575(02)00016-7.
57. Eby, D. W., Molnar, L. J., Shope, J. T., Vivoda, J. M, & Fordyce, T. A. (2003). Improving older driver knowledge and self- awareness through self-assessment: The Driving Decisions Workbook. Journal of Safety Research, 34(4), 371-381. https://doi.org/10.1016/j.jsr.2003.09.006.
58. Roenker, D. L., Cissell, G. M., Ball, K. K., Wadley, V. G., & Edwards, J. D. (2003). Speed-of-processing and driving simulator training result in improved driving performance. Human Factors, 45, 218-233. https://doi.org/10.1518/hfes.45.2.218.27241.
59. Marottoli, R. A., Allore, H., Araujo, K. L. B., Iannone, L. P., Acampora, D., Charpentier, P., & Peduzzi, P. (2007). A randomized trial of a physical conditioning program to enhance the driving performance of older persons. Journal of General Internal Medicine, 22, 590-597. https://dx.doi.org/10.1007%2Fs11606-007-0134-3.
60. Marottoli, R. A., Allore, H., Araujo, K. L. B., Iannone, L. P., Acampora, D., Gottschalk, M, Peduzzi, P. (2007). A randomized trial of an education program to enhance older driver performance. The Journals of Gerontology, Series A: Biological Science and Medical Sciences, 62A: 113-119. https://doi.org/10.1093/gerona/62.10.1113.
61. Stern, R. A., D'Ambrosio, L. A., Mohyde, M., Carruth, A., Tracton-Bishop, B., Hunter, J. C., Coughlin, J. F. (2008). At the crossroads: development and evaluation of a dementia caregiver group intervention to assist in driving cessation. Gerontology & Geriatrics Education, 29, 363-382. https://doi.org/10.1080/02701960802497936.
62. Ball, K., Edwards, J. D., Ross, L. A., & McGwin, G. Jr. (2010) Cognitive training decreases motor vehicle collision involvement of older drivers. Journal of the American Geriatrics Society, 58, 2107-2113. https://doi.org/10.1111/j.1532-5415.2010.03138.x.
63. Meuser, T. M., Carr, D. B., Irmiter, C., Schwartzberg, J. G., & Ulfarsson, G. F. (2010). The American Medical Association Older Driver Curriculum for health professionals: changes in trainee confidence,

attitudes, and practice behavior. Gerontology & Geriatrics Education, 31, 290-309. https://doi.org/10.1080/02701960.2010.528273.

64. Liddle, J., Haynes, M., Pachana, N. A., Mitchell, G., McKenna, K., & Gustafsson, L. (2014). Effect of a group intervention to promote older adults' adjustment to driving cessation on community mobility: a randomized controlled trial. Gerontologist, 54, 409-422. https://doi.org/10.1093/geront/gnt019.

附录 1
CPT 代码®

CPT代码®

如果适用，以下的现行程序术语（Current Procedural Terminology，CPT®）代码可用于驾驶人评估和咨询。这些代码摘自《现行程序术语》2018专业版，由美国医学会于2017年发行。

驾驶人评估和咨询过程中，在选择适当的CPT®代码时，首先，要像往常一样确定患者就诊的主要原因。本指南中描述的服务通常属于CPT中的评估和管理服务（Evaluation and Management，E/M）。其次，选择相应的E/M类别以及子类别。如果您选择预防医学服务类别中的代码，请参考表1。如果您在E/M服务之外提供额外的服务，则可以参考表2中的代码。

评估和管理—预防医学服务 **表1**

如果患者就诊的主要原因属于预防医学服务的E/M类别，请选择以下代码之一：

99386 99387	40~64岁 ≥65岁	**新患者，初期综合预防医学服务** 对个人的评估和管理，包括与年龄和性别相适应的病史、检查、咨询/预见性指导/降低风险因素干预，以及实验室/诊断程序的排序。 这些代码适用于报告新患者（或3年或3年以上未就诊的患者）的预防医学E/M服务，其中可能包括对驾驶人安全的评估和咨询
99396 99397	40~64岁 ≥65岁	**已建档患者，定期综合预防医学服务** 对个人的评估和管理，包括与年龄和性别相适应的病史、检查、咨询/预见性指导/降低风险因素干预，以及实验室/诊断程序的排序
99401 99402 99403 99404	大约15分钟 大约30分钟 大约45分钟 大约60分钟	**预防医学，个人咨询** 预防医学咨询和降低风险因素的干预措施 作为一种单独的会面，会因年龄不同而有所不同，服务过程应该涉及家庭问题、饮食、锻炼习惯、药物使用、预防受伤、牙齿健康以及会面时可获得的诊断和实验室测试结果等问题（这些代码不能用于报告向有症状或已确诊疾病的患者提供的咨询和为降低风险因素而采取的干预措施）。 这些是基于时间的代码，将根据咨询患者所花费的时间进行报告。驾驶人安全或终止驾驶咨询属于伤害预防的范畴。请注意，对于终止驾驶咨询，给患者后续信件的副本可以作为附加文件添加在患者的病历中（信函样本参见第6章）

注：预防医学服务代码99386-99387和99396-99397每年只能报告一次。如果在执行此预防医学E/M服务的过程中遇到异常或解决了先前存在的问题，则还应报告相应的办公室/门诊代码99201-99215。应在办公室/门诊服务代码中添加修改符25，以表明其重要程度。可单独识别的E/M服务是由同一个医生在预防医学服务当天提供的。请参见下面的示例。

附加代码 **表2**

以下代码可用于驾驶相关技能的临床评估（Clinical Assessment of Driving Related Skills，CADReS）管理（参见第3章）。如果您完成整个评估，可使用代码 95831、96160、96161以及99172或99173。CADReS评分表可以作为报告。

代码	说明
95831	肌肉测试，手动（单独的程序）和报告；四肢（不包括手）或躯干
96160	以患者为中心的健康风险评估工具（如健康危害评估）的管理，并按照标准化工具进行评分和记录
96161	为了患者的利益，以护理人员为中心的健康风险评估工具（如抑郁症清单）的管理，并按照标准化工具进行评分和记录
99172	视觉功能筛查、自动或半自动双眼定量测定视力、眼球对齐、假等色板检查色觉，以及视野（可能包括全部或部分对比敏感度、眩光下视力测定的筛查）
99173	双眼定量视力筛查试验 所使用的筛查测试必须使用分级视力刺激，以便对视力进行定量估计（如，斯耐伦视力表）
99406	吸烟和戒烟咨询访问；中级，3分钟以上至10分钟
99407	吸烟和戒烟咨询访问；密集型，超过10分钟
99408	结构化筛查酒精或物质（烟草除外）滥用（如酒精依赖性疾患识别测验（The ALcohol Use Disorders Identification Test，AUDIT），药物滥用筛查测试（Drug Abuse Screening Test，DAST））和短暂干预（Screening and brief intervention，SBI）服务；15~30分钟
99409	结构化筛查酒精或物质（烟草除外）滥用（如AUDIT，DAST）和短期干预（SBI）服务；超过30分钟

举例

对一位82岁患有高血压、饮食控制型Ⅱ型糖尿病和骨关节炎的妇女进行定期综合预防医学评估。她的女儿陪同她一起到来，因为担心母亲的驾驶安全，女儿要求对其进行评估。

就诊期间，患者报告说，她在过去一周里曾经有过咳嗽和低烧。

除了进行全面的预防医学检查外，医生还要进行以病史和检查为核心的提问，以评估咳嗽和发烧情况。

适用代码（表3）

适用代码 **表3**

代码	说明
99397	已建档患者，定期综合预防医学服务，≥65岁
99212-25	办公室/门诊就诊，修改符25表示重要的、可单独识别的E\M服务是由同一个医生在预防医学服务的同一天提供的

患者 / 护理人员教育

- 这些讲义是为了方便用户阅读而设计的。所有教育材料均以6年级或以下的阅读水平编写，所有家庭和护理人员材料均以7年级的阅读水平编写。

  我们鼓励临床医生为他们的患者制作这些讲义的副本，让他们在办公室环境中使用，教育办公室员工在适当的时候分发这些讲义，并在与患者讨论驾驶问题时将其作为谈话内容。

医疗保健专业信息

老年驾驶人的安全提示

许多老年人可以安全地开车到80多岁甚至更久。然而，由于各种与衰老相关的身体问题可能会干扰安全驾驶。评估老年驾驶人以及护理人员的需求，确保驾驶过程中的安全非常重要。

帮助老年驾驶人采取必要的措施来保持驾驶安全

安全带可以挽救生命	每次启动汽车前系好安全带。如果您的安全带不舒服，请调整肩部支架或购买可滑过安全带的肩垫。
将手机静音	开车时说话或发短信会分散你对道路和其他车辆的注意力。保持手机静音，开车时不要接打电话。
开车时不要吃东西	吃饭也会让你在开车时分心。如果您必须吃或喝，请驶入安全区域，如停车场，并在再次上路前吃完所有食物。
请勿酒后驾驶	随着人们年龄的增长，他们处理酒精的能力可能会发生变化。即使是一杯鸡尾酒、一杯葡萄酒或啤酒，也可能使老年驾驶人在路上存在风险。当饮酒并混合不同的药物时，风险更甚。
限制干扰	听音乐或有声读物，甚至与乘客聊天都会分散一些老年驾驶人的注意力。如果您在其中，请关闭声音并避免与车内的其他人交谈。
注意看路	确保您的汽车和您前面的车辆之间始终有足够的空间。此外，注意与您身后的车辆保持安全距离。

尽量在白天开车	老年人，即使平时视力良好，晚上也会出现视力问题。夜间迎面而来的黑暗和车灯眩光使老年驾驶人更难看清。
避免在恶劣天气下驾驶	雨、雪、雾和其他极端条件对于老年驾驶人来说可能更加危险。通常情况，老年驾驶人要等天气状况好转再上路。如果您必须出行，请使用公共交通工具或汽车服务。
选择更安全的路线	尽量避开有坡道的高速公路，这样的路对老年驾驶人来说可能很危险。还要避免在高速公路或繁忙的道路上左转。最好绕路以避开繁杂的交叉口和转弯。
尝试在交通低峰时开车	高峰时段的交通可能会给所有驾驶人带来压力，尤其是对于老年驾驶人。尽量把开车时间限制在车辆比较少的时候。
压力大或累时该怎么办?	待在原地，直到你充分休息和平静。驾驶时如果你不在最佳状态可能会很危险。
了解您的药物	某些药物会使您感到昏昏欲睡、警觉性下降，影响反应时间、导致其他注意力问题。 一些处方可能会警告在服用药物时不要开车。与你的初级保健提供者或药剂师沟通，看看您的药物是否会影响驾驶安全。
咨询驾驶康复专家	驾驶康复专家经过培训，可以对老年驾驶人进行以下评估: *肌肉力量、灵活性和运动幅度。 *调整和反应的时间。 *判断力和决策能力。 *能够使用专用的自适应设备驾驶。 评估后，专家可能会为您推荐更安全的驾驶方法。建议可能包括特殊设备或训练。 您可以在专业网站上找到驾驶康复专家。

调查 CarFit 计划

CarFit可翻译为汽车适合，是由美国汽车协会（American Automobile Association，AAA）、美国退休人员协会（American Association of Retired Persons，AARP）驾驶人安全分会和美国职业治疗协会（American Occupational Therapy Association，AOTA）赞助的一个教育项目。在CarFit活动中，专门帮助老年驾驶人的健康专业人员和专家将与你合作，以确保老年人的车在老年人驾驶安全方面进行了适当的调整。完成一次CarFit考试大约需要20分钟。通过car-fit网站可以找到您附近的CarFit服务。

新的车辆技术

近期，美国汽车协会和密歇根大学交通研究所（University of Michigan Transportation Research Institute，UMTRI ）研究了16项新技术。他们发现以下六项功能有助于减少撞车事故和减轻老年人的驾驶压力。

❖ **前方碰撞警告**
许多新车都配备了这个系统，它们可以在您即将发生撞车事故时向您发出警告。
当检测到潜在的碰撞时，车辆会自动刹车。AAA/UMTRI的研究表明，这项技术可能会缩短反应时间并将碰撞事故减少多达20%。

❖ **自动崩溃通知**
有些汽车配备了通信技术。在发生事故时，通常是触发安全气囊的情况下，车辆会发出您已卷入事故的紧急服务信号。无需任何人拨打报警电话，该系统即可将事故通知给紧急服务部门。

❖ **带后视显示器的停车辅助装置**
倒车摄像头可让驾驶人在倒车时清楚地看到车后的情况。这使得停车更容易。有些汽车还配备了障碍物检测警告系统，如果您要撞到什么东西，它会通知您。

❖ **自助泊车系统**
有些汽车具有在汽车平行停车时接管转向的技术。

❖ **导航辅助**
根据研究，GPS系统使老年驾驶人在驾驶时感到更安全、更自信、更放松。然而，GPS系统中的一些操作和功能可能会分散老年人的注意力并且难以使用。此项服务需确保选择一种易于使用的方法。

免责声明：此信息并不旨在诊断健康问题，或取代您从您的医生或其他医疗保健提供者那里获得医疗建议或护理。请咨询您的医疗保健提供者关于您的药物、症状和健康问题。2019年2月。

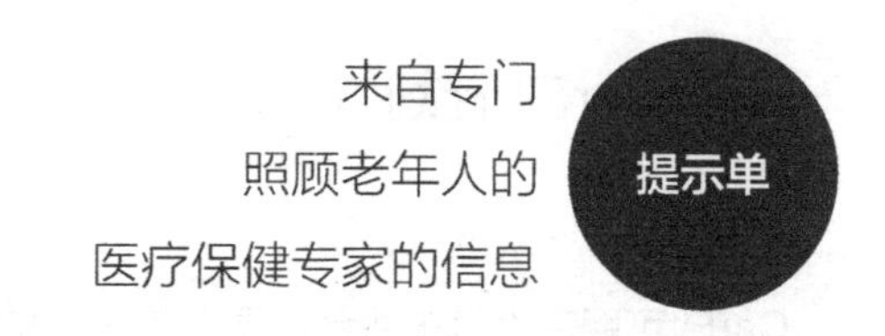

测试驾驶人安全

说到驾驶，人在驾驶时变得不安全并没有固定的年龄。

安全取决于人的身体和心理健康，这种健康因人而异。但是，如果您的驾驶过程中存在以下现象可以视为一种警告信号，并建议您应该接受安全驾驶能力的测试：

- 在熟悉的地方迷路；
- 忽略交通标志和信号；
- 开车时变得容易激动或生气；
- 开车时睡着或无法集中注意力；
- 对危险情况反应太慢；
- 忘记或忽略驾驶基础知识，如何时让路；
- 难以判断距离。

多项测试和评估可以帮助老年人确定驾驶的安全程度。

如果您觉得安全驾驶有困难，请考虑采取以下措施：

从良好的身体素质开始	让您的初级保健提供者检查您是否已发生影响您驾驶的变化，包括您的健康水平。
检查一下您的视力	验光师或眼科医生可以评估降低您的安全驾驶能力的视力问题。
获得驾驶评估	经过驾驶康复专家培训的职业治疗师可以评估您的驾驶情况。通过评估可以了解您在驾驶时的安全程度，或者您是否可以从您的技能康复中受益。职业治疗师可以彻底检查您的基本技能并指出需要改进的地方。

考虑认知测试	如果您担心自己可能有记忆问题、痴呆症或其他影响您思考和决策能力的问题，请咨询您的初级保健提供者。他们可以做一些简单的测试来评估您的心理技能，并确定您是否具备安全驾驶的心理能力。
检查您所在州的规定	许多州的法律要求对老年驾驶人进行测试或提出其他要求。另外，请检查您的驾驶证，看看什么时候续期。您可以在Governors Highway Safety Association的网站上了解更多的规定信息。
了解您的药物	某些药物会使您感到昏昏欲睡、警觉性下降，或影响您的反应时间和其他注意力问题。一些处方可能会警告您在服用药物时不要开车。请与您的初级保健提供者或药剂师沟通，看看你的药物是否会导致不安全驾驶。

医疗保健专业信息

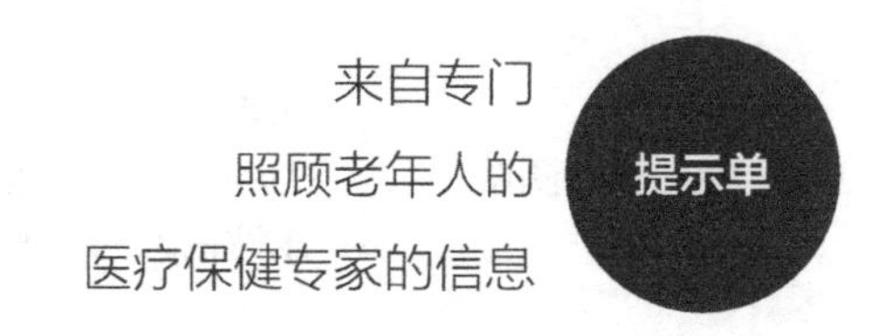

成为一名不驾车的人？寻找替代交通方式

您一直在担心老年人的安全，因为他们可能不应该再开车，但他们却仍然在驾驶。或者，可能会担心自己在路上的安全，因为您已经意识到您的技能不再那样敏锐，已经无法满足驾驶要求的需要。

驾驶通常代表着老年人的独立性。此外，随着年龄的增长，老年人参加社交活动、就医、去商店、参加娱乐活动等对自身健康生活也非常重要。

事实上，当老年人终止驾驶时，他们的健康状况可能会进一步恶化。根据最近发表在《美国老年医学会杂志》上的一项研究显示，放弃使用汽车钥匙的权力会使老年人的抑郁症状增加近一倍，同时可能降低老年人的身心健康水平。

因此，当老年人终止驾驶时，通过创造替代交通解决方案保持他们的独立性是至关重要的。

制定一个计划	**为此，请制定一个交通计划。**这意味着与老年人坐下来，确定他或她定期或偶尔开车去哪里。写下他们每次旅行的细节，包括一天中开车出行的大致时间、驾驶和停留的时间，以及任何其他细节。
研究旅行选择	**然后，研究你所在地区可用的旅行选项，**并选择符合老年人每次旅行特定需求的选项。你甚至可以在出行计划中将其罗列出来。 例如，如果一位老年人每周参加一次信仰聚会，请想一想他或她可以通过哪些方式到达那里。也许来自信仰团体的人可以轮流提供乘车服务。关键是老年人拥有可替代的交通选择，以确保他们可以继续享受日常活动。

交通选择会因你所在的社区而有所不同。这些可能包括：

志愿者项目	基于信仰和社区的非营利组织通常有志愿者。他们会驾车把老年人送到不同的地方。每个组织都提供了不同的选择。 乘车要么是免费的，要么是在捐赠基础上的，要么通过会费的方式。
辅助客运服务	包括由公共交通、老龄化组织和私人机构运营的小巴和小型货车。这些服务可能会要求您提前预订，但您通常也有日程安排的选择权和灵活性。 通常，提供的交通工具是路边到路边，这意味着您在路边等车、上车，然后在路边停靠点下车。有些服务会在您家门口接您，并将您直接送到指定地址。老年人选择辅助服务时可以享受优惠票价。
门到门服务	一些机构提供司机或护送人员，他们将帮助您从家中进入等候的车辆。这项服务对那些残疾或需要步行支持的老年人特别有帮助。您可以通过当地的老龄化组织了解您的附近是否有此类服务。
公共交通工具	公共汽车、火车和地铁、有轨电车和其他公共交通选择都有既定的路线和时间。他们可能会为老年人提供优惠票价，并可能为残障人士提供便利。您可以通过当地的公共交通部门了解有关公共交通工具票价、时刻表和可达性的信息。
出租车服务	可以通过几种不同的方式访问汽车服务。在某些城市，您可以简单地在街上叫一辆出租车（确保您也可以在行程的另一端叫一辆出租车）。您也可以提前打电话叫出租车，或者使用交通网络公司（如Uber或Lyft）的订车服务。这些公司通常需要将应用程序下载到手机等移动设备上，并且可能仅在人口较多的地区使用。他们还可能需要预先注册并经常提供信用卡信息。

最好提前做一些调查，获取您可使用汽车服务的以下信息：

- 乘车服务的费用是多少？
- 用什么方法收费？是按里程收费还是按时间收费？
- 您需要提前多久预订？
- 如果您使用轮椅或助行器，车辆是否可以对您进行服务？
- 如果您需要帮助或有包裹，司机是否会帮助您上下车？
- 汽车在哪些区域提供服务？司机最远可以载您到哪里？
- 司机是否拥有适当的驾驶证、保险和检查？
- 司机是否使用自己的车辆？如果是，他们是否经过适当的检查、登记和保险？他们有安全带和其他安全装置吗？

根据老年人的需要，这些服务也可能会有所帮助：

旅行培训	一些支持老年人的公共交通部门和当地组织会提供免费培训课程，帮助老年人和残疾人安全、独立地进入和使用当地的公共交通。这些服务可以帮助老年人获取到达目的地的最佳路线、旅行费用和付款方式（零钱、旅行卡、代币、折扣、代金券等）等信息。 许多机构还提供一对一示范，说明如何乘坐当地的公共巴士和火车。
出行管理人员	在一些社区中，出行管理人员可以帮助指导您完成当地的各种交通选择。他们了解当地的交通网络，并能解释它是如何工作的。当地的老龄组织或公共交通机构可以为您联系出行管理人员。
交通券计划	如果您符合条件（通常为低收入的老年人或残疾人），地区老龄化机构、老龄化和残疾资源中心以及其他社会服务组织可以为您提供交通方面的经济帮助。您必须申请这些项目，而所需的交通服务项目需要您进行预订和访问。

免责声明：此信息并不旨在诊断健康问题，或取代您从您的医生或其他医疗保健提供者那里获得医疗建议或护理。请咨询您的医疗保健提供者关于您的药物、症状和健康问题。2019年2月。

医疗保健专业信息

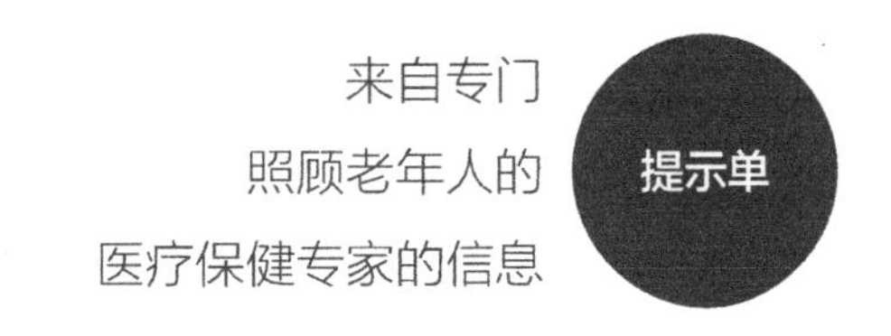

讨论何时终止驾驶的最佳建议

他或她是您照顾多年的人，您可能会担心其继续安全驾驶的能力。有些人可以胜任地驾驶到80多岁甚至到年龄更大的时候，而有些人可能在60多岁甚至更年轻时就遇到驾驶方面的困难。

当您对老年人的整体安全负责时，您可能会想知道什么时候开始谈论他或她坐在方向盘后的安全问题更为合适。

您在此过程中的第一步是观察老年人在驾驶时的表现。

以下现象表明老年人在驾驶安全方面可能存在问题：

- 迷路，即使是在熟悉的道路上短途行驶；
- 不遵守交通标志或信号；
- 干扰切断其他车辆、跨车道或大幅度转弯；
- 紧急情况反应缓慢；
- 在方向盘后睡着或注意力不集中；
- 变得容易生气或激动；
- 使用错误的判断，如不按路权让行；
- 忘记使用后视镜、转向灯或检查盲区；
- 难以判断距离。

重要的是不要评论或批评老年驾驶人在驾驶过程中的行为。相反，在你们都下车后聊一聊这些问题。冷静地陈述这些不安全的行为，语气不要听起来带有评判性或愤怒的意味。聊的内容一定要具体一点。

如果你看到老年驾驶人有类似上面提到的问题，请考虑以下步骤：

安排检查	医疗保健专业人员可以评估老年人的身体是否能够安全驾驶。如果您服用的任何药物会对您的安全驾驶能力造成影响，他们还会提出相应的建议。
进行视力测试	眼科护理专业人员，如验光师或眼科医生，应测试老年驾驶人的视力，以确保他们在视觉上能够安全驾驶。

请专业人士评估老年人的驾驶技能	有些专业人士专门评估老年人是否可以安全驾驶。驾驶康复专家（Driving Rehabilitation Specialist，DRS）是指具有评估个人安全驾驶车辆的整体能力的专业人员。根据老年驾驶人的个人的表现，DRS将制定计划，提出有关策略、设备的建议，并提供培训，以提高个人的驾驶安全以及整体健康和福祉。但是，美国的DRS并不多。如果您所在地区没有DRS，职业治疗师也可以评估许多与驾驶相关的限制。美国职业治疗协会（American Occupational Therapy Association，AOTA）和残疾人驾驶教员协会（Association of Driver Educators for the Disabled，ADED）：驾驶人康复专家协会是一个可以帮助您找到专业人士的组织。
知道什么时候该对话	问问自己：让老年人开车送你去某个地方你觉得舒服吗？ 答案可能是一个信号，表明是时候开始对话了。
争取支持	与老年驾驶人圈子里的其他人交谈。询问他们是否和您一样，对老年人安全驾驶能力存在担忧。与他们排练讨论，这样你就可以保持冷静和关心。根据具体情况，您甚至可以邀请他们中的一个或多个参与和老年人的驾驶谈话。
使谈话富有同情心	您不希望让老年驾驶人觉得“每个人都在联合起来对付他们”，所以一定要以一种支持、关心的方式来构建对话。不要让您自己对解决老年人驾驶技能的焦虑或恐惧导致您的语气听起来很生气。
讨论具体情况，但要避免责备	向老年人解释为什么您担心他或她的驾驶。举个例子：“爸爸，上次我们一起开车时，您经过了一个停车标志。您忘记使用转向灯了。”或者，“妈妈，您在去超市的路上迷路了。”
准备好迎接抗拒，甚至是愤怒	对于许多老年人来说，驾驶代表着独立。当他们认为您可能剥夺了他们四处走动的能力时，他们可能会变得抗拒，甚至愤怒。
安排时间再谈一次	如果老年人抗拒您说的话或变得激动，请平静地结束谈话。让他们接受您所说的，等待一两天后再重新讨论这个话题。

征求老年人的意见	一定要花时间听听老年人对他或她的驾驶能力和驾驶时的安全感的真实想法。如果您注意到了问题，他或她很可能也注意到了，并且可能会感到脆弱。
唤起老年驾驶人的责任感	如果您咨询的医疗专业人士和驾驶专家都认为现在已经是老年驾驶人终止驾驶的时候了，请唤起他或她的责任感。提醒老年驾驶人，驾驶不仅会给自己带来风险，还会给他人带来风险，如果发生交通事故，他们可能会受伤甚至更糟。老年驾驶人可能想考虑如果他们造成伤害，他们会有什么感觉。

免责声明：此信息并不旨在诊断健康问题，或取代您从您的医生或其他医疗保健提供者那里获得医疗建议或护理。请咨询您的医疗保健提供者关于您的药物、症状和健康问题。2019年2月。

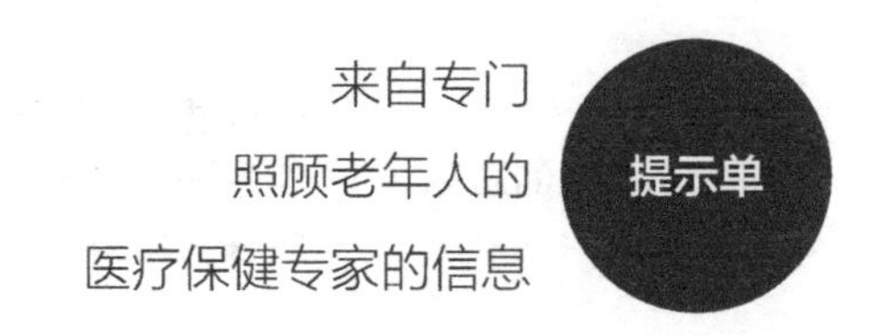

寻找替代交通方式或其他资源

驾驶意味着我们中有多少人每天能得到我们所需要的服务，如进行健康护理、获取营养、参与社交活动、金融服务和购物等活动。当我们的驾驶行为或其他交通工具受限时，有许多资源可以用来完成这些活动和获得服务。以下列表可能有助于寻找可替代的交通工具，以及帮地您找到所在的地区的其他资源。

一般老龄资源

老年人护理定位器（The Eldercare Locator）	老年人护理定位器是美国老龄化管理局的一项公共服务，它将老年人及其护理人员与当地服务联系起来。
全国老龄问题地区机构协会（National Association of Area Agencies on Aging，N4A）	协助当地社区的老年人寻找资源。
老年生活护理协会（Aging Life Care Association，ALCA）	老年护理经理可以帮助老年人及其家人安排长期护理，包括交通服务。拨打电话号码或访问其网站，以找到当地的老年护理经理。
全国社会工作者协会（National Association of Social Workers，NASW）	社会工作者可以为老年人提供咨询，评估社会和情感需求，并协助寻找和协调交通和社区服务。如果您想要找到当地合格的临床社会工作者，请使用“Help Starts Here”网站上的“Find a Social Worker”选项。

替代交通选择

美国公共交通协会（American Public Transportation Association，APTA）	可在APTA网站上查找您所在州的当地的交通服务提供商。
复活节印章（Easter Seals）	为护理人员提供的交通解决方案：一个起点

护理人员的运输解决方案

国家老龄和残疾人运输中心（National Aging and Disability Transportation Center，NADTC）	有关老年人交通选择的信息。
无障碍和流动性协调委员会（Coordinating Council on Access and Mobility，CCAM）	联邦机构的合作伙伴关系，致力于改善向残疾人、老年人和低收入人群提供交通服务的可用性、质量和效率。

免责声明：此信息并不旨在诊断健康问题，或取代您从您的医生或其他医疗保健提供者那里获得医疗建议或护理。请咨询您的医疗保健提供者关于您的药物、症状和健康问题。2019年2月。

作为一个成熟的驾驶人，
您将丰富的经验带到驾驶座上。

驾驶人65+：检查您的表现

一个关于安全驾驶事实和建议的自我评级工具

到2030年，美国每五名驾驶人中就有一名驾驶人的年龄在65岁或65岁以上。自由驾车出行将是老年人继续保持个人独立和心理健康的重要因素。本手册的中心思想是帮助您尽可能安全地驾驶。

年龄不应作为评判驾驶能力的唯一指标。事实上，65岁及以上的驾驶人具有广泛的驾驶能力，任何人都不应仅根据驾驶人的年龄就决定其驾驶的权力。

然而，随着年龄的增长，安全驾驶所需的一些技能，如视力、反应能力、灵活性和听力，开始恶化并不罕见。

如果您注意到您开始经历一些与年龄相关的自然变化，您可以调整您的驾驶习惯以保持安全驾驶。毕竟，安全驾驶最重要的资产之一是经验，而且经验不会随着年龄的增长而下降。

认识到自己的局限性并意识到为确保道路安全所能做的一切是很重要的。

介绍

想想您每次开车时都在做什么任务。您必须协调您的手、脚、眼睛、耳朵和身体的动作。与此同时，您必须决定如何对您所看到的、听到的和感受到的内容作出反应，判断他们与其他车辆和驾驶人、交通标志和信号、高速公路的状况，以及您驾驶车辆性能的关系。这些决定通常是在靠近其他车辆的地方作出的，并且必须迅速转化为行动，如制动、转向、加速或这些行动的组合，以保持或调整您在交通中的位置。并且这些决定必须经常作出。作为一个成熟的驾驶人，您将丰富的经验带到驾驶座上；这就是为什么平均而言，50~60岁的驾驶人在道路上的事故率几乎是最低的。然而，驾驶人保持最佳驾驶水平所需的一些能力在年龄较大时开始下降，研究表明，随着驾驶人年满60岁或70岁出头，交通事故率开始上升，并且在年龄超过75岁以后，事故率的增长速度更快。

此外，您的身体对伤害的抵抗力也不像三四十年前那么强。如果您被卷入了一场车祸，您可能会比在类似车祸中的年轻人遭受更严重的伤害。这使得您要尽一切努力保持您的驾驶技能敏锐，并将您被卷入车祸的可能性降到最低，这对您来说变得越来越重要。

本手册的目的

本手册中的自我评估表单旨在帮助您检查自身保持安全驾驶的能力。通过学习知识和改善自我意识，您可以作出更明智的知情决定，决定何时开车，何时寻求其他形式的交通工具。

本页的评分表单是供您私人使用的。尽可能如实地回答这15个问题。使用评分指南计算您的分数，并确定您的优势和劣势。接下来，阅读与每个问题相对应的改进建议部分，了解如何改进您的驾驶。

现在，请按照后面两页的说明进行操作。

65岁以上的驾驶人：自评表

说明：对于以下15个问题，选择最符合您的答案的符号（√）。

	总是或几乎总是	有时候	从不或几乎从不
1. 当我变更车道时，我会向后方车辆发出信号并检查。	○	□	□
2. 我系了安全带。	○	□	□
3. 我尽量及时了解关于驾驶，以及高速公路法律和技术的变化。	○	△	□
4. 交叉路口困扰着我，因为从各个方向都有很多东西要看。	□	△	○
5. 在繁忙的州际公路上，我很难决定什么时候与车流汇合。	□	△	○
6. 我想我对危险驾驶情况的反应比以前慢了。	□	□	○
7. 当我心烦意乱的时候，就会影响我的驾驶。	□	□	○
8. 开车的时候，我的思绪飘忽不定。	□	△	○
9. 交通状况让我很生气。	□	△	○
10. 我会定期接受眼科检查，以保持视力最敏锐。	○	□	□
11. 我向我的医生或药剂师询问我服用的药物是否以及如何影响我的驾驶能力。（如果您没有服用任何药物，请跳过此问题）	○	□	□
12. 我尽量了解有关健康和健康习惯的最新信息。	○	△	□

13. 我的孩子、其他家庭成员或朋友都对我的驾驶能力表示了担忧。............ □ △ ○

注意新标题： 没有过 一次或两次 三次或更多

14. 在过去的两年里，您收到过多少交通罚单、警告或与执法人员“理论”。○ △ □

15. 在过去的两年中，您发生了多少次车辆碰撞（重大或轻微）？ .... ○ □ □

自我评分：计算方格中勾选标记的数目，并在下面的方格中记录总数。对于三角形和圆形，遵循同样的步骤。

□ △ ○ 这些是您的总检查标记。有关分数和解释，请参见下一页。

评分：有5个步骤。

第1步：将上一页正方形中记录的总计复选标记写在右边的方格中。 □ ×5 =_______

第2步：将上一页三角形中记录的总计复选标记写入右侧三角形中。 △ ×3 =_______

第3步：将正方形中的数字乘以5。

第4步：将三角形中的数字乘以3。

第5步：将步骤3和4的结果相加。 您的分数是：_______

分数解读：

分数越低，您作为驾驶人就越安全。

分数越高，您对自己和他人的危险就越大。无论您的分数如何，都要查看您选中正方形或三角形的每个区域的改进建议部分。

这些是您可以改进最多的方面。

分数	意义
0 分到 15 分	出发！**您知道什么对安全驾驶很重要，并且正在实践您所知道的。请参阅本手册下一节中的改进建议，了解如何成为更安全的驾驶人。**
16 分到 34 分	小心！**您正在从事一些需要改进以确保安全的做法。查看改进建议部分，了解如何改进驾驶。**
35 分及以上	停止！**您从事太多不安全的驾驶行为，可能会对您自己和他人造成危险。检查您的正方形或三角形的区域。阅读“改进建议”部分，了解纠正这些问题的方法。**

这些分数是基于65岁及以上的驾驶人告诉我们的驾驶习惯和习惯。您的分数是基于您对有限几个重要问题的回答。要全面评估您的驾驶能力，除了药物检查、体检和驾照考试外，还需要更多的问题。尽管如此，您的回答和分数还是能说明您做得有多好，以及您如何成为一名更安全的驾驶人。

一般来说，勾选正方形反映了不安全的做法或情况，应立即更改。“勾选三角形”指的是不安全的实践或情况，或者如果不采取任何措施加以改进，则会变得不安全。检查圆圈是一种迹象，表明您正在做您应该做（并保持）安全驾驶的事情。

大多数正方形和三角形答案表示大多数驾驶人可以改进的实践或情况。以下部分包含改进建议，分为15个方面。您应该将重点放在选中正方形或三角形的区域上。

65 岁以上的驾驶人：改进建议

当我变更车道时，我会向后方车辆发出信号并检查。

检查后视镜和侧视镜，向后看以覆盖盲区，在您执行变道操作前发出信号是避免撞到其他车辆的唯一方法。

但是您为什么不一直做这些事情呢？在某些情况下，您可能只是忘记了。在观察性研究中，老年驾驶人报告说在变道或倒车之前没有意识到向后看。正如我们的许多驾驶习惯，我们可能不再意识到自己的行为是否正确，特别是在我们已经长时间没有发生事故的情况下。

由于身体灵活性下降，许多老年驾驶人变更车道时不再回头看。

如果您患有关节炎，那么您就会知道快速回头看时，肩膀有多痛苦。

如果您在回头查看交通状况时存在困难，请尝试以下办法：

- 尽可能与合作伙伴一起驾驶，担任副驾驶。
- 安装超宽后视镜和侧后视镜以减少盲区。您需要学习如何正确使用侧后视镜，因为凸透镜的设计方式会使镜中的物体看起来比实际物体更小、更远。
- 向您的医生询问可能会提高您的灵活性的药物和锻炼方法；AAA交通安全基金在AAA Foundation网站上提供一本小册子，可帮助您提高灵活性。小册子名为“*提高老年驾驶人表现灵活性的健身训练包*”。
- 参加再培训或进修课程，帮助老年驾驶人适应因年龄增长而带来的身体限制。打电话给您当地的AAA俱乐部，看看他们是否提供相应课程。
- 一定要注意自己的驾驶习惯，并在决定变更车道前一定要看清楚。

我系了安全带。

如果您卷入严重车祸事故，系安全带几乎可以将您的死亡风险降低一半，当然，系安全带几乎是所有州的法律内容之一。每次驾驶时系好安全带意义重大，即便您计划在理想情况下驾车短途行驶。

为了提供最佳保护，应该正确佩戴安全带。肩带应经过您的肩膀和大腿上部骨骼。如果没有正确佩戴安全带，可能会造成严重伤害。系好安全带无疑是在事故中保护自己的最佳办法。

正确系好安全带……从您的肩膀上方，经过胸部，不要从手臂下方穿过，经过您的髋骨，而不是经过您的胃。这样会很舒服，同时也很容易。

* 纽约安全带使用联盟医学会．纽约州

您可以采取以下方法增加在事故中幸存概率或减少受到伤害：

- 始终正确系好安全带。
- 如果您的安全带非常不舒服或无法正确系紧，请将其交给合格的机械师进行改装。许多汽车都有可调节的肩带安装座，或者您可以购买改善贴合度的设备。
- 如果您的汽车没有自动提醒您系好安全带，请在仪表板或遮阳板上留下一张便条。提醒乘客系好安全带。

我尽量及时了解关于驾驶，以及高速公路法律和技术的变化。

随着新道路的建设、新的交通信号的设置以及越来越多的交叉路口改造和调整，您必须不断更新您对驾驶地点附近的道路和交通组织的了解。

对标志和符号内容的了解可以帮助您，特别是当您视认它们的能力正在减弱时。有些时候，仅仅通过对标志形状的含义的认知就可以帮助您预测它们的信息。

当您需要做出快速决定时，熟悉并知道该做什么，可以消除您的犹豫和不确定性。

我们都希望安全地共享道路，因此我们需要了解交通法规、设备、标志和符号。您可以通过以下方式了解有关它们的更多信息：

- 通过电话、访问或线上咨询的方式，联系您所在州的机动车辆管理局，获取您所在州的当前驾驶证手册。像参加考试一样学习手册。询问他们是否有其他方式让您了解的内容保持最新状态。
- 参加再培训或进修课程。联系您当地的AAA俱乐部以查找您附近的课程或访问AAA Seniors网站。
- 坚持查看当地报纸，了解交通组织、特殊交叉路口或标志的调整变化。这样您就可以做好准备并充满信心。

交叉路口困扰着我，因为从各个方向都有很多东西要看。

交叉路口对我们所有人来说都是危险的。您必须与其他驾驶人和行人互动，但他们的行动和决定又是难以预料的。事实上，在交叉路口发生的事故中，当事人是老年人的很常见，尤其是老年驾驶人需要在交叉路口左转时的事故更多。

您在交叉路口驾驶心理感受的舒适程度可能是一个预警信号，表明您是否需要进修课程或其他帮助。听从您的直觉，好好审视您的驾驶能力。交叉路口最让您烦恼的是什么？您是否已经无法足够快地处理所有信息？您是否能确定其他车辆的位置，以及预判左转或右转？您是否因为关节炎或其他身体问题而难以转动方向盘？您是否很难判断迎面而来的车辆的速度？有时，这种分析可以引导您找到解决方案。

如果您发现交叉路口困难，请查看以下改进方法：

- 如果常规路线上的一两个交叉路口给您带来麻烦，请在步行时研究它们。观察其他驾驶人必须处理的问题。请注意交通信号如何为驾驶人和行人提供帮助。通过这种方式，您可以提前知道常见问题是什么以及发生时如何处理。这种分析也可以帮助您处理其他交叉路口。

- 计划您的行程以避免繁忙的交叉路口或在不太拥挤的时间通行。计划替代路线，避免从繁忙的交叉路口左转。请您记住，采用右转三次的方式可以帮助您实现交叉路口左转。在许多地方，您可以先采用直行方式通过交叉路口，然后在下一条街道右转，接下来，再沿街右转两次就可以做到这一点。您最终会朝您原本想去的方向直行，通过原来的交叉路口。
- 参加再培训或进修课程，帮助老年驾驶人适应年龄限制。您所学到的内容可能会让您有信心认识到自己能够正确处理交叉路口通行问题。

在繁忙的州际公路上，我很难决定什么时候与车流汇合。

许多驾驶人在进入繁忙的州际公路或任何高速道路时都会感到危险和紧张。如果您不喜欢州际公路的交通速度和汽车数量，或者已经完全不选择州际公路行驶，那么您可能希望提高自己的驾驶技能，以便更自信地利用州际公路上通行。

如果您住在州际公路方便通行的地方，并且您经常去旅行，那么您可能具有丰富的经验，并对在州际公路上行驶感到自信。但是，如果您很少或根本不开车，您可能会担心在州际公路通行时，有某些“不知道”的东西。州际公路上更多的车辆、更快的车速、更严重的拥堵对任何驾驶人都是一种威胁。

以下是一些关于提高您在州际公路上驾驶技能的建议：

- 如果您认为自己对州际公路了解不够，无法安全行驶，而且不愿进入州际公路的部分原因是对未知的恐惧，那么建议您参加相关复习课程，可以学习如何正确使用州际公路。
- 如果您觉得自己有能力在州际公路上行驶，但又想提高自己的技能，建议您咨询另一位经验丰富的驾驶人。您相信他会与您一起驾驶，并建议您应该做什么和不应该做什么。然后，在交通不那么拥挤的时候进行练习。
- 如果您在州际公路上感到非常不舒服，您觉得自己可能处于危险之中，建议您尽量避开它们。总有另外一条平行于州际公路的路线可供选择。无论它们对其他人有多安全，您都是判断它们对您是否安全的最佳判断者。

我想我对危险驾驶情况的反应比以前慢了。

紧急情况和危险情况虽然相对少见，但驾驶人对它们做出快速和安全的反应至关重要。大多数老年驾驶人在开车时往往有很好的判断力。而一些老年驾驶人在应对紧急情况时，他们的反应速度明显变慢了。

老年驾驶人可能无法同时整合来自多方面的信息，因此对危险情况的反应速度会更慢。

对交通状况做出快速反应需要一些敏锐的技能。首先，您必须看到或听到危险。其次，您必须认识到情况是危险的，需要采取行动。再次，您必须决定如何行动。最后，您必须采取适当的行动。这些技能中的每一项变得更慢，都会导致驾驶人对交通紧急情况的整体响应时间慢得更多。

您能做些什么来提高您的“应急”技能呢?

- 参加再培训或进修课程，帮助老年驾驶人适应年龄的限制。在那里，您可以学习和练习一些方法，提高更快预测和避免危险情况的能力。
- 访问Senior Drivers网站的道路智慧在线评论，使用一个免费的筛选工具帮助老年人测量某些对驾驶非常重要的心理和身体能力。您要了解更多信息请参阅本手册末尾。下一步是去拜访职业治疗师，评估您身体和心理方面的驾驶技能。在很多情况下，练习可以提高您的技能。许多医院提供门诊咨询服务。
- 尽可能避免在拥挤、高速移动的交通中行驶。
- 保持身体健康和精神振奋。如果您感到疲倦、生病、饮酒或服用过任何会减缓您的精神或身体反应的药物，请避免开车。
- 锻炼以保持或增加您的肌肉力量和关节的灵活性。在开始新的锻炼计划之前，请务必咨询您的医生。
- 如果您的关节和肌肉损伤严重，请咨询您的医生关于医疗、物理和外科治疗的方法。消炎药和各种外科手术可以充分减轻损伤，从而允许您安全驾驶。
- 咨询职业治疗师或驾驶康复专家，为您的汽车配备补偿灵活性和力量损失的装置，并学习如何使用它们。确保您的下一辆车具有动力转向、动力制动器、自动座椅调节和其他功能，这些能够帮助您更好地控制汽车。有关老年驾驶人和CarFit智能功能的信息请参阅本手册末尾。

当我心烦意乱的时候，就会影响我的驾驶。

片刻疏忽就可能发生事故。随着年龄的增长，经验和良好的判断力可以帮助您成为更好的驾驶人。如果您年轻时驾驶充满侵略性和敌意，今天的您可能依然如此。但不同的是，由于驾驶能力的下降，因侵略和敌意而发生危险时，您可能无法再从中恢复过来。

采取以下步骤，尽量减少情绪对安全驾驶的影响：

- 当您知道自己对某事非常情绪化时，请推迟驾驶，直到冷静下来。
- 意识是控制愤怒的第一步。第二步是以一种健康的方式处理它。比如，在必要时在街区里散步，或者与朋友或专业顾问交谈。以高度情绪化的状态开车，无论是喜悦还是愤怒，都会分散您对驾驶任务的注意力，并招来麻烦。

开车的时候，我的思绪飘忽不定。

驾驶是一项复杂而艰巨的任务，需要持续集中注意力，即使是短暂的失误也会导致危险。任何人都可能因意外而暂时分心，但所有驾驶人的首要任务始终应该是驾驶。

当然，您可能见过驾驶人在热烈交谈或打电话，并注意到这如何影响他们的驾驶——驾驶不稳定或偏离车道。还有一些驾驶人在开车时喝咖啡、打扮自己，或者浏览阅读材料。在紧急情况下，这些注意力不集中的驾驶人可能无法及时将注意力转移到路线上，并采取规避行动。

决定全神贯注地驾驶是您自己可以控制。给予驾驶应有的关注，您就会在紧急情况下，为自己赢得宝贵的几秒钟反应时间。

您可以做几件事防止思绪飘荡：

- 将驾驶视为一项需要全神贯注的复杂任务。
- 如果您发现自己在做白日梦或无法专心驾驶，请确定分心的原因并尝试克服它。
- 采取必要措施消除或减少干扰，无论它们是您可以控制的干扰（如关闭收音机），还是您需要帮助的干扰（如处理情绪问题）。
- 开车时，玩“假设”游戏以保持警觉，为驾驶中出现的紧急情况做好心理准备。问问自己，如果某些情况发生了，您会怎么做。

交通状况让我很生气。

驾驶愤怒会以危险的方式出现。大多数驾驶人被困于缓慢行驶的交通流时，都会感到沮丧。这种沮丧会导致驾驶愤怒。然而，有些人将他们的愤怒指向其他人，而不是交通状况本身。这可能会导致不恰当的反应、按喇叭、对其他驾驶人大喊大叫，在交通中穿插，或阻塞交叉路口。

当驾驶人对某种情况的反应变得过于情绪化时，就是一个明显的信号。这个信号表明驾驶已经成为表达愤怒的一个出口，而其他情绪才是真正的原因。

驾驶过程中，很多情绪都会转变为愤怒。害怕其他鲁莽的驾驶人，可能会引起强烈的驾驶愤怒。对迟到的焦虑和对生活中其他情况的愤怒也会引起不必要的驾驶愤怒。对于安全驾驶而言，所有这些情绪都会适得其反。

愤怒最糟糕的部分是驾驶人如何表达愤怒。如果您发现自己驾驶不规律、开得太快或尾随某人“教训他们”，那么您需要停下来并问问自己：“这值得吗？”任何有心脏病的人都知道，用愤怒来应对每一个小小的烦恼和挫折都可能是危险的。我们都需要明白，对任何情况做出攻击性驾驶的反应可能就像心脏病发作一样致命。

幸运的是，您可以做很多事情减轻驾驶压力并减少情绪化的反应：

- 接受这样一个事实，即愤怒无助于让您摆脱恼人的交通状况。相反，它可能会让您发生事故。做几次缓慢的深呼吸，并强迫自己微笑是极好的缓解压力的方法。
- 选择成为一个负责任的驾驶人。当您生气时要意识到这一点，然后反思为什么愤怒似乎达到了非理性的程度。问问自己：“为什么我会生气？”然后，尝试采取必要的纠正措施。保持冷静。
- 尽量避免那种您知道可能会引起愤怒的交通情况。车流越顺畅，愤怒就越少，事故也就越少。

- 如果您认为自己可能将对交通的恐惧转化为愤怒，请采取措施提高技能和信心，例如参加再培训或进修课程。

我会定期接受眼科检查，以保持视力最敏锐。

85%~95%的驾驶感觉线索来自眼睛。视觉能力差与驾驶能力差直接相关。视力缺陷导致的能力下降表现为对信号、标志和交通事件的延迟响应，从而导致事故。

在40~60岁之间，我们的夜视能力会逐渐变差。瞳孔变小，肌肉弹性减弱，晶状体变厚且不清晰。一个60岁的驾驶人需要的灯光强度是20岁驾驶人的10倍。

随着年龄的增长，我们对眩光也变得更加敏感，这使得夜间驾驶变得困难。

随着年龄的增长，您的眼睛的晶状体会变厚和变黄，从而导致视物模糊和对眩光敏感。55岁的人从眩光中恢复所需的时间是16岁的人的8倍。

驾驶人98%的视觉交流都是通过周边视觉进行的。在70岁左右，周边视力会成为一个严重的问题，周边视力差的人的事故率是周边视力正常的人的两倍。

颜色也变得更难看到。例如，红色在许多老年驾驶人的眼睛看来并不鲜艳，一些老年驾驶人可能需要比先前花费多1倍的时间来检测到前车刹车灯的闪光。

另一种随着年龄下降的视觉能力是深度知觉：您与前方汽车或物体的距离有多近或多远。当你试图判断其他车辆行驶过来的速度时，这种能力尤其重要。这导致了您在左转时遇到问题。

衰老确实会带来视力问题，但我们都以一种相当可预测的、自然的方式分享这些困难。眼睛保养得再好，也会出现这些问题；然而，定期看医生是确保您的视力达到最佳状态的唯一方法。医生无法纠正所有视力问题，但只有医生可以帮助您解决那些可纠正的视力问题，如视力（聚焦能力）变化和疾病导致的视力下降。

您可以采取多种措施来应对因衰老而导致的视力下降：

- 首先，找您的眼科医生进行定期检查。告诉医生，您需要的不仅仅是视力表测试，你需要有助于保持安全驾驶的全面检查。
- 采取医生建议的纠正措施。如果配了不合适的眼镜，请立即让医生知道。如果您的医生建议进行白内障手术，请记住，这是一个简单的门诊手术，可能会极大地改善视力。
- 参加老年驾驶人培训课程，在那里您可以学习特定的技巧应对眼睛老化带来的限制。参加CarFit活动，学习如何提高您在驾驶时的舒适度和安全性，包括适当调整后视镜，减少视野中的盲区。您还可以学习如何使用特殊的设备，如安装得更大的反光镜。
- 接受“眼睛老化”的限制，减少您在黑暗时和黄昏后（最危险的时期之一）的开车次数。夜间发生交通事故的概率是白天的三倍。
- 避免使用有色的挡风玻璃，并始终保持挡风玻璃和大灯清洁。

我向我的医生或药剂师询问我服用的药物是否以及如何影响我的驾驶能力。

虽然您可能会担心处方药的影响，但即使是非处方药也会降低驾驶能力。

减慢我们速度的药物通常也会减慢或降低我们快速做出决定和处理信息的能力，而驾驶需要快速决策以安全操纵车辆。镇静剂或感冒药，（如感冒片、止咳糖浆），都会降低驾驶能力。

药物组合带来另一个危险，因为这些组合可能带来意想不到的副作用和不良反应。如果您有不止一位医生在开药，他们不知道其他医生开了什么药，那您可能会处于危险之中。

另一种是酒精。酒精对我们的整个系统、生理和心理都有强大的影响。

服用药物时避免喝酒精饮料是很重要的。除了少数例外，将酒精和其他药物混合使用会显著增加对您驾驶技能的阻碍。如果您不得不开车，唯一安全的做法是完全避免饮酒。一个人对酒精的耐受性随着年龄的增长而稳步下降。食物、情绪、疲劳、药物、一般健康状况、体重和体型都会对预测整体效果产生影响。请记住酒后驾车或使用其他药物（包括药物）的处罚：高额罚款、监禁和吊销驾驶证。

您可以通过采取以下步骤确保您的药物组合不会损害驾驶技能：

- 请咨询您当地的药剂师或医生，以确定处方药的副作用可能是什么，以及采取哪些措施来应对这些副作用，尤其是当它们适用于驾驶时。另请访问AAA Seniors网站，了解有关药物和驾驶的信息。
- 如果您有多位医生在开药，请确保他们都知道您正在服用的所有药物，包括处方药和非处方药。去看医生时，请随身携带所有药物。
- 阅读所有关于处方药和非处方药的标签和说明，以确定副作用与您是否应该开车的关系。请记住，药物组合可以放大其效果，超出个别警告。
- 说服自己，如果您打算开车，唯一的安全措施就是完全不喝酒精饮料，并拒绝与任何已经喝酒或您怀疑可能受到一种或多种药物影响的人一起乘坐。

我尽量了解有关健康和健康习惯的最新信息。

您吃什么、运动多少以及定期去看医生（并遵循医生的建议）可以帮助您继续驾驶更长时间，延长寿命。

个人生活方式与寿命和生活质量有直接关系。这一切都始于您对生活质量控制程度的态度。最后体现为您愿意锻炼多少。

我们都希望能够满足安全驾驶的要求。为了保留驾驶证，您必须在紧急情况下保持警觉并迅速做出反应。您还需要保持健康习惯，这些习惯有益身心健康，使之能够应对安全驾驶的要求。

诚然，本手册强调了随着年龄的增长，驾驶技能的下降。但是，即使研究指出中枢神经系统的变化是驾驶技能下降的罪魁祸首，您仍然可以通过增加改善和保持体型的动力减少这种现象。

运动可以减缓驾驶技能下降的程度，而延长运动的时间可以完全消除驾驶技能的下降。

学会欣赏个人健康习惯和驾驶技能之间的密切联系。同样的态度，激励您保持了解健康的习惯，也将帮助您掌控驾驶人的未来。您可以按照以下步骤随时了解情况：

- 现实地了解您在健康习惯方面拥有和想要的控制程度，因为它们与您的总体生活和驾驶有关。
- 了解更多关于良好健康习惯之间的关系，以及它们如何帮助您延长安全驾驶的时间。请记住，随着年龄的增长而出现的缓慢反应可以通过动机、定期锻炼和练习来阻止或克服。
- 尽可能多地控制您的健康习惯和生活方式，认识到掌控个人健康与驾驶能力之间的明显联系。
- 了解营养、锻炼、体检的价值，以及药物、药物和酒精的影响。您的医生可以为您提供所有这些领域的信息，并告诉您从哪里获得更多信息。

我的孩子、其他家庭成员或朋友对我的驾驶能力表示了担忧。

批评很难被接受，但它可以成为关于您驾驶技能的宝贵信息来源。

倾听批评，这样就可以提高您的驾驶技能并避免事故。一旦发生事故，依据法律就会取消您的驾照。

这里有一些建议，关于如何听取批评和评论，并将它们变成对你驾驶的积极影响：

- 倾听那些关心您驾驶的人的评论，并保持开放的心态。请确保您不会因为拒绝而否定、忽视这些评论的价值。
- 寻找线索克服那些您认为有效的评论的危险。驾驶进修课程或纠正措施，（如治疗视力缺陷）可能会有所帮助。
- 查看您对本自我评估中其他问题的回答。
- 开始为您无法驾驶的那一天做好准备，以便您在终止驾驶后仍能保持活动状态。有了充分的计划，没有驾驶的生活不必受到限制。

在过去的两年里，您收到过多少交通罚单、警告或与执法人员“理论”？

一些老年驾驶人意识到自己受到的限制并加以应对。然而，其他人却高估了自己的实际能力，并没有调整自己的驾驶习惯。老年驾驶人最常见的错误包括不让行、不观察标志和信号、不小心通过交叉路口、不适当考虑他人变更车道、倒车不当以及驾驶过慢。注意力不集中和一次处理太多信息似乎是造成这些现象的主要原因。

如果您收到交通罚单或警告，您可以采取以下几个积极步骤：

- 检查您为什么收到罚单或警告，以确定真正的原因。您是否因为注意力不集中或根本没有看到它而错过了停车标志？然后根据这些信息采取行动。本手册包含几个针对特定问题的具体建议。

- 使用传票或罚单作为警告信号。动作要快，因为传票与事故直接相关。
- 参加驾驶人培训课程，您可以复习您的驾驶技能，学习新的方法来应对老驾驶人面临的挑战。

在过去的两年中，您发生了多少次车辆碰撞（重大或轻微）?

一次事故是另一次事故的最佳预测器。一次事故通常是其他事故的预警信号。否认驾驶技能下降是老年驾驶人最大的危险。否认会导致最危险的驾驶习惯的延续，并阻碍驾驶人学习新的更好的驾驶方式。如果不加以纠正，危险的驾驶习惯可能会导致悲剧。

如果您已经卷入了一次事故，请立即采取以下一项或多项措施：

- 请记住，如果您卷入太多事故，即使是轻微事故，您的保险也可能会被取消。
- 参加进修课程。即使事故不是您的错，您也将学习宝贵的防御性驾驶技巧，帮助你在麻烦发生之前预测它。
- 询问您信任的并具有判断力的人，告知您何时忘记发出信号或做了其他不安全的事情。您自己很难在关注交通流量的同时评估自己的驾驶技能。客观的评估总是很具有启发性的。
- 如果您的事故是在夜间或恶劣天气下发生的，并且您怀疑是这些因素导致了事故，请避免在这些时间驾驶。
- 开始为您无法驾驶的那一天做好准备，以便在终止驾驶后仍能保持活动状态。不要自欺欺人；如果您在路上遇到危险，请承担责任，要么提高您的驾驶技能，要么终止驾驶。

驾驶改进课程（Driving Improvement Courses）

AAA提供课堂和在线驾驶人改进课程，包括专为老年驾驶人设计的课程，成熟驾驶人课程（Mature Operator Course）。联系您当地的AAA或CAA俱乐部，了解您所在地区提供的驾驶改进课程。

要联系您当地的AAA办公室，请使用您的电话簿或拨打他们的联系电话。

CarFit

CarFit计划是一项基于社区的活动，旨在改善成年驾驶人与其车辆之间的“适应性”。他们可以采取措施提高驾驶舒适性和安全性。该计划与美国老龄化协会、美国退休人员协会和美国职业治疗协会合作开发。它还提供了一个机会，就老年驾驶人的安全和健康展开积极、无威胁性的对话。此外，CarFit还提供了具体的、实用的社区资源，帮助老年驾驶人保持和加强健康，延长他们安全、独立的驾驶年限。

成年驾驶人的智能功能（Smart Features for Mature Drivers）

AAA与佛罗里达大学国家老年驾驶人研究和培训中心合作，开发了一份资源指南，明确指出驾驶人随着年龄增长经常遇到的视觉、身体和心理变化的车辆特征。*成年驾驶人的智能功能*解决了老年人经常面临的问题情况，突出了最能解决每种情况的功能，并提供了证明这些功能的车辆示例。

在线道路评估（Roadwise Review Online）

*在线道路评估*是一种免费的筛选工具，旨在帮助老年人测量某些对驾驶很重要的心理和身体能力。筛选工具能够识别并提供关于老年驾驶人关键驾驶能力下降的预警。这是首批基于互联网的自我筛查工具之一。消费者借助该工具可以采取经过科学验证的措施，预测因与年龄相关的功能衰退而导致的交通事故风险。它补充了本手册中的检查内容。

您可以通过访问Senior Drivers网站，使用在线道路评估工具。

机敏驾驶（Drive Sharp）

机敏驾驶是一种基于计算机的软件，包含三个交互式练习可以帮助您看到更多对象和风险，提高您监控多个移动物体的能力——如行人、骑行者和其他车辆，提高您的处理速度。使用Drive Sharp，您可以更快地发现对象并做出反应，也提高您的短期记忆，并将车祸风险降低50%。请访问Drive Sharp Now网站了解更多信息。

Senior Drivers网站

Senior Drivers网站是一个绝佳资源，它为老年人、他们的家人和研究人员提供有关高级驾驶的丰富信息。该网站提供测试驾驶技能的筛选项目，帮助老年人提高驾驶技能的培训计划以及替代交通选择的相关信息。它还有一个可搜索的数据库，其中包含与高级驾驶人有关的州特定许可信息。“道路评估”“机敏驾驶训练”和其他相关高级手册均可通过该网站获得。

AAA Seniors网站

该网站提供有关衰老如何影响安全驾驶能力的专家建议。用户可以找到有关如何开始与老年驾驶人对话的分步指南。了解如何与老年人共同努力制定从驾驶人过渡到乘客的行动计划。此外，用户还可以找到各种工具和资源，包括教育手册、驾驶人改进课程、技能评估工具和免费的社区项目等。

如果您注意到您已经开始经历一些与年龄相关的自然变化，您可以调整您的驾驶习惯，以保持安全驾驶——毕竟，安全驾驶最关键的内容之一是经验，而且经验不会随着年龄的增长而下降。重要的是要认识到您的局限性，并意识到您在路上可以做的一切都是安全的。

记 录

附录 2
如何理解和影响老年驾驶人

目录

导言

对于我们大多数人来说，驾驶代表着自由、控制和能力。独立驾驶让我们能够去想去或需要去的地方。对于我们许多人来说——即使我们变老了——驾车出行在经济方面也很重要。我们需要开车通勤，有时这也是工作的一部分。驾车在社会方面上也很重要，它让我们与社区、团体和喜爱的活动之间能够保持紧密的联系。

驾驶车辆看起来相对容易，但实际上这是一项复杂的技能。我们安全驾驶的能力会受到身体和精神状况变化的影响。许多这样的变化是随着我们年龄增长而发生的，尽管这些变化发生的方式不同或者时间也不同。

研究表明，年龄并不是预测驾驶能力和安全性的唯一因素。但有充分的证据表明，我们大多数人都会经历与年龄相关的身体和精神能力下降——这种下降可能预示着更大的事故风险。

交通安全的关键之一，是知道什么时候驾驶人处于风险增加的状态——即使我们自己就是那个驾驶人。所以我们必须知道要寻找和注意代表风险增加的某种迹象。我们需要了解年龄增长后驾驶环境是如何变化的，以及应该如何应对这些变化。如果我们必须减少或终止驾驶，我们可以了解社区资源。这些资源可以帮助我们安全驾驶更长时间，或者帮助我们在终止驾驶后与原有生活中的活动保持联系。

开车或乘车是大多数老年人的出行方式。大多数65岁以上的人随着年龄的增长会改变他们的驾驶方式。例如选择只在白天开车，或者限制开车的线路和区域，或者减少开车的频率。本手册能够帮助老年驾驶人的家人和朋友，了解老年驾驶人何时和如何做出驾驶方式的改变，以及在发生改变后如何让老年人更好地与重要的人和活动继续保持联系。

本指南还旨在积极探讨老年人的驾驶安全和机动性：

- 提供信息以帮助老年驾驶人对他们的驾驶行为做出知情决定。
- 列出建议以帮助家人和朋友与老年驾驶人开展关于驾驶安全问题的对话。这些对话很少有，当对话时，老年人往往会害怕——有时是肯定的——有人试图拿走他们的车钥匙。不幸的是，我们关于老年人继续驾驶车辆的讨论往往开始得太晚。很多时候，在讨论过程中，家人或朋友们会问错误的问题。

对于老年人来说，关于驾驶改变或终止的决定是一个受到情绪控制的问题，但是讨论这个问题或做出这个决定的过程并非要只有情绪化的方式。

谈谈安全驾驶的问题

与老年人谈论他们的驾驶情况通常是很困难的。我们大多数人会推迟谈话，直到老年人的驾驶情况变得如我们认为的那样危险。而这时，谈话可能会让每个参与者都感到紧张和尴尬。但是有些事情是您可以说或者可以做的，这些事情可以是谈话更有成效并且不那么紧张。

要做到这样的讨论，您应该采取三个步骤：

- 收集信息；
- 制定行动计划；
- 执行计划。

第一步：收集信息

需要家人和朋友收集关于老年驾驶人发生了哪些情况的信息。这需要时间，您可能需要从某些人那里收集信息，这些人可以观察到老年人的驾驶情况。您收集的信息越多，对老年驾驶人的了解就越好、越完整，您与老年驾驶人的谈话也就越有根据。这些信息可以帮助您、其他家庭成员、医疗保健专业人员和老年驾驶人决定需要做什么。

提醒一句：家人、护理人员和朋友对老年驾驶人的风险或驾驶能力的错误判断并不少见。个人的驾驶表现——而不是年龄——决定了他是否适合驾驶。收集各种各样的信息可以让您更有信心，更准确地确定需要做什么。

即使事先收集了最好的信息、做好计划，也不意味着能够容易地决定如何对待处于风险或不安全的驾驶人，决定该做些什么。但是收集到的信息和计划可以给所有相关人员更多的保证，确定保障老年驾驶人的最佳利益才是决策过程的重心。

您们的观察

您对家庭成员或朋友驾驶行为的担忧可能源于您对他的观察、他的驾驶经历，或者两者兼而有之。将这种担忧转化为行动是很重要的。仔细记录您和其他人对老年驾驶人的观察。判断是否有趋势表明老年人在开车时的风险可能会增加？一定要在您的观察记录上注明日期。注明日期的观察记录将为日后可能参与老年人驾驶决策的医生提供参考。

为了获得最全面的信息，不仅要收集老年人的驾驶信息，还要收集其他的个人指标（如下所述），因为这些信息可能表明老年人在驾驶时处于危险之中。

驾驶观察

理想情况下，您应该谈论一下您对确保驾驶人在道路上保持安全的兴趣。解释说，能够与驾驶人一起出行是观察他或她驾驶得最好、最实用的方式。另一种选择可能是驾驶自己的车跟着被观察驾驶人的车辆行驶。

您应该观察驾驶人在不同情况下的驾驶表现，包括不同时间段、不同类型的交通环境、不同路况和天气。随着时间的推移，一幅关于驾驶人表现的图画会浮现出来，包括他能够做好的事情和可能存在问题的事情。

您应该注意并确保驾驶人：

- 在所有的停车标志处停车，并向两边看，以检查相交道路的交通。

- 在红灯前停车。
- 适当地获得通行权。
- 对其他车辆、摩托车、自行车、行人和道路危险做出正确的反应。
- 安全合并和变换车道。
- 按照车道转弯和直行时，停留在车道上。

此外，您要观察驾驶人是否有以下现象：

- 减速或停车不当，如在绿灯时或十字路口。
- 在当前路况条件下行驶速度过快。
- 行驶缓慢，妨碍交通安全。
- 攻击性驾驶。
- 在应该熟悉的路线上经常迷路。

显然，上述一些驾驶行为会立即引起了人们的担忧。

驾驶人必须在红灯前、停车标志处停车，并按照交通法则要求避让其他车辆。如果没有做到这些，驾驶人和其他人将处于极度危险之中，需要立即采取行动来阻止驾驶人。

非驾驶观察

即使老年人不在车里，他们的行为、陈述，甚至他们的样子都可能引起您的关注。这些表现可能暗示他们存在有可能威胁到驾驶安全的问题。您看到和听到的一些事情可能是由老年人在生活中发生的重大事件引发的。这些事件可能包括失去配偶或密友。此外，老年人疾病或服药变化也会使安全驾驶变得困难。

任何一个信号都不能被认为是该人有危险或不安全驾驶人的警告。但是如果观察到几个警告信号，您应该强烈考虑采取行动来提供帮助。

这种危险信号可能包括：

- 健忘（频繁出现并与其他迹象结合）。
- 异常或过度的激动。
- 精神错乱和迷失方向。
- 协调性丧失和关节僵硬。
- 行走、吞咽、听力或遵循口头指示有困难。
- 变换位置、绊倒和跌倒时头晕。
- 呼吸急促和全身乏力。
- 难以接受口头指示，和/或对这些指令做出不恰当的反应。

某些时候，大多数人可能在判断上面的一些项目时感到困难。但是如果您经常在家人或朋友身上观察到这些行为或迹象，可能表明您或健康专家就需要采取行动了。这些行为表明，如果这个人继续驾驶车辆，他或她就会有危险。

驾驶人自我评估

除了您自己和其他人对老年驾驶人的观察之外，鼓励老年人评估自己的驾驶表现。

一些组织都有免费的自我评估指南，个人可以使用。自我评估不能单独用来确定该人是否是安全的驾驶人，但是评估结果可能会促使驾驶人更开放地与您和其他相关的人谈论驾驶的问题。

- 美国汽车协会（AAA）俱乐部有一个名为“道路评估（Roadwise Review）”的工具，人们可以在家里的电脑上使用。该工具带领用户完成一系列简短的任务，检查一个人的视力、反应时间和其他与驾驶安全相关的功能。它还可以引导用户了解更多关于驾驶安全的信息。有些AAA俱乐部对评估工具收费，而有些俱乐部则免费赠送给会员。
- 美国退休人员协会（AARP）的驾驶人安全计划提供了“您是聪明的驾驶人吗”自我评估测试，要求驾驶人回答10个关于当前驾驶环境的问题，以及他们在当前道路上驾驶的反应。在AARP的网站上，用户可以通过点击“您是聪明的驾驶人吗？”的选项进入测试。
- 美国汽车协会（AAA）交通安全基金会有一个自我评级工具。人们通过回答15个关于驾驶情况的问题，获得该工具给出的关于安全驾驶的具体建议。

同样，上面列出的这些筛查工具的价值是促使老年驾驶人与家人、朋友和医疗保健专业人员交谈。如果有进一步的需求，还要进行正式的驾驶技能评估。

观察社区中的其他人

社区中的朋友和专业人士通常会帮助您获得老年驾驶人的完整信息，他的出行安全可能存在风险。然而，在对老年驾驶人进行全面评述时，尊重他们的尊严、隐私和个人自主权至关重要。

如果您与老年驾驶人（您的家人或朋友）住在同一个城市或城镇，关注他的驾驶情况会更容易。但不论您是否与他住得很近，您都需要建立一个助手网络。这些助手可能会给您提供信息，帮助您确定是否需要采取行动保护老年驾驶人的安全和健康。

助手网络的成员包括眼科护理专家、药剂师和医生在内的医疗保健专业人员。但他们在没有获得老年驾驶人签署的授权表格前，是不能与您交谈的。

其他资源

如果需要的话，收集信息有助于您制定行动计划，帮助老年人提高出行的安全性和灵活性。它还可以帮助您确定是否需要采取行动，降低老年人的驾驶风险。

当家人和朋友认为有危险或不安全的驾驶人而需要寻求外部帮助时，医生和执法人员往往是他们第一个求助的人。

此外，还有其他社区资源存在，可以帮助您制定更好的行动计划。这些资源包括您当地的：

- 老龄化地区机构（Area Agencies on Aging）。
- 驾驶康复专家（Driver Rehabilitation Specialist，DRS）。
- 机动车管理部门（Department of Motor Vehicles，DMV）。

- 美国汽车协会和美国退休人员协会驾驶人安全项目（AAA/AARP Driver Safety Programs）。
- 阿尔茨海默病协会分会（Alzheimer's Association Chapter）。

老龄化地区机构

全国范围内建立了一个由650多个老龄化地区机构组成的网络。这些机构能够提供几乎所有对老年人，以及他们的家人和护理人员有帮助的项目和信息。在许多情况下，地区机构可以提供关于社区中可用的交通选择的信息。机构可以直接提供一些项目和服务，也可以通过与其他社区服务组织签订合同的方式来提供。通过拨打养老服务电话询问当地机构或访问eldercare网站可以咨询相关问题。

驾驶康复专家

驾驶康复专家可以对一个人的驾驶情况进行深入评估。专家可以确定驾驶人的特定疾病或状况是否影响他的驾驶，以及是如何影响的，如帕金森、中风或糖尿病。驾驶康复专家通常是一名职业治疗师，他可能会为驾驶人提供干预措施，如培训，以提高他们的驾驶安全性。专家还可能建议驾驶人在所驾驶的车中安装专门的设备，并提供如何使用该设备的培训，以保持他们的安全驾驶寿命更持久。

要找到您附近的驾驶康复专家，请访问美国职业治疗协会（American Occupational Therapy Association，AOTA）的老年驾驶人资源中心网站，或致电驾驶康复专家协会，或访问残疾人驾驶教员协会（Association of Driver Educators for the Disabled, ADED）网站。您也可以打电话给您所在地区的医院和康复机构，寻找一名职业治疗师帮助进行驾驶技能的评估和干预。

机动车管理部门

如果根据您的个人观察或了解，您担心家庭成员或朋友的健康状况或精神衰退会导致不安全驾驶，请联系老年驾驶人居住的州机动车管理部门。

几乎在每个州，家庭成员都可以写信向DMV报告驾驶人情况。您的信应该描述您认为驾驶人存在的不安全驾驶行为和/或您认为使驾驶人面临危险的医疗健康状况的具体例子。DMV有义务仔细检查您的诉求，以确保驾驶人没有受到不公平的骚扰。根据您所在州的规定，您的信可能是保密的，也可能不是保密的，这意味着老年驾驶人可能会发现这是您写的信。

即使驾驶人经过重新检查并通过了所需的测试，DMV可能仍需要在未来的对驾驶人进行定期审查。DMV可能会要求驾驶人的医生定期提交一份报告。例如，这种情况最常发生在涉及癫痫发作者的病例中。DMV还可能需要驾驶人进行定期的道路测试。例如，对患有渐进性疾病或某些类型痴呆症的驾驶人。最后，如果驾驶人患有渐趋严重的眼病，如黄斑变性，DMV可能会要求驾驶人提交一份来自眼科护理专家的报告。在就老年人驾驶行为与DMV联系之前，家庭成员或朋友应仔细考虑：先与老年人坐下来讨论这个问题，并商量可能的最满足所有人需求、能够打消人们顾虑的行动计划。

美国汽车协会/美国退休人员协会驾驶人安全项目

一些全国性的组织为老年驾驶人提供教育项目。这些“复习”课程为参与者提供了长达10个小时的课堂教学，并提醒他们如何在当前道路上安全驾驶。

美国退休人员协会的驾驶人安全项目是规模最大的全国性项目，旨在教育老年人安全驾驶、自我评估和寻找交通出行替代方案。您可以通过访问AARP的网站，点击链接“找到您附近的班级”查找相关信息。

美国汽车协会和国家安全委员会也通过他们在当地的许多办事处提供相关课程。大多数州的保险公司都为完成这些“复习”课程的个人提供汽车保险折扣。有时这些折扣在课程结束后的几年都能够适用。在这之后，个人必须重新参加课程以获得新的保险折扣。

阿尔茨海默病协会分会

对于被诊断患有阿尔茨海默病或其他痴呆症的人来说，问题不在于此人是否必须终止驾驶，而在于终止驾驶的时间点。有一些早期和明确的警告信号表明阿尔茨海默病正在影响一个人的安全驾驶能力。这些警告信号包括但不限于以下情况：

- 漂移出车道。
- 在离开或进入高速公路时感到困惑。
- 转弯很困难，尤其是左转弯。
- 在熟悉的地方迷路。
- 不适当的停车——比如在绿灯前或者在不转弯时停在交叉路口中间。

当地的阿尔茨海默病协会分会或当地的阿尔茨海默病支持小组拥有专业知识丰富的爱心人士，可以帮助家庭和护理人员处理驾驶问题。寻找您当地的阿尔茨海默病支持小组：

- 可以通过拨打所在地区老龄化机构的联系电话，或者登录Eldercare网站进行咨询。
- 可以登录阿尔茨海默病患者网站或致电阿尔茨海默病教育和转诊中心咨询。

第二步：制定计划

在第一步中，鼓励您收集关于老年人驾驶行为和其他行为的大量信息。由此，您需要思考正式评估驾驶技能的选项，以及社区中除驾驶以外的交通资源。

当您掌握了这些信息，坐下来和老年驾驶人谈一谈，确定以下内容：

- 他是否在其公认的能力范围内安全驾驶？
- 如果有问题，可以纠正它吗？
- 是否还需要确定其他的交通替代选项？

谈话技巧

如果您收集的信息表明老年人存在安全问题，您可以做几件事来增加顺利进行驾驶谈话的可能性。

1. 根据第一步（第2页）的观察结果提出关于行动计划的建议。

2. 对您能帮助老年人保持自尊的方式保持敏感。尝试推理和使用同情心。理解驾照对老年人的重要性。同情并倾听老年驾驶人的话。

3. 为了能够引导谈话，选择某个家人或老年驾驶人能够“听得进去”的值得信赖的朋友与老年人进行谈话。有些家庭，一个人与老年人的谈话会更好。而有些家庭，几个家庭成员与老年人谈话效果更好，能够表达该家庭对老年人安全的关切。

4. 用您的感受和感知中最不具威胁性的方式表达您的担忧。表达时尽量使用“我”，而不是“您”。例如，“我很担心您开车时的安全”，而不是“您不再是一个安全的驾驶人了。”

5. 在您的谈话中，您可能想说的一点是：

- 表示您已经注意到老年人的变化，这些变化似乎使他的驾驶变得更加困难。
- 请注意，我们都会以不同的方式和速度衰老。
- 强调每天都有成千上万的老年人通过改变他们开车的方式和时间来控制类似的情况。许多人在晚上停止驾驶，或者避开交通高峰和恶劣天气。许多人只在附近熟悉的街道上驾驶，重新安排他们的时间表，继续做一些让他们在社区里保持活跃的事情，比如志愿服务和社交活动。

6. 不要被负面反应所困扰。请记住，如果老年人还没有准备好，或者如果他们仍然认为自己是好的驾驶人，他们就很难减少或停止驾驶。重大生活方式的改变从来都不容易。

7. 重要的是通过关注老年驾驶人将如何能够继续与重要的特定事物保持联系，强调积极的结果。不要评判老年人的优先事项。

8. 如果可能的话，确定一个值得信赖的朋友或家庭成员，他们已经不得不减少或终止驾驶，并且正在采取行动保持其与重要的事情的联系。问问他或她是否愿意与老年人谈论在驾驶改变后，如何继续参与社区中有意义的活动。

如果您仍然认为老年驾驶人存在安全问题，请与他一起制定书面行动计划（参见“示例计划”。）理想情况下，讨论行动计划应该在问题出现之前进行。但是，不管讨论的时机如何，行动计划的目标应该是维护老年人的独立和自由。这个计划应该让老年人继续与充满生活意义和提高生活质量的活动保持联系。

制定行动计划需要一段时间。它将包括一系列与老年人的谈话。虽然，有许多充满担心的家庭成员和朋友可能在谈话中起着核心作用，但有些人会求助于健康专家，如医生，开始和/或继续与老年人关于驾驶人安全的谈话。在许多这样的情况下，家人和朋友更多地起到了支持老年人的作用。

任何行动计划的重点是：（1）加强老年人的独立性和决策权。（2）最大限度地提高社区安全。确定是否有条件保障老年人可以继续安全驾驶。在某些情况下，该计划可能需要改变老年人外出办事或开车赴约的时间，以避免交通拥挤。在其他情况下，该计划可能需要改变购物或与朋友社交的地点，以避免在繁忙的道路上或更危险的情况下驾驶。这也可能意味着少参与一项活动，或者安排老年人拼车参加一项活动，从而分担驾驶责任。

实施一个改变个人开车的方式和时间的计划会对家庭产生巨大的影响。家庭本身往往必须开始发挥更积极的作用，确保老年人能够在社区中继续活动。对于住在附近的家庭成员来说，改变可能意味着为老年人提供乘车服务；而对于居住在一个小时以上家庭成员来说，改变可能意味着花时间打电话协调交通服务或提供财政支持来承担服务费用。

行动计划的范围从简单到复杂。一项行动计划可能会要求老年人从驾驶康复专家那里获得正式的评估，以确定驾驶能力和需求领域。一项计划也可以清楚地说明当老年人不能自己开车时，如何参加活动。

许多社区都有通过公共交通系统提供的项目，这些项目给人们提供了使用公共交通出行的实践和信心。尽管如此，许多老年人在终止驾驶时，出于某些原因，他们不愿意使用公共交通工具。一些有健康问题的老年人可能觉得这些选择实际不可行。因此，对于老年人来说，在被要求更换出行方式之前，熟悉并自信地使用替代交通工具是很重要的。

如前所述，老龄化地区机构掌握了其所在地区几乎所有交通计划和服务的信息。要查找有关当地老龄化机构的信息，请联系Eldercare Locator，这是一项全国性服务，您可以拨打其免费电话800-677-1116，向您当地的老龄办公室咨询，或者访问eldercare网站。

第三步：执行计划

老年驾驶人应该深入参与计划制定和实施过程的每一步。这样做表明家庭成员尊重老年人的意见和需求，真正关心老年人的安全，并给予这个问题重要的思考、时间和关注。关于将计划付诸行动的谈话，家庭成员需要以敏感和尊重老年人的态度进行。即使老人已经参与了行动计划的制定，谈话也很容易引起愤怒、防御和否认。如果老年驾驶人参与了计划制定和实施过程的每一步，这种情况就不太可能发生。

定期审查计划

随着时间的推移，老年人能力甚至兴趣的变化可能意味着需要对他的行动计划进行调整，以便他或她能够安全地在社区中活动。因此，每年至少审查两次行动计划是非常重要的，确保计划对那些不得不减少或终止驾驶的老年人仍然有效。

家人和朋友也需要记住，许多社区正在开发新的社区交通资源，并正在完善现有的资源。其中一些新资源可能比您在当前计划中列出的更好，更能满足老年人的需求。关键是与您所在地区的老龄化机构保持联系，了解老年人是否有新的更好的选择。

制定移动行动计划

该行动计划的目标是让老年人在社区内和社区周围随时行动（“移动”），并能够与赋予其生命意义的活动联系起来。在理想情况下，正在减少驾驶或终止驾驶的人可以继续参加当前的所有活动。但是他可能需要找到其他出行方法来参加活动，完成一些任务，或者找其他时间参加这样的活动。

案例分析

现年79岁的威廉先生在过去的六年里，每周三晚上都会和一群朋友打牌。但是在过去的几个月里，由于车头灯的刺眼，使他在夜间驾驶变得更加困难。威廉不想让儿子开车接送他，公共交通工具并不靠近他朋友经常举行比赛的房子，出租车的费用又超出了他的预算。可是威廉先生并不想放弃打牌，因为这可以让他与朋友保持联系。况且，这是他每周为数不多的几次外出社交活动。打了几个电话后，威廉先生决定每月在家主持一次牌局。其他时候，他会带一些点心，以换取他的一个伙伴可以开车带他去打牌。

在填写下表时，列出所有适合的活动。不要因为您认为这些活动不是“必要的”而停止参与。同样，该行动计划的目标是列出老年人的需求，并在必要时找到替代方法满足他们的需求。它可以通过改变活动的时间或地点、确定参加活动的替代方式，或者同意拼车或共享乘车参加活动来实现。例如，如果一个人很难去杂货店，他应该考虑让杂货店送货上门。

日常差事

（列出去杂货店、药店、理发店或看医生等活动）

活动	现在如何到达目的地	完成任务的新方法

定期参加教育、社交或宗教活动

（列出每月至少发生一次的活动，如去成人学习中心、老年中心或参加宗教活动）

活动	现在如何到达目的地	到达目的地的新方法

其他社区、社交和/或特殊活动

（列出特殊活动，如生日聚会、社区集市、投票或可能一时冲动发生的活动，如出去吃饭或看电影）

活动	现在如何到达目的地	到达目的地的新方法

记　录

十个养生秘诀

仅仅活得更久是不够的。我们真正想要的是活得更久更好，保持足够的健康，继续做我们热爱的事情。虽然拥有好的基因当然有所帮助，但越来越多的研究表明，您的衰老速度在很大程度上取决于您和您所做的事情。幸运的是，研究还发现，做出能帮助您活得更长久、更健康的改变永远不会太晚。

以下是来自美国老年医学协会的健康老龄化基金会的10个更长寿的建议。

吃一道彩虹

随着年龄的增长，您需要更少的卡路里，所以选择营养丰富的食物，如颜色鲜艳的水果和蔬菜。吃各种颜色的食物——种类越多，您可能获得的营养就越丰富。每周吃两份三文鱼、沙丁鱼、溪鳟鱼或其他富含有益心脏健康的“OMEGA-3”脂肪酸的鱼。限制红肉和全脂乳制品的摄入。选择全麦食品而不是精制食品。

防止跌倒

每周三次，每次步行30分钟，可以帮助您保持身体健康和精神敏锐，强健骨骼，振奋精神，降低跌倒风险。这很重要，因为跌倒是老年人骨折、其他严重伤害和死亡的主要原因。骑自行车、跳舞和慢跑也是很好的负重运动，有助于强健骨骼。除了运动之外，每天摄入大量有益骨骼健康的钙和维生素D。

用小一点的杯子试试

适量饮酒可以降低患心脏病和其他疾病的风险。但什么是“适度”会随着年龄而变化。这意味着老年男性每天只喝一杯，老年女性每天喝半杯。（一杯是指1盎司烈性酒、6盎司葡萄酒或12盎司啤酒。）由于酒精会与某些药物相互作用，请询问您的医疗保健专业人员是否会有任何问题。

知道晚年睡眠的内幕

与普遍的看法相反，老年人并不比年轻人需要更少的睡眠。美国国家睡眠基金会的新建议建议每晚睡7~8小时。如果您达到了睡眠要求，但白天还是很困，去看您的医疗保健专家。您可能患有一种睡眠障碍，叫作睡眠呼吸暂停。睡眠呼吸暂停的人在睡觉时会短暂但反复地停止呼吸。未经治疗的睡眠呼吸暂停会增加您患心脏病的风险。

摆平您的（虚拟的）对手，磨砺您的头脑

研究表明，在复杂的电脑游戏中**征服对手**，加入讨论俱乐部，学习一门新语言，与他人进行社交互动，都有助于保持头脑清醒。

进行药物检查	**当您拜访您的医疗保健专业人员时，**带上您服用的所有处方药和非处方药、维生素、草药和补充剂，或者列一份完整的清单，上面注明每种药物的名称、您服用的剂量和服用频率。要求您的医疗保健提供者检查您带来的或清单上的所有东西。他或她应该确保这些药物对您是安全的，并且不会以有害的方式相互作用。年龄越大，服用的药物越多，越有可能出现药物副作用，即使是非处方药。
当您情绪低落或焦虑时，大声说出来	**大约1/5的老年人患有抑郁症或焦虑症。**挥之不去的悲伤、疲劳、对曾经享受过的事物失去欲望、难以入睡、担忧、易怒以及大部分时间想要独处都可能是您需要帮助的迹象。马上告诉您的医疗保健专家。对于这些问题他们有很多好的治疗方法。
接种疫苗	**它们不仅仅是给孩子的！**老年人必须接种的疫苗包括预防肺炎、破伤风/白喉、带状疱疹和流感的疫苗，在美国，这些疾病每年都会造成成千上万的老年人死亡。
找到合适的医疗保健专业人员，充分利用您的就诊时间	**定期见您的医疗保健专业人员，**坦率地回答他或她的问题，问您的任何问题，并听从他或她的建议。如果您有多种慢性健康问题，最好的选择可能是去看老年医学保健专业人员——他们是受过高级培训的人，为照顾最复杂的病人做好了准备。AGS老年健康基金会可以帮助您找到这样的人，您可以参见healthinaging网站。

CADReS 评分表

姓名：____________________________________ 日期：__________________

1. 视野：在任何有缺陷的地方都要遮挡。

患者的　　左　　　右

2. 视力：________ 右眼 ________ 左眼 ________ 双眼

患者是否佩戴了矫正镜片？如果是，请说明：

____

如果任何一只眼睛的视力低于20/40，请考虑转诊给眼科医生。

3. 快步走：____________ 秒

超过10秒是不正常的；考虑转诊为驾驶评估或步态障碍评估。

测试是用助行器还是用拐杖进行的？如果是，请说明：

____

4. 运动范围：指定“在正常范围内（WNL）”或“不在正常范围内（Not WNL）”。如果不在正常范围内，请描述。

动作	右边	左边
颈部旋转		
手指弯曲		
肩肘屈曲		
踝关节跖屈		
踝关节背屈		

如果有任何缺陷或疼痛，考虑转诊到物理治疗人员处进行锻炼或疼痛管理，如果影响日常生活活动（Activities of Daily Living，ADL）/工具性日常生活活动（Instrumental Activities of Daily Living，IADL），考虑转诊到职业治疗人员处，如果需要适应驾驶，则考虑转诊进行综合驾驶评估。

5. 迷宫测试：风险类别 ______ 秒 ______ 错误 ______

如果在61秒或更长时间内完成，无论有没有错误，则此人在认知上不适合安全驾驶。

如果在60秒内完成，但出现两个或两个以上错误，则此人在认知上不适合安全驾驶。

如果在60秒内完成，且没有或只有一个错误，则此人在认知上适合安全驾驶。

6. 蒙特利尔认知评估量表（Montreal Cognitive Assessment，MoCA）， 总分：______

得分在26分或以上是正常的（如果老年人接受的正规教育少于12年，加1分）。

得分在18分以下表示驾驶存在安全风险。

得分在18分以上但低于26分，则需要进一步评估，包括综合驾驶评估。

7. 控制连线测验（Trail Making Test），B部分： ______ 秒

超过180秒的分数为不正常；考虑转诊进行综合驾驶评估或认知，视觉或运动障碍评估。

8. 画钟试验（Clock Drawing Test，CDT）： 请根据以下标准检查“是”或“否”。

试验内容	是	否
仅包括数字1～12（无重复或遗漏）。		
数字绘制在时钟圆圈内。		
这些数字之间的间隔彼此相等或几乎相等。		
这些数字与圆圈边缘的间隔相等或几乎相等。		
一只时钟指针正确指向2。		
只有两个时钟指针。		
没有侵入性标记、书写或指针表示不正确时间。		

如果有任何异常，考虑转诊到综合驾驶评估诊所或进行认知、视觉或运动障碍评估。

评估/计划

____

____

____

____

____

CADReS 中使用筛选工具支撑研究精选表

引文	目标人群	工具（重要）/结果测量	主要发现
Classen, S., Witter, D. P., Lanford, D. N., Okun, M. S., Rodriguez, R. L., Romrell, J.,et al.（2011）.	帕金森症患者	简易智力状态检查量表（Mini-mental State Examination，MMSE）; 快步走（Rapid Pace Walk）; 有效视野（Useful Field Of View，UFOV）; 敏锐度（Acuity）; 对比敏感度（Contrast Sensitivity，CS）; 结果：整体评级得分（道路结果）和道路评估的机动评分	帕金森症患者在“有效视野”“快步行”、整体评分和机动得分方面表现较差。“有效视野”和“快步走”造成道路测试差异结果的因素中占比较大，可被视为帕金森症患者的良好筛查工具
Zook, N. A., Bennett, T. L., & Lane, M.（2009）.	老年人	霍普金斯语言学习任务； 综合视觉和听觉连续表现； 控制连线测验 B部分； 结果：道路评估	“霍普金斯语言学习测试”，“综合的视觉和听觉连续表现”，以及“控制连线测验B部分”比“认知行为驾驶量表”（Cognitive Behavioral Driving Inventory，CBDI）或“有效视野测试”更能预测道路上的表现
Stav W. B., Justiss, M. D., McCarthy D. P., Mann, W. C., & Lanford, D. N.（2008）.	老年人	对比敏感度（Slide B）; 快步走； 有效视野测试等级； 简易智力状态检查量表总分； 结果：标准化道路测试的整体评级得分	使用逐步回归方法，最全面的模型包括：“对比敏感度（slide B）”“快步走”“有效视野测试等级”和“简易智力状态检查量表总分”。这些因素占标准化道路测试整体评分量表的44%。列出的所有评估结果均与整体评级得分显著相关

续表

引文	目标人群	工具（重要）/结果测量	主要发现
Wood, J. M., Anstey, K. J., Kerr, G. K., Lacherez, P. F., & Lord, S.（2008）	老年人	有效视野子测试2 网点移动感光度 膝关节伸展强度 姿势摇摆 控制连线测验 B部分 颜色选择反应时间 结果：道路评估	“有效视野子测试2”“网点移动感光度”“膝关节伸展强度”“姿势摇摆”“控制连线测验 B部分”和“颜色选择反应时间”与道路评估结果显著相关。 灵敏度：91%，特异性：70%
Molnar, F.J., Marshall, S.C., Man-Son-Hing, M., Wilson, K. G., Byszewski, A. M., & Stiell, I.（2007）.	老年人	简易精神状态检查 驾驶习惯 渥太华驾驶和痴呆症 被糖尿病困扰 定时脚趾敲击测试 结果：机动车事故	使用实体关系成套评估来评估碰撞事故的可接受性和潜在预测因素。发现“简易精神状态检查”“驾驶习惯”“渥太华驾驶和痴呆症”“被糖尿病困扰”和“定时脚趾敲击测试”等因素，与过去或当前的机动车事故呈显著正相关
De Raedt, R., & Ponjaert-Kristoffersen, I.（ 2001 ）. De Raedt, R., & Ponjaert-Kristoffersen, I.（ 2001 ）.	老年人	控制连线测验 A部分 敏锐度 画钟试验 年龄因素 结果：道路评估	一系列内容包括：“简易精神状态检查”“控制连线测验”“敏锐度”“画钟试验”“年龄因素” 简易精神状态检查作为参数没有给模型带来任何贡献。 灵敏度：80%，特异性：85%
Owsley, C., Stalvey, B.T., Wells, J., Sloane, M. E., & McGwin, G.（2001）.	274名白内障老年人和103名非白内障老年人	测试了敏锐度、对比敏感度和 眩光	对比敏感度与车祸事故密切相关，尤其是两只眼睛都有白内障的情况，部分一只眼睛是白内障情况。视力敏锐度与车祸无关
Decina, L.E. & Staplin, L.（1993）.		对12400名驾驶人进行视觉检查	66~75岁、76岁及以上驾驶人的车祸事故与他们的视力、视野、对比敏感度相关

续表

引文	目标人群	工具（重要）/结果测量	主要发现
Freeman, E.E., Munoz，B., Turano, K.A., & West, S. K.（2005）.	老年人	索尔兹伯里眼科评估项目对4个收集点的2520名老年人进行了为期8年的随访	终止驾驶时间：那些视力敏锐度、对比敏感度和视野得分下降很快的人极有可能终止驾驶
Crizzle, A.M., Classen, S., & Uc, Y.（2012）.	帕金森症患者	关于道路预测和模拟器性能的检查措施的证据审查	没有标准成套模型能够预测帕金森症人驾驶表现，需要更加积极的研究。关于“有效视野子测试2”“对比敏感度”“控制连线测验 B部分和B-A”“功能范围”和“重复复杂图形测试”方面的一些证据
Classen, S., McCarthy, D.P., Shechtman, O., Awadzi, K.D., Lanford, D.N., Okun, M.S., Rodriguez, R.L., Romrell, J., Bridges, S., Kluger, B., & Fernandez, H. H.（2009）.	帕金森症患者	19名帕金森症患者和104名年龄匹配的对照组。将有效视野与道路评估结果、整体评级得分和机动得分进行比较	有效视野与道路测试错误和驾驶错误的相关性最强。在道路上失败的人比通过的人在“控制连线测验B部分”和“有效视野测试”方面的表现更差。建议取消有效视野子测试的分数
Amick, M. M., Grace, J., & Ott, B. R.（2007）.	帕金森症患者	25名帕金森症患者，有三种身体问题中的两种（震颤、运动迟缓和强直）。没有认知障碍。对比了道路表现的评估结果	安全组和对比组在“对比敏感度”“控制连线测验 B部分（时间）”“功能范围（存在/准确性）”“有效视野子测试3”方面的表现不同
Uc, E.Y., Rizzo, M., Anderson, S.W., Shi, Q., & Dawson, J.D.（2005）.	阿尔茨海默病患者	33名阿尔茨海默病患者和137名正常对照者进行了认知测试、视力测试、驾驶过程中道路标志标线识别测试	驾驶过程中道路标志标线识别方面组间存在显著差异；阿尔茨海默病患者组驾驶率较高；“控制连线测验 B部分”“听觉语言学习测试”“对比敏感度”“线路方向判断”是驾驶过程中道路标志标线识别的预测因子

续表

引文	目标人群	工具（重要）/结果测量	主要发现
Grace, J., Amick, M. M., D'Abreu, A., Festa, E. K., Heindel, W. C., & Ott, B. R.（2005）.	阿尔茨海默病患者	21名阿尔茨海默病患者，21名帕金森症患者，21例正常对照者。比较运动、认知功能与道路表现	痴呆症在路上犯的错误明显多于对照组；道路表现差的人对“重复复杂图形测试”很敏感，阿尔茨海默病患者对“控制连线测验B部分、A部分”很敏感
Whelihan, W.M., DiCarlo, M.A., & Paul, R.H.（2004）.	阿尔茨海默病患者	23例，临床痴呆症评定量表（Clinical Dementia Rating，CDR）得分为0.5的患者，23例对照。一组筛查措施与道路评估结果指标的比较	患者组的“控制连线测验B部分”“迷宫测试时间”“有效视野”“字母消除”与道路表现显著相关，而对照组道路表现仅与年龄相关。回归模型显示，“迷宫测试时间”“控制连线测验B部分（时间）”和“有效视野子测试1”共占46%的方差（控制连线测验B部分的添加量贡献不显著）。“有效视野”对早期阿尔茨海默病患者具有很大挑战性。“迷宫测试”可能是一个很好的筛选工具
Jones, V. C., Gielen, A. C., Bailey, M. M., Rebok, G. W., Gaines, J. M., Joyce, J. & Parrish, J. M.（2011）.	老年人	67名老年人使用9种评估工具中的4种进行了筛查。高风险组完成了定性访谈	通过评估和事故结果确定老年人的低、中和高风险损伤。只有“控制连线测验B部分”区分了中等和高风险组。“有效视野”和“非运动视觉感知评估（Motor-Free Visual Perception Test，MVPT）”没有
Edwards, J. D., Bart, E., O'Connor, M. L., & Cissell, G.（2010）.	老年人	1248名参与者在当年和5年后对身体和认知问题进行了测试	最终的回归模型：基线年龄、每周驾驶天数和较慢的处理速度（有效视野表现，子测试2）是停止驾驶风险的显著指标。其他模型显示“快步走”“非运动视觉感知评估”“控制连线测验B部分”

续表

引文	目标人群	工具（重要）/结果测量	主要发现
Munro, C.A., Jefferys, J., Gower, E. W., Munoz, B. E., Lyketsos, C. G., Keay, L.,… West, S. K.（2010）.	老年人	980名67~87岁的成年人参加了索尔兹伯里视力评估和驾驶研究，他们有车道变换数据	车道变换错误的重要预测因素包括："短暂注意力测试（Brief Test of Attention，BTA）""霍普金斯测验""控制连线测验B部分""视觉-运动整合（Visual-Motor Integration, VMI）"和"视觉专注力"。 多元回归显示：BTA和VMI分数能够预测车道变换错误。居住地在农村和城市也能够预测车道变更错误。假设车道变更会转化为驾驶人安全方面的错误
Classen, S., Horgas, A., Awadzi, K., MessingerRapport, B., Shechtman, O., & Joo, Y.（2008）.	老年人	对127名老年人进行人口统计学、认知功能、合并症、药物治疗和失败驾驶评估的比较	BTW考试不及格的最强预测因素是"高龄"，而"控制连线测验B部分（时间）"是考试不及格和驾驶失误的主要预测因素。"有神经学诊断"与"考试不及格"和"驾驶错误"增加有关
Oswanski, M. F., Sharma, O. P., Raj, S. S., Vassar, L. A., Woods, K. L., Sargent, W. M., & Pitock, R. J.（2007）.		回顾性研究232例55岁以上驾驶人。被试者分为两组：有能力的和无能力的	三组测量值的平均得分在两组之间有显著性差异。 MVPT 的接受者操作特性曲线（Receiver Operating Characteristic curve，ROC）大于32，灵敏度为60%，特异性为83%。画钟试验的ROC大于3，灵敏度为70%，特异性为65%。处理时间小于6.27秒，灵敏度为61%，特异性为79%

注：该表是根据Gaps和Pathways项目基金资助开发的表修改而来的，美国职业治疗协会/ 美国国家交通安全管理局合作协议。

医疗咨询委员会示例信函

[官方信笺，州许可机构或州交通医疗咨询委员会]

尊敬的 ______________ 先生/夫人：

您收到这封信是因为我们注意到您可能患有影响驾驶安全的疾病。请在接下来的30天内提供所附表格中要求的信息。

收到您的表格后，我们的工作人员将对您的健康状况进行全面、单独的检查，评估您是否能够继续驾驶。为了完成您的审查，可能需要您提供额外的信息或评估结果，可能包括您的初级卫生保健提供者的信息或驾驶康复专家的评估结果。

我们的目的是保证您、您的家人和社区的安全。出于我们对公路安全的更广泛承诺，如果您未能在截止日期前回复或提供所要求信息，我们将考虑暂停您的驾驶权力。

州驾驶证管理局/州交通医疗咨询委员会

改进驾驶习惯问卷

当前驾驶

1. 您开车的时候戴眼镜或隐形眼镜么？ ____ 是 ____ 否

2. 您开车时系安全带吗？ ____ 总是 ____ 有时 ____ 从不

3. 您更喜欢哪种出行方式？

   ____ 自己开车

   ____ 让别人开车送您

   ____ 使用公共交通工具或出租车

4. 与一般的车流速度相比，您通常开车的速度有多快？

   ____ 快得多　　____ 慢得多

   ____ 快一些　　____ 慢一些

   ____ 差不多

5. 在过去的一年里，有没有人建议您限制驾驶或停止驾驶？

   ____ 是 ____ 否

6. 您如何评价您的驾驶表现？

   ____ 非常好 ____ 好 ____ 一般 ____ 较差 ____ 差

7. 如果您不得不去某个地方，又不想自己开车，您会怎么做？

   ____ 请朋友或亲戚开车送您

   ____ 叫辆出租车或乘公共汽车

   ____ 不管您感觉如何，自己开车

   ____ 取消或推迟您的计划，待在家里

   ____ 其他（请注明）：

公开露面

8. 您每周一般开几天车？每周____天

9. 请考虑一下，通常情况下，您在一周里开车去的所有地方。检查勾选以下地方，列出每周去多少次，离家多少英里。

____ 商店	____ 次/周	离家 ____ 英里
____ 教堂	____ 次/周	离家 ____ 英里
____ 工作/学校	____ 次/周	离家 ____ 英里
____ 亲戚家	____ 次/周	离家 ____ 英里
____ 朋友家	____ 次/周	离家 ____ 英里
____ 外出吃饭	____ 次/周	离家 ____ 英里
____ 约会	____ 次/周	离家 ____ 英里

10. 您一周中还去其他地方吗?

_____ 次/周　　离家 _____ 英里

_____ 次/周　　离家 _____ 英里

_____ 次/周　　离家 _____ 英里

避免

11a. 在过去的3个月里，您有没有在下雨的时候开车?

_____ 是（转至11b）

_____ 否（转至12a）

11b. 您感觉自己在下雨天开车时:（请选择一个答案）

_____ 完全没有困难

_____ 一点点困难

_____ 中等困难

_____ 极端困难

12a. 在过去的3个月里，您有独自开车吗?

_____ 是（转到12b）

_____ 否（转到13a）

12b. 您感觉您独自开车时:（请选择一个答案）

_____ 完全没有困难

_____ 一点点困难

_____ 中等困难

_____ 极端困难

13a. 在过去的3个月里，您有平行停车吗?

_____ 是（转到13b）

_____ 否（转到13c）

13b. 您觉得平行停车对您来说:（请选择一个答案）

_____ 完全没有困难

_____ 一点点困难

_____ 中等困难

_____ 极端困难

13c. 您为什么不平行停车呢?

_____ 没必要（平行停车位不多）

_____ 视觉问题

_____ 没学过如何做

_____ 其他（请注明）_________________

14a. 在过去的3个月里，您是否在看到迎面而来的车辆时向左转?

_____ 是（转至14b）

_____ 否（转至15a）

14b. 您认为自己在车流中左转时：（请选择一个答案）

_____ 完全没有困难

_____ 一点点困难

_____ 中等困难

_____ 极度困难

15a. 在过去的3个月里，您在州际公路或高速公路上开过车吗?

_____ 是（转到15b）

_____ 否（转到16a）

15b. 您认为自己在州际公路或高速公路上开车时：（请选择一个答案）

_____ 完全没有困难

_____ 一点点困难

_____ 中等困难

_____ 极端困难

16a. 在过去的3个月里，您在交通繁忙的道路上开过车吗?

_____ 是（转至16b）

_____ 否（转至17a）

16b. 您认为自己在交通繁忙的道路上开车时：（请选择一个答案）

_____ 完全没有困难

_____ 一点点困难

_____ 中等困难

_____ 极度困难

17a. 在过去的3个月里，您在交通高峰时段开过车吗?

_____ 是（转到17b）

_____ 否（转到18a）

17b. 您认为自己在交通高峰时段开车时：（请选择一个答案）

_____ 完全没有困难

_____ 一点点困难

_____ 中等困难

_____ 极端困难

18a. 在过去的3个月里，您在晚上开过车吗?

_____ 是（转至18b）

_____ 否（转至19a）

18b. 您认为自己在晚上开车时：（请选择一个答案）

_____ 完全没有困难

____ 一点点困难

____ 中等困难

____ 极端困难

事故和处罚

19. 在过去的一年里，当您是驾驶人的时候，您发生过多少起车祸？请列出所有崩溃的次数，无论您是否有错。

____ 次

20. 在过去的一年里，当您是驾驶人的时候，您发生了多少次把警察叫到现场的车祸？

____ 次

21. 在过去的一年里，您有多少次被警察拦下来，不论您是否收到了罚单？

____ 次

22. 在过去的一年里，您收到过多少次交通违法的罚单（除了停车罚单），不管您是否认为自己有错。

____ 次

驾驶空间

23. 在过去的一年里，您有没有在您的邻近地区开车？

____ 是 ____ 否

24. 在过去的一年里，您有没有开车去您所在的社区以外的地方？

____ 是 ____ 否

25. 在过去的一年里，您有没有开车去过附近的城镇？

____ 是 ____ 否

26. 在过去的一年里，您有没有开车去过更遥远的城镇？

____ 是 ____ 否

27. 在过去的一年里，您有没有开车去过你所居住的州以外的地方？

____ 是 ____ 否

28. 在过去的一年里，您有没有开车去邻近的州？

____ 是 ____ 否

经驾驶习惯问卷（Driving Habit Questionnaire，DHQ）许可修改

蒙特利尔认知评估量表（MoCA）
8.1 版
实施和评分说明

蒙特利尔认知评估量表（Montreal Cognitive Assessment, MoCA）是一种快速筛查轻度认知功能障碍（Mild Cognitive Impairment, MCI）的工具。它评估不同的认知领域：注意力和集中力、执行功能、记忆力、语言、视觉构建技能、概念思维、计算和定向力。任何理解并遵循指示的人都可以使用MoCA，但是，只有具有认知领域专业知识的专业人员才能解释结果。完成MoCA 的时间大约为10分钟。量表总分为30分；评估得分为≥26分的人视为认知正常。

所有指令都可重复一次。

1. 交替连线测验：

实施：*检查者指示被试者："请按升序从数字到字母画一条线。从这里开始 [指向（1）] 画一条线，并从1画到A，再画到2，依此类推。到这里结束 [指向（E）]。"*

评分：如果被试者成功按照1-A-2-B-3-C-4-D-5-E顺序进行连线，没有任何交叉线，给被试者计1分。如果被试者出现错误，而没有立即自我纠正时（即在继续执行立方体测试任务之前纠正错误），被试者计0分。如果被试者画了一条线将终点（E）连接到起点（1），则被试者计0分。

2. 视觉构建技能（立方体）：

实施：检查者指着立方体，给出以下指示："尽可能准确地复制这张图。"

评分：正确的绘图，给被试者计1分。

- 绘图必须是三维的。
- 所有的线都画了。
- 所有线的衔接都很紧密或没有间隔。
- 没有添加任何多余的线。
- 线相对平行且长度相似（可接受矩形棱镜）。
- 立方体在空间中的方向必须保持不变。

如果不满足上述任一条件，则被试者计0分。

3. 视觉构建技能（时钟）：

实施：检查者必须确保被试者在执行任务时不看手表，并且看不到时钟。检查者指着量表上的空白处给出以下指令："请您在此处画一个时钟，填上所有数字并将时间设置为11点10分。"

评分：符合下列三个标准时，分别给被试者计1分。

- 轮廓（1分）：必须绘制时钟轮廓（圆形或正方形）。允许有轻微的扭曲（如圆没有闭合）。如果数字以圆形方式排列但未绘制轮廓，则将轮廓判定为不正确，轮廓部分计0分。

- 数字（1分）：所有时钟数字都必须完整且没有多余的数字，数字必须按正确的顺序排列、竖直并放置在所属的象限内，可以是罗马数字。数字必须以圆形方式排列（即使轮廓是正方形）。所有数字都必须统一放在时钟轮廓的内部或外部。如果一些数字在时钟轮廓内，而一些数字在时钟轮廓外，此部分计0分。
- 指针（1分）：必须有两个指针且一起指向正确的时间，时针必须明显短于分针，指针的中心交点必须在钟面内且接近于时钟的中心。

4. 命名：

实施：从左边开始，检查者指着每个图片说："请您告诉我这只动物的名字。"
评分：每回答正确1个，给被试者计1分：（1）狮子；（2）犀牛；（3）骆驼或单峰驼。

5. 记忆力：

实施：检查者以每秒1个的速度读出5个单词，给出以下说明："这是一个记忆测试。我将读出一个单词列表，请您仔细听，并尽量记忆。当我读完列表后，尽可能多地把您能记住的单词告诉我。回答时想到哪个就说哪个，不必按照我说的顺序。"检查者把在被试者回答正确的单词在第一次试验的对应空格处做上标记。如果被试者记忆起的单词有误或听起来有点像目标单词，检查者可能不会纠正被试者。当被试者表示他已经完成（已经回忆完了所有单词），或者无法回忆更多单词时，检查者开始第二次阅读单词列表，并做出以下说明："我将再次阅读相同的列表。尽量记住并告诉我尽可能多的单词，包括您在第一次已经说过的单词。"检查者把被试者回忆正确的单词在第二次试验的对应空格处做出标记。在第二次试验结束时，检查者告诉被试者，一会儿还要让他再次回忆这些单词，并说："我会在测试结束时要求您再次回忆这些单词。"
评分：第一次试验和第二次试验结果不记分。

6. 注意力：

数字顺背广度：实施：检查者给出以下说明：*"我要说一些数字，您仔细听，当我说完后，请您完全按照我说的顺序复述出来。"检查者以每秒1个的速度读出5个数字。*
数字倒背广度：实施：检查者给出以下说明：*"现在我要说更多的数字，但是当我说完后，您必须按倒序复述出来。"*检查者以每秒1个的速度读出3个数字。如果被试者按顺序重复序列，此时检查者不得提醒或再要求被试者按倒序复述。
评分：复述准确，每个数列分别给被试者计1分（注意：倒被试验的正确答案是2-4-7）。
警觉：实施：检查者在给出以下指示后，以每秒1个的速度读出字母列表：*"我将阅读一系列字母。每当我说字母A时，请您拍手一次。如果我说其他的字母，请不要拍手。"*
评分：如果完全正确或只有一次错误则给被试者计1分，否则计0分（错误时是指当读字母A的时候没有拍手，或读其他字母时拍手）。

连续减7测试：实施：检查者给出以下指示：*“现在请您来做一道计算题，从100中减去一个7，然后，继续从您的得数中减去7，直到我让您停下来为止。”*被试者必须进行心算，他（她）不得使用手指或铅笔和纸来执行任务。检查者不得重复被试者的答案。如果被试者询问他（她）最后给出的答案是什么，或他/她必须从答案中减去多少数字，如果还没有这样做，检查者会通过重复说明来回答。

评分：本项目满分3分。全部错误被试者计0分，如果被试者成功进行了1次减法计1分，2次或3次减法正确计2分，4次或5次减法正确，则计3分。每个减法都是独立评估的；也就是说，如果被试者上一次回答了错误的数字，但继续正确地减去7，则记为正确的减去。例如，被试者可能会回答“92-85-78-71-64”，其中“92”不正确，但所有后续4个数字都正确。这是1个错误，该任务将获得3分。

7. 句子复述：

实施：检查者给出以下指示：*“我要给您读一个句子。我说完后请您把我说的话尽可能原原本本地重复出来［停顿］：I only know that John is the one to help today.（我只知道今天约翰是来帮过忙的人。）”在被试者回答之后，检查者继续说：“现在我再给您读另一句话。我说完后请您也把它原原本本地重复出来［停顿］：The cat always hid under the couch when dogs were in the room.（当狗在房间里时，猫总是躲在沙发底下。）”*

评分：每句复述正确计1分。复述必须准确。注意复述时出现的遗漏（如省略“only（只）”）、替换/添加（如将“only（只）”替换为“always（通常）”）、语法错误/更改复数（如用“hides（藏的第三人称单数）”替换“hid（藏）”）等。

8. 语言流畅度：

实施：检查者给出以下指示：*“现在，我想让您告诉我尽可能多的以字母F开头的单词。我会告诉您一分钟后停止。不允许使用专有名词、数字和不同形式的动词。您准备好了吗？［暂停］［时间为60秒。］停止。”*如果被试者连续说出的两个单词，都是以字母表中的另一个字母开头的，而检查者也没有重复说明，检查者将重复目标字母。

评分：如果被试者在60秒内说出≥11个单词，则计1分。检查者在空白处或试卷背面记录被试者的回答。

9. 抽象：

实施：检查者要求被试者解释每一对词语的共同点，从一个例子开始：*“我会给您两个词，我希望您告诉我它们属于什么类别［停顿］：一个橙子和一根香蕉。”*如果被试者回答正确，检查者回答：*“是的，两个项目都属于水果。”*如果被试者以具体的方式回答，如存在某些共同点，检查者会给出一个额外的提示：*“告诉我他们所属的一个类别。”*如果被试者没有给出适当的回答（水果），检查者会说：*"是的，它们也都属于水果。"*但不要给出额外的解释或说明。练习结束后，检查者说："现在开始，火车和自行车。"在被试者回答之后，检查者开始第二个测试说："现在，有尺子和手表。"如果在示例中没有使用任何提示，则可以给出一个提示（针对整个抽象测试部分的提示）。

评分：仅对最后两组词的回答进行评分。回答正确，每组分别计1分。以下回答可视为正确：

-火车–自行车：交通工具，运输工具，都可以用来旅行

-尺子–手表：测量仪器，用于测量的

以下回答是不可接受的：

-火车–自行车：他们都有轮子

-标尺–手表：他们都有数字

10. 延迟召回：

实施：检查者给出以下指示：*"我之前给您读了一些单词，让您记住。尽可能地把您记住的都告诉我，这些单词都有什么。"*在没有任何提示的情况下，当被试者自己回忆的单词正确时，检查者在单词对应的空格中做一个勾号（√）。

评分：**在没有任何提示的情况下，自由回忆正确的每个单词计1分。**

记忆线索得分（Memory index score，MIS）：

实施：在延迟的自由回忆试验之后，检查者为被试者无法回忆的每个单词提供一个类别（语义）线索。示例："我会给您一些提示，看看它是否有助于您回忆这些单词，第一个单词是身体的一部分。"如果被试者在类别提示下无法回忆单词，检查者会向他/她提供多项选择提示。示例："您认为是鼻子、脸还是手？"所有被试者未能回忆出的单词都以这种方式提示。检查者通过在适当的空格中打勾来识别受试者在提示（类别或多项选择）的帮助下能够回忆的单词。每个单词的提示如下所示：

目标词	类别提示	多项选择
脸	身体的一部分	鼻子、脸、手（肩、腿）
天鹅绒	一种面料	牛仔布、天鹅绒、棉（尼龙、丝绸）
教堂	一种建筑	教堂、学校、医院（图书馆、商店）
菊花	一种花	玫瑰、雏菊、郁金香（百合、水仙花）
红色	一种颜色	红、蓝、绿（黄、紫）

*如果被试者在类别提示中提到一个或两个多项选择的答案，则使用括号中的单词。

评分：为了确定MIS（这是一个分项分数），检查者根据回忆的类型确定分数（见下表）。线索的使用提供了记忆缺陷性质的临床信息。对于由于提取障碍而导致的记忆缺陷，可以通过提示来提高表现。对于因编码障碍而导致的记忆缺陷，使用提示不会提高表现。

MIS评分				全部的
自发回忆的单词数	…	乘以	3	…
类别提示下，回忆的单词数	…	乘以	2	…
多项选择提示下，回忆的单词数	…	乘以	1	…
	总MIS（包括所有分数）			____/15

11. 情况介绍：

实施：检查者给出以下指示：*“告诉我今天的日期。”*如果被试者没有给出完整的答案，检查者会相应地提示：*“告诉我［年、月、确切日期和星期几］。”*然后检查者说：*“现在，告诉我这个地方的名字，它在哪个城市。”*

评分：每答对1题计1分。日期和地点（医院、诊所、办公室名称）必须准确。如果被试者在日期或星期上出错，则不计分。

总分：将右侧列出的所有子分数相加。接受正规教育年限≤12年的被试者加1分，最高可能为30分。最终总分在26分及以上的被试者视为正常。

请参考MoCA的网站，获得更多关于MoCA的信息。

下图为MoCA评估8.1版的英文样本。

MONTREAL COGNITIVE ASSESSMENT (MOCA®)
Version 8.1 English

Name:
Education: Date of birth:
Sex: DATE:

VISUOSPATIAL / EXECUTIVE

E End A 5 B 2 1 Begin D 4 3 C

[ ]

Copy cube

[ ]

Draw CLOCK (Ten past eleven)
(3 points)

[ ] Contour [ ] Numbers [ ] Hands

POINTS ___/5

NAMING

[ ] [ ] [ ]

___/3

MEMORY Read list of words, subject must repeat them. Do 2 trials, even if 1st trial is successful. Do a recall after 5 minutes.

	FACE	VELVET	CHURCH	DAISY	RED
1ST TRIAL					
2ND TRIAL					

NO POINTS

ATTENTION Read list of digits (1 digit/ sec.).
Subject has to repeat them in the forward order. [ ] 2 1 8 5 4
Subject has to repeat them in the backward order. [ ] 7 4 2
___/2

Read list of letters. The subject must tap with his hand at each letter A. No points if ≥ 2 errors
[ ] F B A C M N A A J K L B A F A K D E A A A J A M O F A A B
___/1

Serial 7 subtraction starting at 100. [ ] 93 [ ] 86 [ ] 79 [ ] 72 [ ] 65
4 or 5 correct subtractions: **3 pts**, 2 or 3 correct: **2 pts**, 1 correct: **1 pt**, 0 correct: **0**
___/3

LANGUAGE Repeat: I only know that John is the one to help today. [ ]
The cat always hid under the couch when dogs were in the room. [ ]
___/2

Fluency: Name maximum number of words in one minute that begin with the letter F. [ ] ___ (N ≥ 11 words)
___/1

ABSTRACTION Similarity between e.g. banana - orange = fruit [ ] train - bicycle [ ] watch - ruler
___/2

DELAYED RECALL

(MIS)	Has to recall words WITH NO CUE	FACE [ ]	VELVET [ ]	CHURCH [ ]	DAISY [ ]	RED [ ]	Points for UNCUED recall only
X3							
X2	Category cue						MIS = ___/15
X1	Multiple choice cue						

Memory Index Score (MIS)

___/5

ORIENTATION [ ] Date [ ] Month [ ] Year [ ] Day [ ] Place [ ] City
___/6

 www.mocatest.org

MIS: ___/15
(Normal ≥ 26/30)
Add 1 point if ≤ 12 yr edu

TOTAL ___/30

Administered by: ____________________

Training and Certification are required to ensure accuracy

补偿运动性能损伤的自适应设备

第一类：“可能有助于移动性、车内舒适性或可视性的小工具”

- 此类自适应设备可通过网站、目录或在有汽车设备的商店中获得。
- 此类自适应设备不会直接干扰或改变驾驶人对移动中车辆的控制。
- 该类别中的设备不需要全面的驾驶评估和/或驾驶康复专家的处方。

A. 汽车手扶把（运输者、驾驶人或乘客）

1. 很像扶手椅上的一只手臂，这个工具对驾驶人、乘客和护理人员都有帮助。它可以减少协助进出车辆的人员的工作/压力。
2. 注意事项/关注点/局限性：
   a. 有好几个厂家和款式。“刀片”样式可能太宽，不适用于某些车型。
   b. 一些广告宣传了其具有的附加功能，必要时打破窗户和切断安全带。
   c. 装置不能留在原位，它需要一个方便（触手可及）且安全的存放位置。

B. 丝带或安全带易够手柄（够到安全带）

1. 当伸手去拉安全带时，一个选择是痛苦或困难的（特别是如果这是没有系安全带的原因）。
2. 一条丝带可能就足够了，或者可以购买一个小工具，比如连接到安全带的“易够”自适应装置。
3. 注意事项/关注点/局限性：
   a. 警告任何设备不得以任何方式干扰安全带功能。密切注意工具的位置，避免对安全带自由伸缩产生的任何干扰。

C. 塑料垃圾袋或座椅滑轨（运输者）

1. 塑料垃圾袋是一个廉价的辅助滑入到位的工具（也有商用产品，如座椅滑轨）
2. 这也是一个有用的护理资源。
3. 注意事项/关注点/局限性：
   a. 一旦放在座位上，袋子就会形成一个光滑的表面。建议在车辆行驶时将其拆下。

D. 抬腿器（运输者，转向座椅）

1. 在脚上放置一个环，以帮助“抬起腿”进入车辆。
2. 手动演示如何通过拉裤腿或抬起大腿来帮助将腿拉进车辆。

E. 握钥器（使用转动钥匙可减轻疼痛/创伤）

1. 通常物美价廉，有各种款式和设计。

2. 注意事项/关注点/局限性：

a. 考虑放置位置，确保钥匙支架不会干扰打火装置。

第二类：容易获得但可能干扰车辆安全装置的装置

- 消费者在选择使用这一类别的设备时，需要充分了解利弊。
- 目前没有“指南”，职业治疗师或驾驶康复专家可能会提供指导。

A. 楔形坐垫（改变座椅高度可提高视线，检查对踩踏板的影响）

1. 变量包括泡沫的质量（坚固、稳定）和形状。楔形或块状座垫的优势取决于人的需求和车辆座椅的轮廓。
2. 注意事项/关注点/局限性：任何垫子都可能影响踩踏板的能力。缓冲材料应尽可能坚固。在发生碰撞时，容易变平的材料可能会导致安全带的“滑脱”。

B. 镜子（附加侧面、后视镜和全景选项）

1. 许多版本的夹上式和贴上式后视镜可用于扩大驾驶人的周围视野。一些驾驶人报告说这些镜子是有效的，而其他人可能报告说这些镜像存在扭曲或分散他们的注意力。
2. 注意事项/关注点/局限性：夹在后视镜上的镜子可能会在碰撞中脱落并变成抛射物。

C. 踏板延伸器（为矮个子驾驶人建造的踏板）

1. 很多版本。专业安装对于正确放置和安全连接非常重要。
2. 对于该设备使用是否需要驾驶评估和处方缺乏共识。

第三类：需要经评估、处方和专业安装的适应性设备

- 在国家移动设备经销商协会（National Mobility Equipment Dealer’s Association，NMEDA）的网站上可看到全套设备的选项。
- 综合驾驶评估报告将生成个性化建议和设备方案。该评估应对供应商和设备品牌保持中立。
- 自适应设备确实会干扰原始设备制造商（Original Equipment Manufacturer，OEM），因此必须正确安装、检查，并对驾驶人进行使用培训（NMEDA QAP）。
- 许多州要求由许可机构进行测试，并可能对驾照进行限制。

A. 转向旋钮（单手/单臂驾驶）

1. 评估决定了设备在方向盘上的需求和理想位置。
2. 有些州要求单手驾驶的人进行这种调整。

B. 左脚油门踏板（右脚不能/不可靠时用左脚管理油门）

1. 需要全面的驾驶评估、专业安装和培训。

2. 需要大量重新学习，认知评价是必不可少的。
3. 有争议。有些已经不再安装，但也有许多使用非常成功。

C. 手动控制（用手控制油门和刹车，无功能或不可靠的下肢）

1. 需要全面的驾驶评估、专业安装和培训。
2. 需要大量地重新学习，认知评价是必不可少的。
3. 有许多型号和配置可供选择。专家在推荐手控车型时，将考虑驾驶人最强的能力和驾驶人在车辆中可用的通道（空间）。

D. 广泛的专业设备可用于主要控制（低作用力转向、较小周长方向盘）和次级控制（闪光灯、雨刮器等）

经历疼痛、伸展受损或力量减弱的驾驶人可以受益于设备带来的改进，使驾驶人在身体能力范围内控制车辆

1. 综合驾驶评估将生成个性化建议和设备处方。评估应该对供应商和设备品牌保持中立。
2. 自适应设备确实会干扰原始设备制造商（OEM），因此必须正确安装、检查并对驾驶人进行使用培训（NMEDA QAP）。
3. 许多州要求考试，并对驾照进行限制。设备和安装成本很高。请咨询具有医学背景的驾驶评估员，通常是职业治疗从业者，接受专业培训以了解驾驶人的医疗健康状况及其进展。

第四类：需要评估、处方和专业安装的车辆改装

- 综合驾驶评估可能需要规定车辆改装的复杂组件。该评估应对供应商和设备品牌保持中立。
- 改装显然会干扰原始设备制造商的设计，只能由经过认证的车辆改装商完成。
- 许多州要求由驾驶人驾驶证管理机构进行测试，并可能对改装车辆驾驶人的驾照进行限制。
- 当患有影响行动能力、转入车辆能力等疾病的老人出院时，必须考虑护理人员的需求。
- 设备和安装成本高昂。请咨询具有医学背景的驾驶评估员，通常是职业治疗从业者，接受专业培训以了解驾驶人的医疗健康状况及其进展。

A. 车辆适配可能包括更宽的车门、轮椅通道的较低地板，或者坐在轮椅上驾驶时的适当固定系统。对车辆的改装可以让驾驶人转移和装载设备。

B. 车辆适配可同时考虑客户和护理人员的需求。当老年人只是乘客时，护理人员可以从改装车辆中受益，这些车辆具有支持成功转移和运输其乘客的移动设备。设备可以减轻护理人员的身体负担。

C. 运输轮椅和小型摩托车等移动设备可能很困难。一些车辆缺乏空间和通道。一些小型摩托车设计得容易折叠和提起。一些拖车式托架对于车辆来说可能太重，可能会干扰车辆功能和控制。

资源

这些商品中的许多都可以在亚马逊、沃尔玛、CVS等网站上找到。
这里提供的网站是示例，但不作为推荐。

1. **汽车手扶把（运输者、驾驶人或乘客）**
   - 搜索：汽车手扶把
   - 汽车手扶把是最初开发者的品牌。金属尖端很细，适合大多数车辆。注意插片或其他部位设计可能不适合大多数车辆。
     可以在stander网站的产品列表中搜索并购买。

2. **丝带或安全带易够手柄（够到安全带）**
   - 搜索：安全带拉动或抓取器
   - 可以访问arthritissupplies网站了解和购买相关产品

3. **楔形坐垫（座椅高度）**
   - 可以在亚马逊的网站上搜索并购买。
   - 在家居用品商店购买。
   - 价格因款式、覆盖物、泡沫密度和质量而异。建议使用高密度泡沫，它可能更贵。

4. **镜子（关于“如何调整”的说明是足够的）**
   - 可以在autoguide网站上了解相关产品和你为什么需要使用它的原因。
   - 如果选择在CarFit演示套件中包含样品镜，请运用您的专业判断。一些人担心车内后视镜会在撞车时破裂。正确安装和使用培训对于从辅助后视镜中获得最佳收益至关重要。

5. **塑料垃圾袋或座椅滑轨（运输者）**
   - 座椅滑轨可以在abledata网站的产品列表中找到“car-seat-slide”。
   - 垃圾袋或丝滑的围巾提供了一种临时解决方案，例如在髋关节手术后。

6. **抬腿器（运输者）**
   - 在liveoakmed网站的产品列表中，搜索“rigid-leg-lifter”，最好选择一端带有硬圈的版本，便于放在脚上。

7. **可调（组合式）握钥器（通过转动钥匙减少疼痛/创伤）**
   - 在performancehealth网站上，一体式钥匙架有多种款式可供选择。

抬腿器

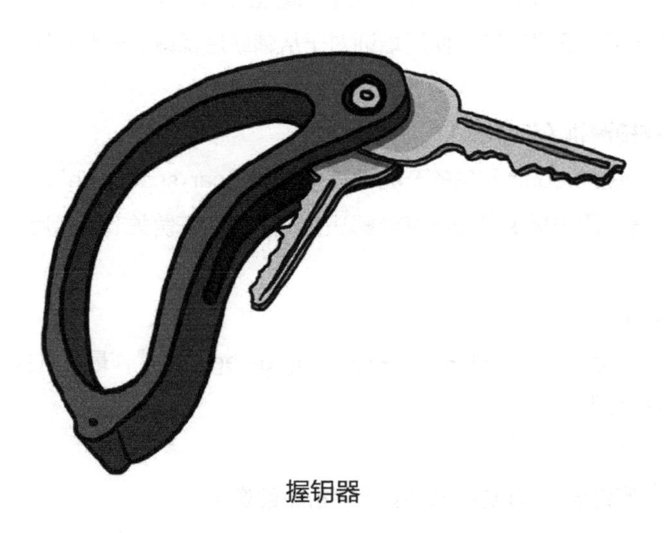

握钥器

丝带或安全带易够手柄

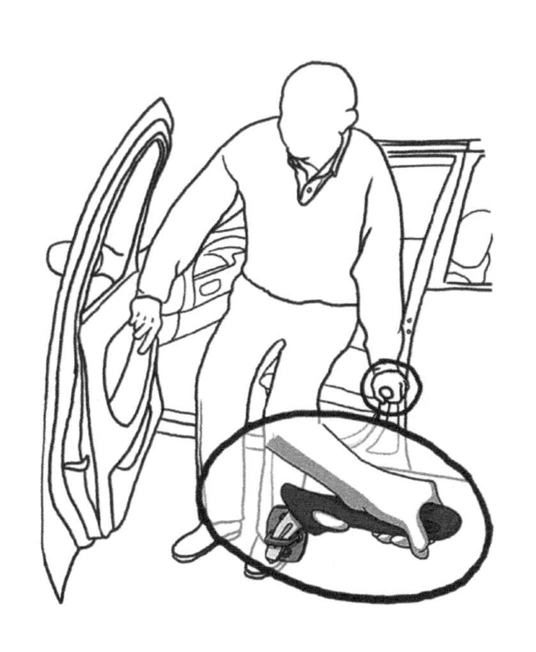

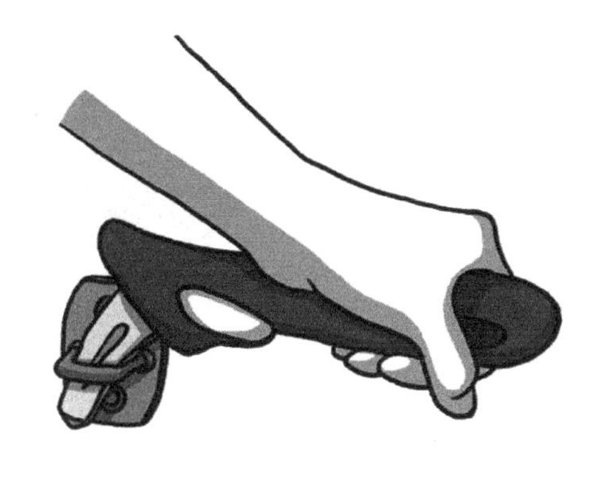

汽车手扶把

纽扣后视镜

踏板延伸器

左脚油门踏板

转向旋钮

附录 3
为老年驾驶人改装汽车

目录

导言

关于如何在道路保持自由——一个经过验证的过程

新的和现有的适应性技术不断为老年驾驶人能够继续舒适和安全的驾驶车辆提供着机会，并尽可能让他们更长时间享受驾驶自由。其中一些适应性技术非常简单、方便易用，如“旋转座椅”。其他一些技术可能是某些驾驶人安全操作车辆所必需的，如手动控制。所有正在面临或即将面临与年龄相关的驾驶挑战的人，都应该熟悉这些可用的、能够支持特殊驾驶需求的技术。

本手册中的信息基于驾驶康复专家和其他专业人员的经验，他们从事为那些需要适应性装置而改装车辆的人提供服务工作。这里概述的步骤是一个经过验证的过程。包括评估您的需求，确保车辆“适合”您，选择合适的功能，安装和了解如何使用适应性设备，进行良好的车辆维护。与年龄相关的变化可能影响您的驾驶，当您改装或购买车辆以适应这些变化时，这个过程可以帮助您避免出现重大的错误。

本手册还包括关于成本节约、许可要求和需要联系以获得更多帮助的组织的一般信息。虽然本手册的主要面向改装车辆的驾驶人，但每个部分也包含一些重要信息，以帮助那些为有特殊需求的乘客提供交通服务的人。

调查节约成本的机会和许可要求

节约成本的机会

有了如此广泛的适应性设备解决方案，车辆改装的相关成本会因个人需求而有很大差异。一些适应性设备，比如一个特殊的座椅靠垫，只要50美元，就可以为驾驶人提供更好的道路视野。更复杂的设备，如手控器，在1000美元以内也可以购买。然而，一辆装有适应性设备的新车的价格将会在2万美元到8万美元之间。

无论您是改装已有的车辆，还是购买一辆带有适应性设备的新车，首先做好功课是值得的。通过咨询驾驶康复专家，您可以在购买设备或车辆前，了解现在或将来可能有什么样的适应性设备需要，避免购买那些不需要的设备。您还可以了解是否有相关的公共和私人财政援助的机会。

有些项目可以帮助老年人支付车辆改装的部分或全部费用。获取相关信息，请联系您所在州的职业康复部或其他提供职业服务的机构。如果您符合条件，请联系美国退伍军人事务部。您可以在您当地的电话簿上找到这些州和联邦机构的电话号码。

还要注意以下几点：

- 一些服务于残疾人的非营利组织可以提供帮助支付适应性设备费用的项目。一般来说，这些组织和项目代表了当地的资源。要了解您所在地区的任何可用项目，请联系负责处理残疾人服务的州政府办公室。
- 如果您对适应性设备的需求是由机动车交通碰撞引起的，则汽车保险可能会支付该设备的全部或部分费用。
- 如果您对适应性设备的需求是由工伤引起的，则工人补偿款通常包括适应性设备的费用。
- 大多数主要的汽车制造商提供适应性设备的折扣，通常高达1000美元，前提是您购买的车辆不到一年。您当地的汽车经销商可以提供这些信息，并在申请过程中为您提供帮助。本手册的“资源”部分列出了提供适应性设备折扣的车辆制造商的联系信息。
- 国家移动设备经销商协会（National Mobility Equipment Dealer’s Association, NMEDA）的成员也熟悉车辆制造商的折扣，他们可以帮助您申请。他们还可以根据您的需要做出购买前建议，提供将满足您适应性设备需求的车辆类型。NMEDA的联系信息列在本手册的“资源”部分。
- 如果您有医生开的使用适应性设备的处方，一些州会免除适应性设备的销售税。
- 适应性设备的成本可以免税。咨询合格的税务顾问，了解更多信息。

许可要求

所有州都需要有效的学习许可证或驾照才能获得上路驾驶评估。他们不能因为您的年龄或残疾而剥夺您申请许可证或驾驶证的机会。但是，他们可能会根据您对适应性设备的需求而发放有限制要求的驾照。

评估您的需求

驾驶康复专家进行综合评估，以确定最适合您的需求和医疗条件的适应性设备。作为这一过程的一部分，康复专家将根据您的医疗健康状况和适应性辅助可能对特定肌肉群造成的重复性压力，考虑您未来的设备需求。

此外，您可以期待一个完整的评估，包括视力筛查以及：

- 肌肉力量、柔韧性和运动范围；
- 协调和反应时间；
- 判断和决策能力；
- 使用适应性设备驾驶的能力。

完成评估后，您应该会收到一份报告，其中包含有关驾驶要求或限制的具体建议。您还应该得到一份完整的清单，关于车辆要求或改装的建议。建议您进行道路培训，以练习设备的安全操作并学习安全驾驶习惯。

寻找合格的驾驶康复专家

向您所在地区的康复中心咨询，寻找一个合格的驾驶康复专家来进行对您的评估。您可以在驾驶康复专家协会（Association for Driver Rehabilitation Specialists，ADED）和美国职业治疗协会（American Occupational Therapy Association，AOTA）的网站上找到每个州的康复中心。这些协会持续更新美国和加拿大地区的合格驾驶康复专家的名单。这些团体的联系信息位于本手册的“资源”部分。

支付评估费用

- 职业康复机构和工人赔偿机构可能会帮助支付驾驶人评估费用。
- 您的健康保险公司可能会支付部分或全部评估费用。从您的保险公司了解您是否需要医生的处方或其他文件来获得这些福利。
- 许多驾驶人评估项目为老年驾驶人提供评估折扣。询问您的驾驶康复专家是否会给老年人提供折扣。

确定寻求驾驶评估的最佳时间

咨询您的医生，以确保您在身体和心理上都做好了驾驶准备。在受伤、中风或其他创伤后过早地接受评估，结果可能会产生误导。因为这可能表明您未来不再需要的适应性设备，而实际上您是需要的。当您评估时，您想要发挥您最好的水平。对于评估，您需要携带任何您通常使用的设备，如助行器或颈托。如果您使用轮椅，并计划改装轮椅或获得新轮椅，请务必在评估前告知您的驾驶康复专家。

评估残疾乘客

驾驶康复专家也可以为有特殊需求的乘客提供兼容性和运输安全问题的建议。它们能够测定乘客所需的座位类型和乘客进出车辆的能力。他们提供购买改装车辆的建议，并推荐合适的轮椅升降机或其他可在您的车辆上使用的设备。

选择正确的车辆

虽然购买或租赁车辆由您负责，但您的移动设备经销商和驾驶康复专家有条件也有资格帮助您确保选择的车辆可以进行改装，能够满足您对适应性设备的需求。请您在做出购买决定之前，花点时间咨询一下这些专业人士。

要在您所在的地区找到合格的经销商，请联系国家移动设备经销商协会（NMEDA）。要找到合格的驾驶康复专家，请联系驾驶康复专家协会（ADED）。本手册的“资源”部分列出了这两个组织的完整联系信息。

以下问题有助于车辆选择。它们还可以帮助确定您是否可以改装已有的车辆：

- 车辆是否有货物容量（以磅为单位）来容纳您需要的设备？
- 一旦车辆改装，是否有足够的空间和货物容量容纳您的家人或其他乘客？
- 家中和工作场所是否有足够的停车位供车辆装卸轮椅？
- 如果您使用助行器，是否有足够的停车位来操纵？
- 对于车辆的安全操作，还需要哪些其他选项？

如果由第三方支付车辆、适应性设备或改装费用，请查明所涵盖的内容是否有任何限制或约束。在您购买之前，一定要得到一份书面声明，说明资助机构会支付多少钱。

一旦您选择并购买了一辆车，请注意，您同样需要购买保险，即使在车辆改装期间，即使此时车辆无法上路。

新乘用车的标准功能

购买新车之前，一定要先坐在车里，以确保您感觉舒适。检查以确保您可以轻松地进出车辆。如果可能的话，试驾一下。

这辆车适合您的身体吗？为了防止与安全气囊相关的伤害，在您的胸骨和方向盘之间应该保持10英寸的距离，其中包括驾驶人侧安全气囊。您需要能够轻松踩到踏板，同时在调整后的方向盘上方保持舒适的视线。确保车辆为您提供全方位的良好视野，包括前部、后部和侧面。您的经销商可以展示适应性功能的使用，例如可调节的脚踏板和驾驶座椅，确保良好的人车匹配。

检查您考虑购买的车型是否具有良好的碰撞测试结果以及抗侧翻能力。访问safercar网站或拨打车辆安全热线，可以获取特定品牌和车型的官方碰撞测试结果和翻车等级。

在选择车辆时，寻找并询问旨在提高驾驶人舒适性和安全性的可用功能，这些驾驶人正经历与老化相关的身体或视觉挑战。其中一些功能如下：

- 高或超宽门；
- 可调脚踏板；
- 大型内部门把手；
- 标签清晰可见的超大旋钮；
- 支持手柄，协助进出；
- 大尺寸仪表盘仪表或可调尺寸仪表；

- 座椅调节器，可以全方位移动座椅，特别是抬高座椅，可以使驾驶人的视线比调整后的方向盘高出3英寸（约8厘米）;
- 仪表板式的启动装置，而不是转向柱安装的启动装置。

选择合格的经销商改装您的车辆

即使是将货车地板下降半英寸的改动也会影响驾驶人使用设备或保持无视野障碍的能力。所以花时间找一个合格的经销商来改装您的车是很重要的。我们的驾驶康复专家可能会根据您的居住地点、车辆改装地点和适应性设备需求提供推荐。

注意：如果您想要报销，有些州政府机构规定了必须使用的经销商。例如，有些州要求竞标州职业康复工作的经销商必须是国家移动设备经销商（NMEDA）质量保证计划的成员。您可以在本手册的“参考资料”部分找到NMEDA的联系信息。

要找到合格的移动设备经销商，请从电话咨询开始，可以了解有关证书、经验和参考资料。询问他们如何操作的问题。他们是否与合格的驾驶康复专家合作？他们会在您购买服务之前看一下您的车吗？他们需要医生或驾驶人评估专家的处方吗？他们需要多长时间才能开始正式改装？

还要确保您选择改装车辆的经销商已在国家公路交通安全管理局（National Highway Traffic Safety Administration，NHTSA）注册。为了改装车辆适应您的需求，已注册的移动设备经销商被允许可以改装现有的联邦强制的安全设备。此外，已注册的移动设备经销商必须向您提供一份关于所做工作的书面声明，并在原始设备制造商标签或改装者认证标签旁边的标签上列出受其改装工作影响的任何联邦机动车安全标准。这些标签经常出现在驾驶人一侧的车门内。访问NHTSA网站车辆改装部分可以了解移动设备经销商是否已作为车辆改装单位在NHTSA进行了注册。

评估移动设备经销商资质时需要考虑的问题如下：

- 经销商是否在NHTSA注册？
- 经销商是否是NMEDA的成员，并且是否是该组织质量保证计划的参与者？
- 经销商工作人员接受过什么类型的培训？
- 经销商对改装工作提供什么类型的保证？
- 经销商是否提供持续的服务和维护？
- 更换零件是否有库存且随时可用？

如果您对收到的答案和经销商提供的参考资料满意。接下来，安排参观经销商的设施。一旦您对经销商的资质感到满意，您会想问些更具体的问题，比如：

- 改装要花多少钱？
- 是否接受第三方支付？
- 改装车辆需要多长时间？
- 设备以后能不能转移到新车上？
- 是否需要修改现有的安全功能来安装适应性设备？

当您的车辆在改装时，您很可能需要提供配件。这避免了设备完全安装后额外的等待调整时间。如果没有合适的配件，您可能会遇到车辆安全操作的问题，不得不返回再进行调整。

获得有关新设备使用方面的培训

新驾驶人和有经验的驾驶人都需要接受如何安全使用新安装的适应性设备的培训。设备安装人员和驾驶康复专家应该提供关于新设备的信息和路面外的指导。

但是信息和路面外指导不足以让您在使用新适应性装备的情况下安全驾驶。设备可能非常复杂。因此，您需要获得具有高级专业知识和适应性技术知识的驾驶康复专家的道路训练和实践是极其重要的。如果您的驾驶康复专家不提供此类培训，请向他或她寻求推荐，或咨询您当地的驾驶人驾驶证办公室。

国家职业康复部门和工人补偿计划将在某些情况下支付驾驶人教育和培训费用。至少，他们的工作人员可以帮助您找到合格的驾驶康复专家提供培训。

最后，记得在家人或朋友的帮助下，开车送您去所有的培训课程（在紧急情况下，有其他人可以驾驶您的车辆是很重要的）。

确保安全操作和保养合规性

定期保养对于保持您的车辆和专门安装的自适应功能的安全可靠非常重要。它也可能是强制性的，要求遵守你的保修条款。有些保修规定了适应性设备必须接受检查的时间段。这些设备检查时间可能与您车辆检修时间不同。确保提交所有设备的全部保修卡。这不仅可以确保覆盖范围，还可以让制造商在召回时与您联系。

保养您的车辆

车辆安全检查表

您的车辆保修和用户手册将描述定期所需的车辆维护。请记住，您的适应性设备可能需要特别关注，它可能需要比您的车辆更频繁的检查。然而，以下清单代表了适用于所有车辆的基本维护：

- 每月至少检查一次轮胎压力，并始终在长途旅行之前检查。
- 按照用户手册的建议，使用推荐的等级更换机油。
- 更换机油时，检查所有油液，包括动力转向液、制动液和发动机冷却液。
- 外出检查前照灯、刹车灯和停车灯、倒车灯和转向灯。
- 记住要保持车窗和前灯的清洁。您需要清楚地看到您要去哪里。保持前灯的清洁也会帮助其他的车看到您。
- 每年至少让您的车辆上一次维修电梯，检查因道路危险造成的损坏。

适当的保养可以让您的车辆保持平稳运行，让您可以自由地专注于道路，享受驾驶的自由。

资源

驾驶人康复专家协会（ADED）
200 First Avenue NW,
#505 Hickory, NC 28601
866-672-9466

美国职业治疗协会（AOTA）
4720 Montgomery Lane
P.O. Box 31220
Bethesda, MD 20824-1220
301-652-2682
TDD: 800-377-8555

全国移动设备经销商协会（NMEDA）
3327 West Bearss Avenue
Tampa, FL 33618
800-833-0427

美国国家公路交通安全管理局（NHTSA）
1200 New Jersey Avenue SE.
Washington, DC 20590
888-327-4236
TDD: 800-424-9153

退伍军人事务部
800-82-1000

国家职业康复部门
Listed in telephone book.

下列生产商提供新车改装的回扣或补偿：

奥迪公司
800-822-2834

戴姆勒克莱斯勒公司
800-255-9877
TDD Users: 800-922-3826

福特汽车公司
800-952-2248
TDD Users: 800-TDD-0312

通用汽车公司
800-323-9935
TDD Users: 800-TDD-9935

土星汽车公司
800-553-6000, Prompt 3
TDD Users: 800-833-6000

丰田汽车公司
800-331-4331

大众汽车公司
800-822-8987

精选照片由布鲁诺独立生活辅助机构提供。

终止驾驶计划示例

与对未来的经济保障和住房需求做出计划一样，对未来终止驾驶的计划，也需要研究和规划。理想情况下，在需要终止驾驶的几年前，就会开始制定一个终止驾驶计划。拥有对交通方式的个人选择和控制意味着知道哪些选择是可用的，以及如何使用它们。

许多老年人意识到对他们有帮助的一个概念是“转变”。这包括使用社区中可以获得的几种交通方式的经验和信心。计划还可能包括对使用资格、可用性、路线和可达性的探索需求。

当与医疗相关的情况发生变化使得老年人需要终止驾驶时，出行选项可能需要包括辅助支持和允许老年人个体从一个地方安全地移动到另一个地方。移动管理领域的发展可能是您所在社区的一个选择。出行经理协助老年人及其家人制定安全性和舒适性的交通计划，并提供适当支持。举例来说可能是提供门到门的运输服务，或者提供一名陪同人员，到家接老人，护送他们往返，并在目的地陪伴他们，直到安全返回家中。

终止驾驶计划示例 ____________

1）您正在经历与医学相关的变化，这些变化可能会要求您在将来的某个时候终止驾驶。您的医生或医疗保健专业人员将协助您监测这些变化，并尽一切可能在保证安全的情况下延长您的驾驶时间。

2）我们建议您列出您经常去的地方。列表将指导您寻找除独自驾驶以外的选项，这些选项可以支持您持续参与日后的活动。

我想去哪里?	离家有多远?	我想多久去一次?	谁可以载我一程吗?（家庭、朋友、邻居等）	我能走到那里去吗?能/不能	我可以乘坐公共交通去吗?能/不能	还有其他服务可以到达那里么?（辅助客运系统、出租车司机义工等）
杂货店						
银行						
邮局						
市中心						
运动/体育活动中心						
户外公园						
图书馆						
医生的诊室						
牙科诊所						

续表

我想去哪里?	离家有多远?	我想多久去一次?	谁可以载我一程吗?（家庭、朋友、邻居等）	我能走到那里去吗?能/不能	我可以乘坐公共交通去吗?能/不能	还有其他服务可以到达那里么?（辅助客运系统、出租车司机义工等）
个人护理						
一般性的购物						
娱乐场所						
俱乐部活动						
志愿服务的位置						

来源：U.S. Administration on Aging Eldercare Locator. Available at https://eldercare.acl.gov.Accessed September 12,2018.

斯耐伦视力表

E	1	20/200
F P	2	20/100
T O Z	3	20/70
L P E D	4	20/50
P E C F D	5	20/40
E D F C Z P	6	20/30
F E L O P Z D	7	20/25
D E F P O T E C	8	20/20
L E F O D P C T	9	
F D P L T C E O	10	
P E Z O L C F T D	11	

要执行此测试，请遵循以下说明：

斯耐伦视力测验

1. 以A4标准格式打印测试页。被试者站在距离图表2.8米（或9英尺）的地方。如果测试页面采用另一种纸张格式，或者如果您希望面向屏幕执行测试，则必须使用以下公式计算。您必须面对页面站立的距离：测量字母E（第一行，20/200）显示的高度，单位为毫米。然后，将该测量值除以88，再乘以6。结果为显示内容必须放置的距离，单位为米。
   例如（42/88）x6=2.8米

2. 通过矫正（佩戴隐形眼镜或眼镜）测试您的视力。

3. 一次测试一只眼睛。从右眼开始，覆盖左眼而不要按压。然后，用相反的方法检查左眼。如果你正在使用矫正眼镜，你可以用一张纸遮住眼睛。

4. 从大到小读出字母。

5. 为了使测试更容易、更快，另一个人可以帮助您在一行字母中指出你必须阅读的字母。

6. 如果您能读到第8行的字母，你的视力是最佳的（视力20/20）。

7. 如果您的视力低于20/20，或者您对视力有疑问，请去看您的眼科医生。

注意：结果仅作为建议，并不表明有任何诊断。进行测试并不意味着您不需要定期去看眼科医生，因为您很容易错过只有训练有素的眼科医生才能发现的症状。

斯内尔格罗夫迷宫测试

实施说明

迷宫测试是一种纸笔测试，用于测试注意力、视觉建构能力以及计划和预见的执行功能。被试者首先完成一个简单的示范（或练习）迷宫以建立规则集，然后完成迷宫任务。使用计时器或秒表以时间（秒）和总的错误数来衡量其能力。错误由被试者进入死胡同或未能按正确路线行走的次数决定。测试时间为1~4分钟。迷宫应打印在一张8英寸×11英寸（约20厘米×28厘米）的纸上，测试迷宫图案至少5.5英寸（约14厘米）见方，示范（或练习）迷宫图案4.5英寸（约11厘米）见方。

为了实施测试，示范（或练习）迷宫图案以正确的方向放置在被试者面前。检查者给被试者提供一支笔并说明："我要您找到从迷宫起点到出口的路线。把您的笔放在起点（指向起点）。这是迷宫的出口（指向出口）。画一条线，表示从迷宫起点到出口的路线。规则是你不能跑进死胡同（指向死胡同）或穿过实线（指向实线）。开始您的测试吧。"

如果被试者需要，检查者应重复说明，任何违反规则的行为都要予以纠正。允许被试者从页面上提起笔。当被试者尝试迷宫测试时，记录任务是否完成（是或否），以及被试者需要重复说明或进行提醒的次数。

接下来，将实际的迷宫任务以正确的方向放在被试者面前。向被试者提供一支笔，检查者说：

"很好，现在我知道您理解了任务，我将在您寻找从迷宫起点到出口的路线的过程中给您计时。请把您的笔放在起点（指向起点）。这里是出口（指向出口）。画一条线，表示从迷宫起点到出口的路线。和练习时的规则一样。不要碰到任何死胡同（指向死胡同），或穿过任何实线（指向实线）。您准备好了吗？我现在开始计时。开始！"

此后检查者将不会重复说明，也不会纠正任何违反规则的行为。如果被试者提出问题，检查者应该回答：我不能再给您任何帮助了。尽您所能做好这项工作。被试者完成任务后立即停止计时器。迷宫任务的时间限制为3分钟。如果在此时间内尚未完成，请被试者停止。测试记录包括迷宫任务是否完成（是或否）；完成迷宫任务的时间（秒）和错误数（进入死胡同和/或未能停留在路线内）。

提供关于分界点分数的建议

1. 如果在61秒或更长时间内完成，无论有无错误，则被试者在认知上不适合安全驾驶。

2. 如果在60秒内完成，但出现两个或两个以上错误，则被试者在认知上不适合安全驾驶。

3. 如果在60秒内完成，并且没有或只有一个错误，那么被试者可能在注意力认知领域、视觉构造技能以及计划和预见的执行功能方面具有足够的能力，能够满足安全驾驶的需要。

错误说明

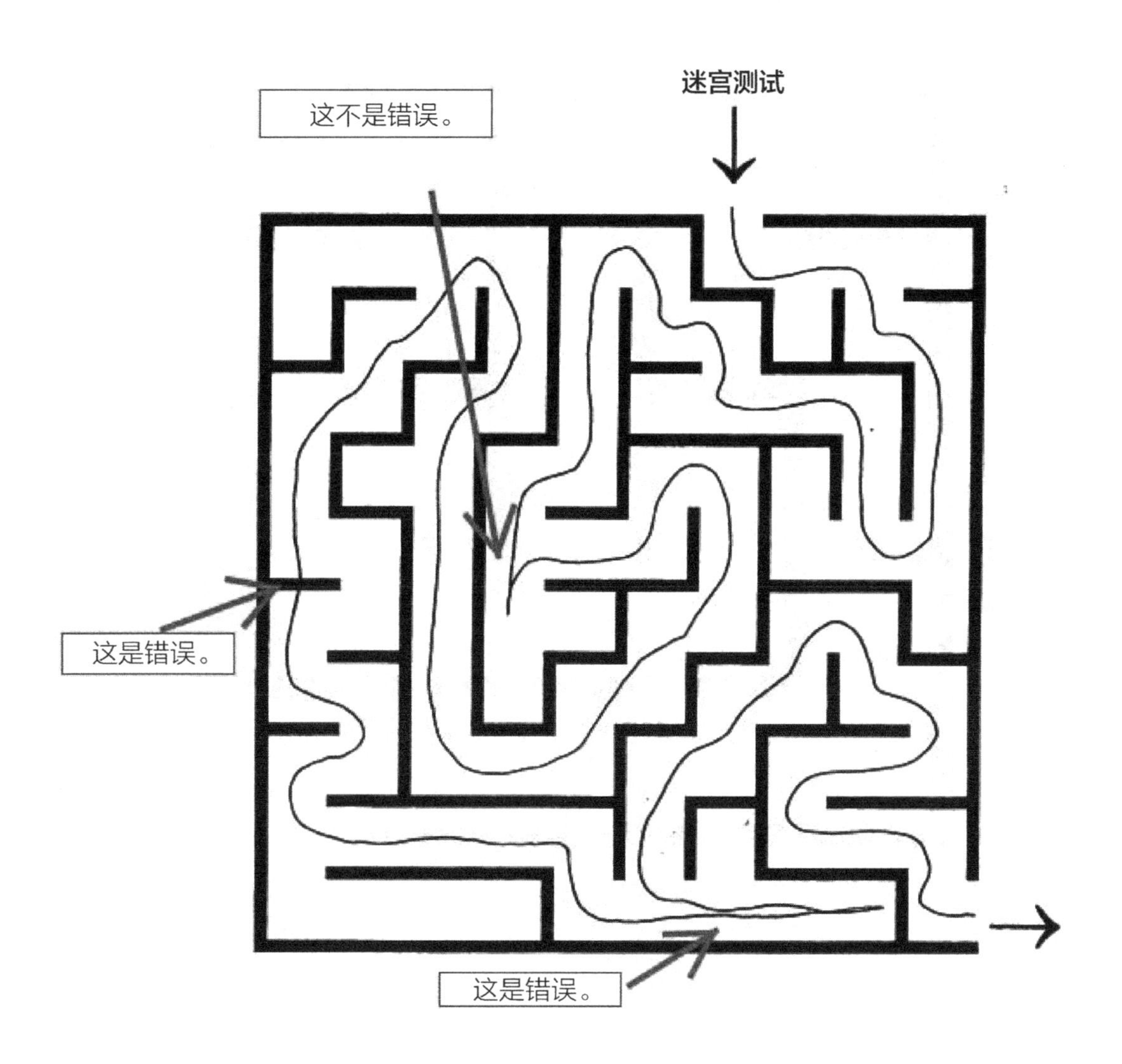

日期:____________________

患者姓名:____________________

任务完成:____________________（是/否）

完成任务的时间:______________（秒）

错误数量:____________________

示范（或练习）迷宫

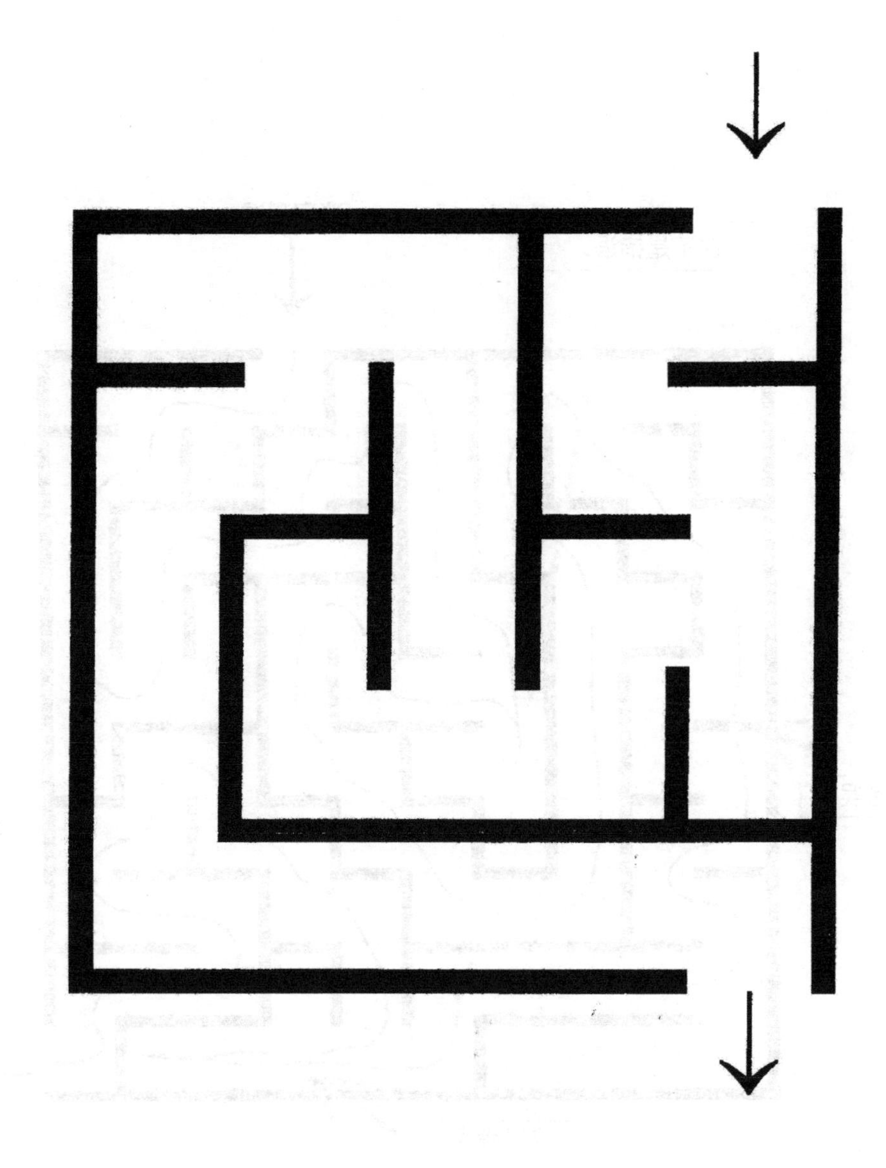

日期：____________________

患者姓名：__________________

任务完成：__________________（是/否）

患者所需说明次数：__________

测试迷宫

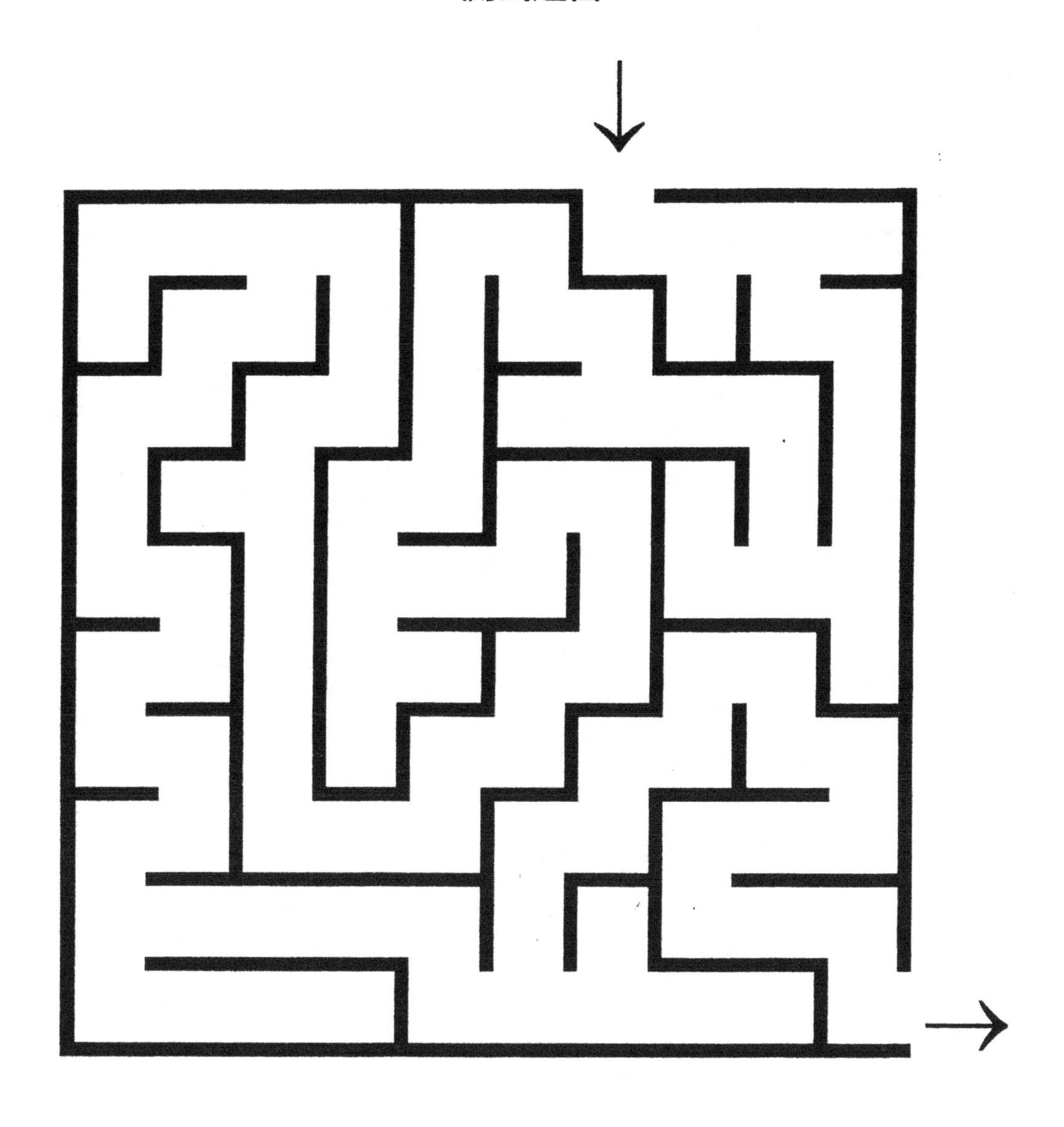

日期：____________________

患者姓名：________________

任务完成：________________（是/否）

患者所需说明次数：__________

驾驶人服务范围：在正确的时间为正确的人提供正确的服务

AOTA The American Occupational Therapy Association, Inc.

消费者和卫生保健提供者可以使用表格中的描述来区分老年人所需的服务类型。

	社区教育		基于医学的评估、教育和转诊		专业评估和培训
项目类型	驾驶人安全项目	驾驶学校	驾驶人筛查	临床工具性日常生活活动评估	驾驶人康复项目（包括驾驶人评估）
典型的提供者和凭证	特定项目及凭证（如美国退休人员协会和美国汽车协会驾驶人提升项目）	经州驾驶证机构或教育部门认证的职业驾驶教练（Licensed Driving Instructo，LDI）	卫生保健专业人员（如医生、社会工作者、神经心理学家）	职业治疗从业者（全科医生或驾驶康复专家[#]）。具有工具性日常生活活动评估专业知识的其他卫生专业学位	驾驶康复专家[#]、认证驾驶康复专家[*]、具有驾驶和社区移动领域专业认证的职业治疗师[+]
提供者的所需知识	项目特定知识。接受过课程内容和授课方面的培训	为了教授/培训/更新驾驶技能，面向新手或迁移的驾驶人进行指导，不包括受医疗或老化状况影响的驾驶人	相关健康情况、评估、转诊和/或干预流程的知识。了解评估工具作为驾驶适宜性的衡量标准（包括模拟器）的局限性和价值	对健康情况以及对包括驾驶在内的社区移动的影响的知识。评估可能影响驾驶表现的认知、视觉、感知、行为和身体限制。可用服务的知识。了解评估工具作为驾驶适宜性的衡量标准（包括模拟器）的局限性和价值	对驾驶有影响的健康情况的应用知识。评估可能影响驾驶表现的认知、视觉、感知、行为和身体限制。将临床发现与道路表现评估相结合。综合客户和护理人员的需求，协助决定可用的设备和车辆改装选项。协调多学科提供者和资源，包括驾驶人教育、医疗保健团队、车辆选择和改装、社区服务、资金/付款人、驾驶人许可机构、培训和教育以及护理人员支持
提供的典型服务	（1）面向驾驶证驾驶人的课堂或计算机的复习课程：复习道路规则、驾驶技术、驾驶策略、州法律等。（2）增强自我意识、选择和自我限制的能力	（1）提升驾驶能力。（2）取得驾驶证。（3）学生驾驶技能发展的家庭顾问。（4）建议继续培训和/或接受许可测试。（5）补救项目（例如，青少年/成人驾驶证恢复课程、驾驶证扣分课程）	（1）与特定情况（如药物、骨折、术后）相关的风险咨询。（2）研究与视觉、认知和感觉-运动功能变化相关的驾驶风险。（3）确定危险驾驶人的行动：参考工具性日常生活活动评估、驾驶人康复项目、其他服务。讨论终止驾驶；为替代交通出行方式选择提供咨询和教育。（4）遵循报告/推荐框架提出许可建议	（1）评估和解释与急性或慢性疾病引起的视觉、认知和感觉-运动功能变化相关的风险。（2）促进缺陷的补救，以提高客户对驾驶人康复服务的准备工作。（3）制定个性化的交通计划，考虑客户诊断和风险、家庭、护理人员、环境和社区选择及限制：讨论车辆适应性的资源（如滑板车升降机）。使客户关于社区交通选择的培训更便利（例如，移动管理人员、痴呆症友好型运输）。讨论终止驾驶。对于自我意识差的客户，与护理人员合作制定终止驾驶策略。参考驾驶人康复项目。（4）记录驾驶人安全风险和建议的干预计划，以指导进一步的行动。（5）在向驾驶证颁发机构推荐时遵循职业道德	项目的特点是评估的复杂性、设备类型、车辆和供应商的专业知识。（1）根据驾驶和医疗历史，了解驾照合规性和基本资格。（2）由经过医学培训的医疗服务提供者评估和解释复杂驾驶环境中与视觉、认知和感觉-运动功能变化相关的风险。（3）执行综合驾驶评估（临床和路上）。（4）就评估结果向客户和护理人员提供建议，并提供资源、咨询、教育和/或干预计划。（5）干预可能包括对驾驶人和乘客进行补偿策略、技能和车辆适应性或改装的培训。（6）倡导客户获得资金支持或报销。（7）根据规定向医生或驾驶证机构提供关于驾驶适宜性的文件。（8）指定符合国家规定的设备，并与移动设备经销商[^]合作进行装配和培训。（9）如果建议终止驾驶或从驾驶过渡，请提供保持社区移动性的资源和选项。建议可能包括（但不限于）：①驾驶不受限制；②限制驾驶；③在康复或训练期间终止驾驶；④计划对渐进性疾病的进行重新评估；⑤终止驾驶；⑥转诊到另一个项目
结果	提供教育和意识	提高健康驾驶人的技能	表示有风险或需要对有医学风险的驾驶人进行跟踪		确定是否适合驾驶并提供康复服务

驾驶康复专家[#]：有健康专业学位，经过驾驶人评估和康复方面的专业培训。认证驾驶康复专家[*]：由驾驶康复专家协会（Association for Driver Rehabilitation Specialists，ADED）认证。职业治疗师[+]：由美国职业治疗协会（American Occupational Therapy Association，AOTA）和社区移动性专业认证（Specialty Certified in Driving and Community Mobility，SCDCM）。移动设备经销商[^]：由国家移动设备经销商协会（National Mobility Equipment Dealers Association，NMEDA）认可的供应商。

驾驶人康复项目：定义项目模型、服务和专业知识。医疗卫生保健中的职业疗法，28（2）：177-187，2014。

驾驶人康复项目服务范围

消费者和医疗保健提供者可以使用表格中的描述区分驾驶人康复项目提供的最适合客户需求的服务。

项目类型	驾驶人康复项目 确定是否适合驾驶或提供康复服务		
项目级别和典型提供者证书	基本的： 提供者是驾驶康复专家#具有职业治疗、相关健康领域、驾驶人教育的专业背景，或者是CDRS或SCDCM与职业驾驶教练**组成的专业团队	低技术： 驾驶康复专家#、认证驾驶康复专家*、具有驾驶和社区移动专业认证的职业治疗师+，或与职业驾驶教练**联合。 推荐驾驶人康复认证作为综合驾驶评估和培训的提供者	高技术： 驾驶康复专家#、认证驾驶康复专家*、具有驾驶和社区移动专业认证的职业治疗师+。 建议驾驶人康复认证作为综合驾驶评估和培训，提供高级技能和专业知识，以完成复杂的客户和车辆评估和培训的提供者
项目服务	提供驾驶人评估、培训和教育。 可能包括使用不影响主控制器或辅助控制器操作的自适应驾驶辅助设备（如坐垫或附加后视镜）。 可能包括交通规划（过渡和选择）、终止驾驶计划和对作为乘客的建议	提供综合驾驶评估、培训和教育，包括或不包括影响主要或辅助控制操作、车辆进出和移动设备存储/固定的自适应驾驶辅助设备。可能包括使用自适应驾驶辅助设备，如坐垫或附加后视镜。 在低技术水平，主要控制的自适应设备通常是机械的。辅助控制可能包括无线或远程访问。 可能包括交通规划（过渡和选择）、终止驾驶计划和对作为乘客的建议	提供各种各样的自适应设备和车辆选项的综合驾驶评估、培训和教育，包括低技术和基本项目的所有服务。在这个级别上，提供者有能力根据客户的需求或能力水平改变主要和次要控件的位置。 用于一级和二级控制的高科技自适应设备包括满足以下条件的设备： （1）能够控制车辆功能或驾驶控制装置， （2）由可编程计算机化系统组成，该系统与车辆中的电子系统接口/集成
进入驾驶位置	要求独立转入OEM^车辆驾驶位置	变换位置，座椅和姿态进入OEM^车辆驾驶位置。可能会对进入驾驶人座椅的辅助设备、位置的改善、轮椅固定系统、机械轮椅装载设备提出建议	进入车辆通常需要坡道或电梯，并可能需要适应OEM^车辆驾驶座椅。进入驾驶位置可能取决于转换座椅底座的使用，或者客户可以在他们的轮椅上驾驶。供应商评估并推荐车辆结构调整，以适应产品，如坡道、升降机、轮椅和滑板车升降机、转移座椅底座、适合用作驾驶人座椅的轮椅或轮椅固定系统
典型车辆改装：主要控制：油门、刹车、转向	使用OEM^控件	主要驾驶控制示例： （1）机械气/手刹控制； （2）左脚油门踏板； （3）踏板延伸； （4）驻车制动杆或电子驻车制动器； （5）转向装置（旋转旋钮、三销、C扣）	主要驾驶控制示例（除了低技术选项之外）： （1）气动/制动系统； （2）与动力气体/制动系统集成的动力驻车制动器； （3）可变作用力转向系统； （4）直径减小的方向盘、水平转向、方向盘延伸、操纵杆控制； （5）省力制动系统
典型车辆改装：辅助控制	使用OEM^控件	辅助驾驶控制示例： （1）遥控喇叭按钮； （2）转向信号修改（远程、交叉杆）； （3）远程刮水器控制器； （4）换档器修改； （5）钥匙/点火适配器	访问辅助和辅助控制的电子系统 辅助驾驶控制示例（除了低技术选项之外）： （1）与OEM^电子接口的远程面板、触摸板或开关阵列； （2）OEM^电子的接线扩展； （3）动力传动换挡器

驾驶康复专家#：有健康专业学位，经过驾驶人评估和康复方面的专业培训。认证驾驶康复专家*：由驾驶康复专家协会（Association for Driver Rehabilitation Specialists, ADED）认证。职业治疗师+：由美国职业治疗协会（American Occupational Therapy Association，AOTA）和社区移动性专业认证（Specialty Certified in Driving and Community Mobility，SCDCM）。OEM^：由制造商安装的原始设备。职业驾驶教练**：有驾驶从业资格的驾驶教练。

驾驶人康复项目：定义项目模型、服务和专业知识。医疗卫生保健中的职业疗法，28（2）：177-187，2014。

控制连线测验，A 部分和 B 部分

实施说明

这项一般认知功能测试专门评估工作记忆、视觉处理、视觉空间技能、选择性和分散注意力、处理速度和精神运动协调。此外，大量研究表明，在控制连线测验中的糟糕表现与驾驶表现不佳之间存在关联。

控制连线测验A部分的说明。使用A部分的示例，检查者说：*“在这个页面上有带圆圈的数字。请拿铅笔，按顺序从一个数字到下一个数字画一条线。从1 [指向数字]开始，然后转到2 [指向数字]，然后转到3 [指向数字]，依此类推。从一个数字移动到下一个数字时，请尽量不要提起笔。尽可能快速准确地完成。”如果被试者出现错误：“您当时在2号。下一个号码是什么？ ”等待被试者的回答，然后说：“请从这里开始并继续。”*

测试A：如果A部分的示例（练习）正确完成，检查者将对A部分正式测试重复上述说明。一旦给出开始的指令，就开始计时。当轨迹完成或达到最大时间（150秒=2.5分钟）时停止计时。

控制连线测验B部分的说明。使用B部分的示例，检查者说：*“在这一页上有带圆圈的数字和字母。请拿笔在数字和字母之间按顺序交替画一条线。从数字1 [用笔点]开始，然后转到第一个字母A [用笔点]，转到下一个数字2 [用笔点]，再到下一个字母B [用笔点]，依此类推。从一个数字或字母移动到下一个数字或字母时，请尽量不要提起笔。尽可能快速准确地工作。”*如果被试者出现错误：*“您当时在2号，下一个字母是什么？ ”等待被测者的回答，然后说：“请从这里开始并继续。”*

测试B：如果B部分的示例（练习）正确完成，则检查者会对B部分正式测试重复上述说明。一旦给出开始的指令，就开始计时。完成测试或达到最大时间（300秒=5分钟）时停止计时。

测试根据准确完成连接所需的总时间（秒）进行评分。检查者在发现错误时指出并纠正被试者的错误。因此，错误的影响是增加完成测试所需的时间。该测试通常需要3~4分钟，但应在5分钟时停止。

控制连线测验 A 部分

被测试者姓名：______________________　　　日期：______________

18　20　22

19　17　21

15　5　4

16　6

23

14　7　1　起点

13

2

8　3

10

12　11

9

24

25

控制连线测验 B 部分

被测试者姓名：________________________　　　　日期：________________

13　　10

8　9　I　D

B　4

3

7　1　起点

H　5

12　C

G　A　J

2

L　6

F　E

K　11

美国老年医学会（AGS）将驾驶能力与驾驶健康区分开来。此处情况说明以AGS方法为基础，并使用了以上区别。州政府最终决定年长的退伍军人是否有驾驶能力并保留合法的驾驶权力（如通过驾驶考试E驾驶证）。临床医生有责任公正、准确地报告可能导致不安全驾驶的因素——驾驶的适宜性。

Capacity and Fitness to Drive a Motor Vehicle

EDUCATIONAL HANDOUT SERIES

VA可适用哪些？

临床医生在治疗退伍军人和分享退伍军人健康信息时，除临床实践外，还必须遵守退伍军人协会的法律、法规和政策。以下信息可能有助于确定相关政策。具有“神经和大脑疾病”的退伍军人以及具有“与衰老相关的残疾”的退伍军人都有资格参加弗吉尼亚州驾驶人康复计划。（VHA Handbook 1173.16）。临床医生应根据弗吉尼亚州隐私规则、州法律和临床道德向机动车登记处报告。一般来说，为了让弗吉尼亚州医疗机构主动向州机动车辆部（DMV）报告，必须有州机构提交的符合VHA指令1605.01“隐私和信息发布”的长期书面请求函存档。

要查看VA DMV隐私规则，另请参阅“向州机动车辆部报告隐私情况表”。如果您对所在州的法律和报告政策有进一步的疑问，请咨询您的设施隐私官员或地区法律顾问。

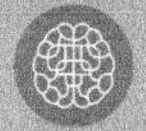

痴呆症如何影响驾驶？

大多数老年人没有痴呆症，痴呆症的存在并不一定意味着老年人缺乏接受治疗、选择医疗机构或其他类型决策的能力。轻度痴呆症患者通常可以安全驾驶。对于轻度痴呆症患者是否适合驾驶的意见应基于功能能力（如通过路考的能力），而不仅仅是痴呆症本身的诊断。随着痴呆症的进展，不同的能力和技能可能会受到影响，这取决于痴呆症的亚型、个体因素以及共病。例如，一些痴呆症患者保留了驾驶机动车的基本能力，但在驾驶时可能会迷失方向，或者在需要快速做出复杂决定时会感到受到挑战。

什么样的支持可能会有所帮助？

当评估一个退伍军人的驾驶能力，临床医生应该考虑是否优化功能状态可以让他或她继续安全驾驶。识别和解决感官缺陷，包括视觉缺陷和听力损失，是至关重要的。退伍军人的假肢能够通过自适应装置提供帮助，新型汽车可能包括帮助安全驾驶的技术，就像GPS装置可以帮助定位一样。最后，您的退伍军人身份在所在州或私人组织和保险公司可能会提供教育和康复服务，以提高驾驶人的驾驶性能。

该从何开始?

当年长的退伍军人驾驶人有严重的认知障碍或缺乏对其驾驶能力的洞察力时（如在痴呆症、中风等情况下），必须获得护理者、代理决策者或监护人（如有）的帮助。护理人员在鼓励老年退伍军人终止驾驶并帮助其找到替代交通工具方面起着至关重要的作用。临床医生应告知医务人员，临床团队将以任何可能的方式支持和协助他们的工作。在极少数情况下，可能需要为年长的退伍军人指定一名法定监护人。反过来，监护人可能会没收退伍军人的汽车和驾驶证，以确保个人安全。这些行动只能作为最后手段。从实用的角度来看，在这些困难的情况下，隐藏、捐赠、拆卸或出售汽车也可能有用。

评估驾驶时最重要的考虑因素是什么?

三个关键功能区被认为是适合驾驶的基础：视觉、认知和运动/体感功能。其中一个或多个区域的损伤有可能增加老年退伍军人卷入车祸的风险。一旦对这些区域进行评估，医疗保健提供者可以确定是否转诊给专家（如眼科医生、神经心理学家、驾驶人康复专家）进行进一步评估或干预。

领域	考虑潜在的基于办公室的测试（从美国老年医学学会推荐表1或更多）
普通的	驾驶历史；工具性日常生活活动（IADLs）；近期药物变化
视力	斯耐伦视力表；视野；对比敏感度
认识	蒙特利尔认知评估（MoCA）；控制连线测验B部分；画钟试验；迷宫测试
运动感知能力	快步走；起身走；活动范围

哪些州政府要求在意识到潜在的不安全驾驶时临床医生需要强制报告?

对于临床医生是否被授权联系机动车辆部门，各州法律各不相同。截至2017年，强制性报告州包括加利福尼亚州、特拉华州、新泽西州、内华达州、俄勒冈州和宾夕法尼亚州。

应该在什么时候咨询驾驶康复专家（DRS）?

DRS通常是在驾驶人康复方面接受额外培训的职业治疗师。DRS通常向患有痴呆症和其他慢性疾病，特别是神经和骨科问题的高龄驾驶人进行治疗。临床医生应考虑咨询DRS评估时，退伍军人，家庭，朋友，或临床医生担心退伍军人的健身驾驶。当对退伍军人是否能够安全驾驶存在分歧时，DRS的评估尤其有用。DRS评估支持驾驶技能的感官（视觉、本体感觉）、认知和运动功能能力，还可以在车辆和道路上提供评估和培训。DRS可以建议在认为可能恢复能力时进行康复，或者进行修改（如手动控制、左脚加速器）以补偿身体损伤。为了解决正常老化和处理速度减慢的问题，DRS可以推荐补偿策略，包括路线修改（如禁止左转，避免高峰时间驾驶）或建议限制（如仅限白天驾驶和限速），以支持持续驾驶。DRS还可向初级保健提供者建议，高龄退伍军人驾驶不安全，应终止驾驶。

建议的在线资源

残疾老兵驾驶康复计划（VHA手册1173.16）	退伍军人驾驶康复计划相关事宜的VA程序手册	详询VA网站
痴呆症驾驶：挂钥匙	弗吉尼亚州合作伙伴的视频介绍了认知障碍驾驶人	通过使用“痴呆症驾驶”搜索TMS目录，可以找到更多资源

确认和免责声明

此说明基于以下参考：Pomidor A，ed.《评估和咨询老年驾驶人临床医生指南》，第3版。纽约：美国老年医学会；2015年。本讲义是VHA员工教育系统和VHA老年病和扩展护理办公室赞助的教育工作的一部分。本讲义摘自《决策能力评估》系列讲义，该系列讲义与VA TMS教育活动相关。本讲义中提供的信息基于教育规划委员会在起草时就研究、实践和一般原则达成的共识。本讲义的目的是教育。内容不应被理解为政策，而应理解为在临床实践中能有效地使用资源。退伍军人协会的临床医生在治疗退伍军人和分享退伍军人健康信息时，除临床实践外，还必须遵守退伍军人协会的法律、法规和政策。免费临床资源的链接可能包含在讲义中，但不应解释为这些工具的官方认可。

引述如下： Farrell TW, Page K, Mills WL, Catlin C, Dumas P, Morrow A, Cooper V, Guzman J, McConnell E, Moye J.（2018）. 驾驶机动车的能力和适合性讲义。（VHA EES决策能力评估讲义系列）。华盛顿特区：VHA员工教育系统。

额外资源： VA TMS系统可提供额外资源。请按关键字“capacity”搜索课程目录。

参考文献： 美国老年医学会，A. Pomidor，编辑（2016年1月）。《临床医生评估和咨询高龄驾驶人指南》，第3版（报告编号：DOT HS 812 228）。华盛顿特区：国家公路交通安全管理局。美国老年医学会保留版权。退伍军人健康管理局国家道德委员会（2007年）。老年人驾驶障碍：医疗保健专业人员面临的道德挑战。

老年驾驶人评估和咨询指南（原著第四版）

致谢

《老年驾驶人评估和咨询指南》的第四版由美国老年医学会（American Geriatrics Society，AGS）与国家公路交通安全管理局（National Highway Traffic Safety Administration, NHTSA）合作编制，是对指南第三版的更新和升级。

编辑委员会

版权

引用：Pomidor A, ed. Clinician's Guide to Assessing and Counseling Older Drivers, 4th Edition. New York：The American Geriatrics Society；2019.

国际标准书号(ISBN)：978-1-886775-64-0

披露财务利益

作为继续认可医学教育的支持者，美国老年医学会不断努力确保由我们的教师计划和进行的教育活动符合ACCME，美国食品药品管理局和美国医学会的指南所制定的公认的道德标准。为此，我们实施了一个流程，在该流程中，每个有能力控制教育活动内容的人都在过去12个月内向我们披露了与任何商业利益相关的所有财务关系，这些关系与他们的演讲内容有关，我们努力解决任何实际或明显的利益冲突。通过在编辑委员会和问题审核委员会发布之前，对演讲内容进行同行评审，解决了特定的利益冲突。

以下贡献者退还了披露表格，表明他们(和/或其配偶/合伙人)与可能具有直接利益关系的任何商业机构没有任何从属关系或财务利益：

Shelley Bhattacharya, DO, MPH

FAO TATR / L的Anne E. Dickerson博士

Shelly Gray，PharmD，MS

伊丽莎白·格林(Elizabeth Green)，OTR / L，CDRS, CAE

琳达·希尔(MD)，医学博士

法官Brian MacKenzie(退休)

理查德·马洛托里(医学博士)

艾琳·摩尔(Irene Moore)，MSSW, LISW-S, AGSF

詹妮弗·诺丁(Jennifer Nordine)，OTR / L，CDRS

爱丽丝·波米多(Alice Pomidor)

芭芭拉·雷斯尼克(Barbara Resnick)，博士，RN, CRNP, FAAN, FAANP

马克·塞缪尔斯(OTC)

Elin Schold-Davis, OTR / L, CDRS

以下贡献者(和/或其配偶/伴侣)报告了真实或明显的冲突

通过同行评审内容验证过程已解决的关注点：

Susan E.Aiello, DVM, ELS

艾洛博士持有默克公司的股票。